黑龙江省东宁市耕地地力评价

秦海玲　程彩霞　王崇林　主编

中国农业出版社
北　京

内 容 提 要

　　本书是对黑龙江省东宁市耕地地力调查与评价成果的集中反映。在充分应用耕地信息大数据智能互联技术与多维空间要素信息综合处理技术并应用模糊数学方法进行成果评价的基础上，首次对东宁市耕地资源历史、现状及问题进行了分析和探讨。它不仅客观地反映了东宁市土壤资源的类型、面积、分布、理化性质、养分状况和影响农业生产持续发展的障碍性因素，揭示了全市土壤质量的时空变化规律，而且详细介绍了测土配方施肥大数据的采集和管理、空间数据库的建立、属性数据库的建立、数据提取、数据质量控制、县域耕地资源管理信息系统的建立与应用等方法和程序。此外，还确定了参评因素的权重，并通过利用模糊数学模型，结合层次分析法，计算了东宁市耕地地力综合指数。这些不仅为今后改良利用土壤、定向培育土壤、提高土壤综合肥力提供了路径、措施和科学依据；而且也为建立更为客观、全面的黑龙江省耕地地力定量评价体系，实现耕地资源大数据信息采集分析评价互联网络智能化管理提供参考。

　　全书共7章。第一章：自然与农业生产概况；第二章：耕地土壤立地条件与土壤概况；第三章：耕地地力评价技术路线；第四章：耕地土壤属性；第五章：耕地地力评价；第六章：耕地地力评价与区域配方施肥；第七章：耕地地力评价与土壤改良利用途径。书末附5个附录供参考。

　　该书理论与实践相结合、学术与科普融为一体，是黑龙江省农林牧业、国土资源、水利、环保等领域各级领导干部、科技工作者、大中专院校教师和农民群众掌握和应用土壤科学技术的良师益友，是指导农业生产必备的工具书。

编 写 人 员 名 单

总 策 划：辛洪生

主　　编：秦海玲　程彩霞　王崇林
副 主 编：闫正萍　李得明　赵星民　张　伟
编写人员（按姓氏笔画排序）：

王希明　王晓艳　全允基　刘晓芳

刘海霞　孙　宁　李家全　陈业婷

霍金宝　戴兴玉

序

农业是国民经济的基础；耕地是农业生产的基础，也是社会稳定的基础。黑龙江省委、省政府高度重视耕地保护工作，并做了重要部署。为适应新时期农业发展的需要，确保粮食安全，增强农产品竞争能力，促进农业结构战略性调整，提高农业效益，促进农业增效、农民增收。针对当前耕地土壤现状，确定科学评价体系，摸清耕地基础地力，分析预测变化趋势，提出耕地利用与改良措施与路径，为政府决策和农业生产提供依据。

2008年，东宁市结合测土配方施肥项目实施，及时开展了耕地地力调查与评价工作。在黑龙江省土壤肥料管理站、黑龙江省农业科学院、东北农业大学、中国科学院东北地理与农业生态研究所、黑龙江大学、哈尔滨万图信息技术开发有限公司及东宁市广大农业科技人员的共同努力下，2011年完成了东宁市耕地地力调查与评价工作，并通过了农业部组织的专家验收。通过耕地地力调查与评价工作的开展，摸清了东宁市耕地地力状况，查清了影响当地农业生产持续发展的主要制约因素，建立了东宁市耕地土壤属性、空间数据库和耕地地力评价体系，提出了东宁市耕地资源合理配置及耕地适宜种植、科学施肥及中低产田改造的路径和措施，初步构建了耕地资源信息管理系统。这些成果为全面提高农业生产水平，实现耕地质量计算机动态监控管理，适时为辖区内各个耕地基础管理单元土、水、肥、气、热状况及调节措施提供了基础数据平台和管理依据。同时，也为各级政府制订农业发展规划、调整农业产业结构、加快绿色食品基地建设步伐、保证粮食生产安全以及促进农业现代化建设，提供了最基础的科学评价体系和最直接的理论、方法依据，也为今后全面开展耕地地力普查工作，实施耕地综合生产能力建设，发展旱作节水农业、测土配方施肥及其他农业新技术普及工作提供了技术支撑。

该书集理论基础性、技术指导性和实际应用性为一体，系统地介绍了耕地资源评价的方法与内容，应用大量的调查分析资料，分析研究了东宁市耕地资源的利用现状及问题，提出了合理利用的对策和建议。该书既是一本值得推荐的实用技术读物，又是东宁市各级农业工作者应具备的工具书之一。该书的出版将对东宁市耕地的保护与利用、分区施肥指导、耕地资源的合理配置、农业结构调整及提高农业综合生产能力起到积极的推动和指导作用。

王国良

2019 年 9 月

前言

　　耕地是农业生产不可替代的重要生产资料，是保持社会和国民经济可持续发展的重要资源。耕地地力是指在当前管理水平下，由土壤本身特性、自然背景条件和基础设施等要素综合构成的耕地生产能力。进行耕地地力评价，对提高耕地资源利用率，推进农业结构调整，降低农业生产成本，指导科学施肥等工作具有十分重要的现实意义。盲目、过量施肥现象严重影响了耕地综合生产能力的提高，制约着粮食增产、农民增收、农业增效和环境保护。摸清耕地土壤养分状况、肥力状况、耕地地力状况，对提高粮食单产、降低生产成本，提高肥料利用率，减少肥料浪费，保护农业生态环境，保证农产品质量安全，实现农业可持续发展具有重要意义。

　　为全面增强农民科学施肥意识，着力提升科学施肥技术水平，促进粮食增产、农业增效、农民增收和节能减排，从2005年开始，农业部启动了测土配方施肥项目，东宁市2008年被列入全国第四批测土配方施肥财政补贴项目试点市。耕地地力调查与评价工作是测土配方施肥项目的关键所在，2008—2010年，在省、市各级主管部门领导下，根据《耕地地力调查与质量评价技术规程》，充分利用全国第二次土壤普查、土地资源详查、基本农田保护区划定等现有成果，结合国家测土配方施肥项目，采用GPS、GIS、RS、计算机和数学模型集成新技术，历时3年多，圆满地完成了东宁市耕地地力调查与质量评价工作。

　　本次耕地地力评价，建立了规范的东宁市测土配方施肥数据库和县域耕地资源管理信息系统，并编写了《东宁市耕地地力评价工作报告》《技术报告》《专题报告》。在编写过程中，参阅了《东宁市土壤》《东宁市2008—2010年统计年鉴》

《东宁市志》，并借鉴了黑龙江省土壤肥料管理站下发有关省、市、县的耕地地力调查与评价材料。在 GIS 支持下，利用土壤图、土地利用现状图叠置划分法确定区域耕地地力评价单元，分别建立了东宁市耕地地力评价指标体系及其模型，运用层次分析法和模糊数学方法对耕地地力进行了综合评价，本次耕地地力评价将全市 6 个镇 48 592.63 公顷耕地划分为 5 个等级，确定了每个等级占耕地总面积的比重。另外，对东宁市耕地耕层土壤主要理化性状及其时空变化特征进行了分析、比较，归纳了不同土壤属性的变化规律。自 1982 年第二次土壤普查以来，土壤养分发生了很大的变化，东宁市土壤有机质、全氮和速效钾含量呈下降趋势，土壤有效磷含量明显上升。

我们在地力评价的基础上编写了《黑龙江省东宁市耕地地力评价》一书，可为保护耕地环境、指导农民合理施肥、节本增效提供科学保障；为县域种植业结构调整提供理论依据；为今后指导农业生产，保障粮食安全，促进农业增收发挥重要的作用。

本书编写得到了黑龙江省土壤肥料管理站专家、肇东市农业技术推广中心汪君利主任和拜泉县土壤肥料管理站汤彦辉站长、哈尔滨万图信息技术开发有限公司，东宁市农业局、统计局、国土局、民政局、档案局、气象局、水务局、水文站等单位及有关专家的大力支持和协助，在此表达最诚挚的谢意。

由于水平有限，书中疏漏之处在所难免，敬请读者批评指正。

编　者

2019 年 9 月

目 录

序
前言

第一章 自然与农业生产概况

第一节 地理位置与行政区划

一、地理位置

东宁市位于黑龙江省的最南端，牡丹江市的东南部，地理坐标为北纬 43°25′24″~44°49′40″，东经 130°19′40″~131°18′06″。隶属于牡丹江市。由于地处长白山支脉老爷岭和完达山余脉结合部，境内山峦起伏，风景宜人。东宁市区地处盆地，三面环山，受海洋性气候影响，温暖湿润。年平均气温 5.8 ℃，有效积温 2 000~2 800 ℃，无霜期 100~150天，雨热同季，水量充沛，年均降水量 510.7 毫米；四季分明，加之山清水秀，物产丰饶，素有"塞北江南"之美誉。市境东西横距 76 千米，南北纵距 156 千米。北与绥芬河市、穆棱市相接，南与吉林省汪清县、珲春市毗邻，东与俄罗斯交界，是东北亚国际大通道上重要的交通枢纽，是国家一类陆路口岸。全市总面积 7 116.89 平方千米（711 689 公顷），耕地面积 56 177 公顷（包括省属、市属）。其中，旱田 52 561 公顷，水田 3 616 公顷。本次耕地地力评价，耕地面积 48 592.63 公顷。大体上形成"九山半水半分田"的格局。

二、行政区划

东宁市辖 6 镇，102 个行政村，1 个森工局。据统计资料，2010 年总人口 22.4 万人，其中，农业人口 11.27 万人，非农业人口 11.13 万人，人均占有耕地面积 0.22 公顷，每个农业人口占有耕地面积 0.43 公顷。粮食总产 19.85 万吨，地区生产总值 90 亿元，2009年成为全省首个农民人均纯收入万元市，2010 年农村居民人均纯收入达到 11 741 元。东宁市行政区划见表 1-1。

表 1-1　东宁市行政区划（本次耕地地力评价）

乡（镇）	行政村
东宁镇	一街村、二街村、菜一村、菜二村、大城子村、夹信子村、北河沿村、民主村、南沟村、东绥村、万鹿沟村、转角楼村、暖一村、暖二村、葫罗卜葳村、太平沟村、新屯村
三岔口镇	东大川村、新立村、幸福村、永和村、泡子沿村、三岔口村、五大队村、高安村、南山村、矿山村、东星村、光星二村、朝阳村
大肚川镇	大肚川村、团结村、浪东沟村、李家趟子村、胜利村、太阳升村、煤矿村、新城沟村、老城沟村、闹枝沟村、太平川村、西沟村、石门子村、马营村

（续）

乡（镇）	行政村
老黑山镇	信号村、黑瞎沟村、阳明村、上碱村、下碱村、太平沟村、和光村、二道沟村、奔楼头村、罗家店村、永红村、老黑山村、万宝湾村、西崴子村、南村村、黄泥河村
道河镇	道河村、和平村、小地营村、通沟村、岭后村、砬子沟村、洞庭村、岭西村、跃进村、西河村、东村村、西村村、土城子村、八里坪村、沙河子村、奋斗村、前进村、兴东村
绥阳镇	先锋村、爱国村、红旗村、柞木村、柳毛河村、联兴村、曙村村、河南村、三道村、太平村、二道村、新民村、北沟村、菜营村、蔬菜村、绥西村、三道河子村、太岭村、九里地村、细鳞河村、鸡冠村、双丰村、细岭村、河西村

三、历史沿革

东宁因位于宁古塔之东而得名，是黑龙江省设治较早的县份之一。渤海国时期，属率宾府；金元时期，由于战争滋扰居民被全部迁走；清朝时期，为保护满族祖先的发祥地，禁止各族人民进入，因此，一直荒凉几百年。至咸丰、同治时期，才再有人进入。1881年（光绪七年），清政府在三岔口设招垦局，1902年（光绪二十八年）改设绥芬厅，后又将绥芬厅移治于宁古塔城（今宁安市）。1909年（宣统元年），复设东宁厅。1910年（宣统二年），由绥芬一厅部分析置为东宁厅，因位于宁安之东，为了祈祷东方安宁，故名东宁。1913年（民国二年），改为东宁县，县治设于三岔口。日伪时期，因县治临近中苏界河——瑚布图河，遂把县治移至小城子。1914年（民国三年）6月划属吉林省延吉道；1929年（民国十八年）东北政务委员会成立，废道制，县归省直接管辖，东宁仍属吉林省，为三等县。1932年，实行省公署官制，东宁仍隶属于吉林省，为乙类县。1933年1月，日本侵略军占领东宁县城后，设东宁县公署，属吉林省。1934年12月，实行地方行政机构改革，划东北为十四省，东宁县隶属于滨江省。1937年7月1日，实行第二次地方行政机构改革，增设了牡丹江、通化两省，东宁县划属牡丹江省。1939年，划出东宁北部，设绥阳县。同年，实行街村制，东宁设一街三村。1943年10月，设置东满总省（包括牡丹江、东安、间岛三省）和兴安总省（包括兴安东、西、南、北四省），东宁县随之隶属东满总省的牡丹江区域。1945年8月，抗日战争胜利。1946年春，成立民主政府，隶属绥宁省，后归牡丹江专区管辖。1948年，划归松江省；同年10月，撤销绥阳县，并入东宁县。1954年8月，松江省与黑龙江省合并，隶属黑龙江省。1956年3月，隶属牡丹江专员公署。1983年10月，划为牡丹江市辖县。2015年，国务院批准撤销东宁县，设立县级东宁市，以原东宁县的行政区域为东宁市的行政区域。东宁市由黑龙江省直辖，牡丹江市代管。

第二节 自然与农村经济概况

一、土地资源概况

按照国土资源局新统计数据，黑龙江省东宁市总面积为 711 689.21 公顷。

（一）农用地

东宁市共有农用地 691 273.3 公顷，占土地总面积的 97.13%。其中，市属耕地面积 48 592.63公顷。

1. 耕地　东宁市耕地面积 84 525.02 公顷（包括森工、省属、市属耕地，本章下同），占农用地面积的 12.23%，人均耕地 0.38 公顷。全市旱田面积 79 782.07 公顷，占总耕地面积的 94.39%；旱田大部分由岗地白浆土和暗棕壤组成，土质中下等。全市水田面积 4 548.75公顷，占总耕地面积的 5.38%；三岔口、东宁、大肚川、老黑山、道河 5 个镇有水田种植，面积较大的有三岔口镇、大肚川镇和东宁镇。

2. 园地　东宁市园地面积 3 751.61 公顷，占农用地面积的 0.54%。主要以果园和参园为主，分布较分散。

3. 林地　东宁市现有林地面积 598 494.8 公顷，占农用地面积的 86.58%。其中，有林地面积 592 526.65 公顷，占林地面积的 99%；灌木林地面积 2 381.43 公顷，占林地面积的 0.4%；其他林地面积 3 586.79 公顷，占林地面积的 0.6%。

4. 牧草地　东宁市牧草地面积 4 501.8 公顷，占农用地面积的 0.65%。主要分布在境内边缘的低山丘陵、高寒冷凉山区，6 个镇均有分布。市域天然牧草地可食性牧草比例低，季节性强，很大部分牧草地利用率低。

（二）建设用地

东宁市共有建设用地 18 966.3 公顷，占土地总面积的 2.66%。

1. 居民点工矿用地　东宁市居民点及工矿用地面积 7 669.06 公顷，占建设用地面积的 40.44%。

2. 交通用地　东宁市交通用地面积 5 157.67 公顷，占建设用地面积的 27.19%。

3. 水域及水利设施用地　东宁市水利设施用地面积 6 139.57 公顷，占建设用地面积的 32.37%。其中，沟渠 509.72 公顷，占水域及水利设施用地的 8.30%；河流 4 095.26 公顷，占水域及水利设施用地的 66.71%；坑塘 646.75 公顷，占水域及水利设施用地的 10.53%；内陆滩涂 872.52 公顷，占水域及水利设施用地的 14.21%；水工建筑物 15.32 公顷，占水利设施用地的 0.25%。

（三）未利用土地

东宁市未利用土地面积 1 449.61 公顷，占土地总面积的 0.21%。其中，沼泽地面积 1 246.84 公顷，占未利用土地面积的 86.01%；裸地面积 123.07 公顷，占未利用土地面积的 8.49%；沙地面积 0.2 公顷，占未利用土地面积的 0.01%；设施用地 79.5 公顷，占未利用土地面积的 5.48%。见表 1-2。

表 1-2　东宁市各类土地面积及构成

土地利用类型	面积（公顷）	占总面积（%）
（一）农用地	691 273.3	97.13
耕地	84 525.02	12.23
园地	3 751.61	0.54

（续）

土地利用类型	面积（公顷）	占总面积（%）
林地	598 494.87	86.58
牧草地	4 501.8	0.65
（二）建设用地	18 966.3	2.66
居民点工矿用地	7 669.06	40.44
交通用地	5 157.67	27.19
水域及水利设施用地	6 139.57	32.37
（三）未利用土地	1 449.61	0.21
沼泽地	1 246.84	86.01
裸地	123.07	8.49
沙地	0.2	0.01
设施用地	79.5	5.48
合　计	711 689.21	100.00

二、气候资源

东宁市属于中纬度中温带大陆性季风气候，由于距日本海比较近，经常受海洋性气候的影响，大陆性气候影响减弱。故夏季盛行海洋性北上暖湿的东南风，冬季盛行大陆性南下干冷的西北风，春季为冷暖过渡期，仍以西风占优势。气候特点：冬季漫长不太冷，夏季短暂不太热，冬季风大雪少，夏季暴雨集中。由于受地形、河谷、海拔高度、植被等因素的影响，形成了不同的气候特点。冬季平均气温：川地为－9℃，河谷为－10℃，山地为－12℃；夏季平均气温：川地为20℃，河谷为19℃，山地为18℃。所以，自然形成了大小不一的"小盆地""朝阳沟""背阴坡""冷山""冷沟""霜道"等，在一个村境内就有几种不同的气候。

东宁市位于长白山支脉老爷岭余脉太平岭东麓，北、西、南三面环山，平均海拔为400～600米。最高通沟岭海拔高度1 102米，成为一个天然屏障；东部低平开阔，海拔在100米左右。经常受海洋性气候的影响，气候温暖，雨量适中，水源充足，土壤肥沃，素有"塞北小江南"之称。市内河流纵横，水资源丰富，适宜种植水稻、玉米、大豆、薯类等作物，并有以苹果梨和苹果为主的果树基地，还有享誉中外的人参、木耳、椴树蜜、松茸、薇菜、蕨菜等山野菜。

春季始于3月、终于5月。春季是大陆性干冷空气势力减弱，海洋性温湿空气开始北上的转化时期。冷暖交错，雨少风大，易干旱，气温逐渐回升。3月下旬，土壤开始解冻。全市各地4月上旬先后开始降雨，正常年份春季降水量在70毫米左右，约占全年降水量的13%。由于太阳辐射逐渐增强，暖空气开始活跃，气旋活动频繁，天气多变，温差大，变化无常，一次升温或降温可达15℃。东宁市中部地区4月下旬平均气温升到7℃左右，是大田的最佳播期；南、北及西部山区温度回升及解冻速度比中部地区晚10～

15 天，全市大部分地区冻土在 5 月末化透进入夏季，5 月中、下旬是水稻的最佳插秧期。

夏季始于 6 月，终于 8 月。夏季受日本海影响，多为温湿的东南风，气温高，雨量大，中部川地最高气温达 37 ℃左右，7 月最热，月平均气温在 22 ℃，其他地区稍低。夏季日照时数平均为 676 小时，一天最长日照可达 14 小时，7～8 月降水量达 290 毫米左右，约占全年降水量的 57%，夏季是农作物生长成熟的最佳时期。

秋季始于 9 月，终于 11 月。秋季是大陆性干冷空气开始南下的时期，太阳辐射量逐渐减弱，冷空气势力逐渐加强，气温下降，昼夜温差变大；秋季降水量一般在 110 毫米左右，约占全年降水量的 22%。第一次降雪时间，中部地区一般在 10 月末，南部和北部地区在 10 月上、中旬。秋季平均气温在 11 ℃左右，中部地区在 9 月末最低气温可以降到 0 ℃以下，有初霜出现；南部、北部和西部山区 9 月上、中旬就出现初霜，有时因霜冻而造成粮食减产。全市大田作物在 9 月下旬普遍成熟，并陆续开始收割。

冬季始于 12 月至翌年 2 月。冬季在西伯利亚大陆性冷空气控制下，天气寒冷，常刮西北风，空气干燥，降水少；冬季降水量为 40 毫米左右，约占全年降水量的 8%。雪量分布为西、北和南部较大，中部较小，雪后常出现 7～8 级西北风，有时形成雪阻。全年 1 月最冷，中部地区平均气温－15 ℃左右，最低气温－32 ℃左右。

（一）气温与地温

东宁市 1986—2010 年，年平均温度为 5.8 ℃。一年中气温变化幅度很大，7 月最热，1986—2010 年年平均温度为 26.5 ℃，极端最高温度为 39.0 ℃；1 月最冷，1986—2010 年年平均温度为－13.2 ℃，极端最低温度为－30.2 ℃（表 1-3）。

表 1-3　1986—2010 年月平均气温

单位：℃

月份	1	2	3	4	5	6	7	8	9	10	11	12	全年平均
温度	－13.5	－8.6	－1.3	7.5	13.8	18.7	21.7	21.3	15.5	7.9	－2.5	－10.7	5.8

由于东宁市境内地形复杂，各地温差很大，以生长季节（5～9 月）积温 200 ℃为间隔，全市可分为暖、温、凉、冷、寒 5 个积温带。东宁镇、大肚川镇、三岔口镇的部分地区是全市平均气温最高的地区，年平均气温 5.8 ℃。1998 年和 2007 年最高，平均气温达到 6.6 ℃；1987 年最低，平均气温为 4.8 ℃。此地区最高气温是 39 ℃，最低气温－30 ℃，热量充沛，生长季节平均有效积温 2 764 ℃。绥阳北部、黄泥河、老黑山南部，南天门等地气温低，年平均气温只有 3 ℃左右，最低－38 ℃，最高 35 ℃，生长季节平均有效积温 2 230 ℃。

东宁市市内有效积温时间长，≥10 ℃积温为 2 700～2 800 ℃，按 80%保证率为 2 600 ℃以上。各年间积温变化幅度较大，可明显分出高温年和低温年。高温年积温达 3 000 ℃，低温年积温只有 2 400 ℃，相差 600 ℃。无霜期 105～150 天。东部温暖盆地为 140～150 天，中部冷凉河谷区一般为 120～135 天，高寒山区一般为 105～125 天。

2005—2010 年，地面年平均温度为 8.9 ℃；7 月平均地温为 26.5 ℃；1 月平均地温为－9.3 ℃（表 1-4）。初冻在 11 月中旬初，封冻在 11 月中旬末；全年土壤冻结期为 130 天左右。冻土平均深度为 1.45 米。3 月下旬土壤开始解冻，4 月上旬末可解冻 30 厘米；

一般 5 月中、下旬化透，有些年份 6 月初化透。

表 1-4 2005—2010 年月平均地温（地表 0 厘米）

单位：℃

月份	1	2	3	4	5	6	7	8	9	10	11	12	平均
温度	-9.3	-7.2	0.6	9.1	17.2	24.2	26.5	26.4	20.1	9.5	-2.0	-8.0	8.9

（二）降水与蒸发

东宁市 1986—2010 年，年平均降水量为 510.7 毫米，年际间变化较大。2000 年年均降水量最高，达 823.8 毫米；1982 年年均降水量最低，仅 308.0 毫米。受大陆性季风气候影响，一年中各季降水变化差异悬殊。夏季降水集中，雨量充沛；冬季降水稀少；秋季降水少于春季。1986—2010 年，夏季平均降水 290.5 毫米，占年均降水量的 56.9%；冬季平均降水 24.2 毫米，占年均降水量的 4.7%；春季平均降水 103.4 毫米，占年均降水量的 20.3%；秋季平均降水 92.6 毫米，占年均降水量的 18.1%。日降水量最大时高达 156.1 毫米（2004 年 5 月的某一天）。受大陆性季风气候影响，降水量分布山区较多，海拔低的开阔地带略少。多年平均降水量为 500～600 毫米，山地林区降水量为 600 毫米左右，河谷盆地降水量为 500 毫米左右。1986—2010 年月平均降水量见表 1-5，1957—2010 年降水量统计见表 1-6。

表 1-5 1986—2010 年月平均降水量

单位：毫米

月份	1	2	3	4	5	6	7	8	9	10	11	12	全年
降水量	6.7	7.3	11.3	26.4	65.7	89.2	107.2	94.1	45.2	33.1	14.3	10.2	510.7

表 1-6 1957—2010 年降水量统计

年份	降水量（毫米）	年份	降水量（毫米）	年份	降水量（毫米）
1957	523.2	1975	399.1	1993	517.2
1958	456.5	1976	428.4	1994	565.9
1959	647.6	1977	379.8	1995	500.2
1960	595.7	1978	424.8	1996	515.2
1961	490.1	1979	423.5	1997	353.3
1962	597.2	1980	455.7	1998	571.7
1963	554.8	1981	513.4	1999	384.1
1964	588.0	1982	308.0	2000	826.8
1965	617.2	1983	498.2	2001	522.6
1966	479.6	1984	451.3	2002	631.6
1967	318.0	1985	347.8	2003	387.9

（续）

年份	降水量（毫米）	年份	降水量（毫米）	年份	降水量（毫米）
1968	834.0	1986	580.7	2004	534.2
1969	482.7	1987	526.0	2005	519.0
1970	400.4	1988	446.1	2006	440.4
1971	576.0	1989	604.2	2007	435.8
1972	562.4	1990	690.1	2008	523.1
1973	380.4	1991	467.7	2009	550.7
1974	557.1	1992	498.4	2010	608.3

　　东宁市1981—2010年，年均蒸发量1 268.6毫米。2008年蒸发量最大，达1 410.2毫米；2010年蒸发量最小，为1 123毫米。一年之中，春季蒸发量最大，4月至5月平均月蒸发量为180.65毫米，其中，5月蒸发量最大时达211.9毫米；冬季蒸发量最小，11月至翌年3月平均月蒸发量为40.36毫米；6月至8月平均月蒸发量162.0毫米。

　　根据可能蒸发量与降水量的比值，可以算出表示气温干湿程度的干燥度（$K = 0.16 \sum t/r$；K表示干燥度，t表示>10℃积温），计算结果为$K = 1.02$，大于1。东宁市属于半湿润区。降水与蒸发比较见图1-1。

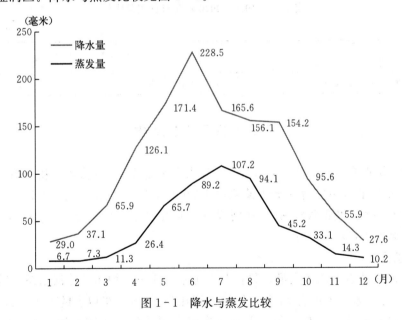

图1-1　降水与蒸发比较

（三）风

　　东宁市居于中纬度中温带，属大陆性季风气候；又因经常受海洋性气候的影响，大陆性气候影响减弱，夏季多东南风，冬季多西北风。1981—2010年，年平均风速2.3米/秒；1996年、2000年为年均风速最低年，年平均风速1.8米/秒。3～5月出现大风次数最多，刮风期一般延续3天左右，风速最高达18米/秒（8级）。由于县域地处山区，地形复杂，区域性气候差异较大，风速、风向也不尽相同。1986—2005 年各月平均大风天数见表 1-7、各月平均风速见表 1-8。

表 1-7　1986—2005 年各月平均大风天数

月份	1	2	3	4	5	6	7	8	9	10	11	12	合计
风次（6级）	1.7	1.8	2.6	3.0	2.3	0.3	0.5	0.2	0.3	1.0	2.2	1.9	17.8

表 1-8　1986—2005 年各月平均风速

单位：米/秒

月份	1	2	3	4	5	6	7	8	9	10	11	12	年平均
平均风速	2.6	2.7	2.8	2.7	2.4	2.1	1.8	1.7	1.8	2.1	2.5	2.4	2.3

（四）日照

东宁市各地日照时间差异不大，1981—2010 年，年平均日照 2 343.9 小时，平均每天日照 6.5 小时。1986 年最高，为 2 589.4 小时，平均每天日照 7 小时；2002 年最低，为 1 994.0 小时，平均每天日照 5 小时。日照时数春季最多，5 月份达到 228.3 小时；夏季次之，秋季多于冬季。生长季节（5～9 月）平均日照时间 1 162 小时，平均每天日照 7.6 小时。见表 1-9。

表 1-9　1986—2010 年各月日照平均数

单位：小时

月份	1	2	3	4	5	6	7	8	9	10	11	12	年总量
日照时数	172.6	189.2	216.8	203.7	219.4	216.8	191.5	203.2	216.3	205.7	161.3	147.4	2 343.9

三、水文及水文地质

东宁市水资源总量 11.32 亿立方米，人均占有水量 5 054 立方米，耕地占有水量平均为 21 905.3 立方米/公顷。水能资源蕴藏量 13.9 万千瓦，实际可开发量 18 500 千瓦。水质多以重碳酸钙型水及重碳酸钙镁钠型水为主，矿化度小于 0.5 克/升，pH 为 6.4～7.5，属低矿化弱碱性水，水质良好。

（一）地表水

东宁市市内地表水比较充足，共有大小河流 163 条，均属绥芬河水系。其中，流域面积在 30 平方千米以上的有 74 条，流域面积在 50 平方千米以上的有 49 条，流域面积在 1 000 平方千米以上的有 4 条。主要河流有大绥芬河、小绥芬河、瑚布图河、黄泥河、二道沟河、细鳞河、沙河子河、大肚川河[①]和小乌蛇沟河。主要河流及特征见表 1-10。

---

　① 大肚川河又称佛爷沟河，为绥芬河二级支流。——编者注

表 1-10 主要河流及特征

河流名称	流域面积（平方千米）	长度（千米）	落差（米）	级别	流入河流名称
大绥芬河	2 175	100	206	1	绥芬河
小绥芬河	3 450	133	620	1	绥芬河
瑚布图河	1 466	96	626	1	绥芬河
黄泥河	373	46	475	2	大绥芬河
二道沟河	820	80	409	2	大绥芬河
细鳞河	553	44	350	2	小绥芬河
沙河子河	437.2	36	540	2	小绥芬河
大肚川河	979	69.5	524	2	瑚布图河
小乌蛇沟	340	64	546	3	佛爷沟河

绥芬河水系位于黑龙江省东南部，"绥芬"满语为"锥子"之意。河流蜿蜒于老爷岭的丛山之间，因有"锥子"之形而得名。以大绥芬河为上源，全长443千米，其中在我国境内长258千米，干流在我国境内长61千米。绥芬河总流域面积17 321平方千米，在我国境内流域面积10 069平方千米。绥芬河流域南、北、西三面为高山，多森林覆盖，植被茂密，为山区性河流，落差大，流速0.6～1.0米/秒，最大流速4.83米/秒，水位受降雨影响波动幅度很大。

绥芬河有南、北两源，北源小绥芬河发源于东宁市太平岭，南源大绥芬河发源于吉林省珲春县西北部的图们山（今称森林山）。两河在东宁市的道河镇下游约3千米处汇合，东流至东宁镇进入平原地区，继而流入俄罗斯境内，向南流入日本海。绥芬河长度258千米，流域面积10 069平方千米，流量60立方米/秒。河流流经吉林、黑龙江两省，再入俄罗斯，为中俄两国共有。在东宁市内流长160千米，流域面积7 208平方千米。

绥芬河属山区性河流，水流急促。流域内多年年平均降水量为510.7毫米，5～8月的降水量约占全年降水量的69%，春季和夏、秋之际为汛期。径流年际变化大，丰、枯水相差10.8倍。东宁站多年平均流量为41.5立方米/秒，折合年径流量为13.1亿立方米。绥芬河多年平均封冻时间128天（11月下旬至次年4月上旬），多年平均最大冰厚0.9米。水能资源丰富，天然落差大，理论蕴藏量为13.9万千瓦，上中游已建成多座小水电站，但大量水能资源尚待开发利用。

（二）地下水

东宁市境内水文地质条件较简单，地下水按含水层特征主要分为第四系松散层孔隙潜水（主要分布于河漫滩区）及基岩裂隙水（主要分布在低山丘陵及河谷下部的基岩裂隙中）两种类型。

中、东部地区从和平村到三岔口、新立村、高安村、大肚川一带为松散层孔隙潜水，水量丰富，含水层稳定。由沙砾岩、砂岩组成，厚8～12米，单井涌水量500～3 000吨/日。水质较好，埋藏浅，一般3～4米，有利于成井与开采。大城子一带含水层厚6.54米，单井涌水量2 210吨/日。但靠近绥芬河一带，含水层逐渐变薄。夹信子含水层厚 2.6 米，单井涌水量 543 吨/日。北部绥阳、细鳞河、金厂等地，水位埋藏浅，一般埋深 1.24～5.2 米。但涌水量少，只有 1.73 吨/日。

河谷地区地势低平，水位埋藏浅，一般 1～4 米，单井涌水 100～3 000 吨/日。支谷中偏少，水质较好，可成大口井，抽水灌溉，井深 5～10 米为宜。

靠近河谷平原后缘阶地和山前沟谷出口处，赋存孔隙潜水，水量贫乏。

北、西、南部山区，赋存基岩裂隙水，泉水露较多，多沿风化坡积层溢出，泉水流量多数大于 0.3 升/秒，为东宁市市内河流主要水源。

东宁市水资源较丰富，可满足全市经济发展和人民生活需求。但是由于水资源在区域分布、年内时间分配上不均衡，因此，枯水期用水紧张。如今，在河流上游正在兴建大型蓄水工程，可以解决用水矛盾突出的东宁镇生活与工农业生产用水，解决水资源时间分配上的不均匀，改善饮用水水质和供水量不足的难题。

四、植 被

植被是土壤形成诸因素中的主导因素。植物从土壤中选择吸收各种养分，富集于地表，所以在不同植物的影响下，所形成的土壤有不同的属性，形成不同类型的土壤。不同类型的土壤，又影响各种植物的生长发育，因此土壤和植物之间有密切的相依关系。

东宁市属温带针阔叶混交林区域，植被资源丰富，种类繁多，多达 1 200 余种。市域内自然植被以山地森林植被和草甸植被为主，在分布上没有明显的区域性差异，但明显的垂直分布层次。中低山区以森林植被为主，丘陵漫岗区以疏林草甸植被为主，山间沟谷与河流沿岸开阔地区以草甸植被为主，低洼地带分布着沼泽植被。东宁市植被类型大体分以下 5 种：

1. 山地森林植被 原始植被是以红松为主的针阔叶混交林，一般统称为"红松阔叶混交林"。针叶林除红松外，还有冷杉、云杉、赤松、樟子松、落叶松等；阔叶树有紫椴、糠椴、风桦、白桦、水曲柳、核桃秋、山榆、蒙古松、大青杨、山杨、色木槭、黄菠萝、暴马子等；乔木林冠下的灌木种类很多，主要有毛榛子、猕猴桃、丁香、刺五加、兴安杜鹃、胡枝子等。下层还有很多种草本植物。

森林植被林下有枯枝落叶层，灰分含量高，在微生物的作用下积累的腐殖质中的盐基饱和度较高，形成了弱酸性淋溶，促进了暗棕壤土类的发育。东宁市暗棕壤多数分布在这种植被下，是林业生产的基地。

2. 丘陵岗地植被 主要是以柞树为主的杂木林，还有山杨、白桦、黑桦、枫桦、色木等乔木；林下灌木有榛子、胡枝子、兴安杜鹃、丁香、山葡萄、刺五加、山杏、刺玫瑰等；下垫草本植物有禾本科和菊科为主的杂草类，小叶樟、莎草、问荆、桔梗、草莓、地榆、铁线莲、狼尾草、黄花菜、报春花、马兰、铃兰、百合、山蒿、大子蒿、苕草、蕨类等。

丘陵岗地因滞水淋溶的结果而发育成白浆土类。

3. 草甸植被 山地沟谷、河流两岸以多年生草甸植被群落为主，有丛桦、沼柳、小叶樟、大叶樟、薹草、狗尾草、野稗、野燕麦、问荆、羊草、黄花菜、小白花、山梨豆、三棱草、芦苇、地榆、野豌豆、叶裂蒿、败酱草等。在草甸植被以及地下水或土层潜水影响下发育成为草甸土。

4. 洼地沼泽植被　主要有黑桦、水冬瓜、沼柳、薹草、大叶樟、小叶樟、乌拉薹草、塔头薹草、三棱草、水木贼、水葱、香蒲、委棱菜、毒芹、水毛茛、睡莲、芦苇等，在沼泽植被地表水和地下水影响下发育成沼泽土、泥炭土类土壤。

5. 耕地田间杂草　目前，东宁市耕地上主要的田间杂草：禾本科有看麦娘、虎尾草、狗尾草、马塘、牛筋草、大画眉草、白茅、千金子、双穗雀稗、芦苇、纤毛鹅观草、菵草、野黍、毒麦、野稗、稻稗、野燕麦和匍茎剪股颖；菊科有苍耳、苣荬菜、刺儿菜、青蒿、黄花蒿、艾蒿、蒲公英、鬼针草和豚草；莎草科有扁穗莎草、香附子、牛毛毡、球穗扁莎、萤蔺、扁秆藨草和三棱草；苋科有苋、刺苋、反枝苋、凹头苋、皱果苋和青葙；藜科有藜、小藜、灰绿藜、猪毛菜和碱蓬；泽泻科有野慈姑、慈姑、蔄蓄和泽泻；蓼科有酸模叶蓼、齿果酸模和马蓼；唇形科有香薷、益母草和荆芥；大麻科有大麻和葎草；茄科有龙葵和酸浆；锦葵科有苘麻；花蔺科有花蔺；车前科有车前；马齿苋科有马齿苋；浮萍科有浮萍；鸭舌草科有鸭舌草；天南星科有菖蒲；鸭跖草科有鸭跖草；木贼科有问荆；豆科有野大豆；菟丝子科有菟丝子；眼子菜科有眼子菜；百合科有小根蒜；伞形科有水芹。

五、农村经济概况

东宁市农业产业化发展迅速。2010 年统计局统计结果，全市总人口 22.4 万人。其中，城镇居民 11.13 万人，占总人口的 49.7%；农业人口 11.27 万人，占总人口的 50.3%；农村劳动力 6.11 万人，占农业人口的 54.2%。财政总收入 71 000 万元；农业总产值 330 733 万元，其中农业产值 274 547 万元，占农业总产值的 83.01%；林业产值 14 058 万元，占农业总产值 4.25%；牧业产值 21 791 万元，占农业总产值的 6.59%；渔业产值 2 917 万元，占农业总产值的 0.88%；农、林、牧、渔、服务业产值 17 420 万元，占农业总产值的 5.27%。地区生产总值 900 218 万元，其中第一产业增加值 210 913 万元，占地区生产总值的 23.4%；第二产业增加值 230 986 万元，占地区生产总值的 25.7%；第三产业增加值 458 319 万元，占地区生产总值的 50.9%。农村人均纯收入 11 741 元。2010 年农业总产值统计见表 1 - 11。

表 1 - 11　2010 年农业总产值统计

产值类型	产值（万元）	占地区生产总值（%）	占农业总产值（%）
地区生产总值	900 218	100.0	—
农业总产值	330 733	36.74	100.0
农业	274 547	30.50	83.01
林业	14 058	1.56	4.25
牧业	21 791	2.42	6.59
渔业	2 917	0.32	0.88
农、林、牧、渔、服务业	17 420	1.94	5.27

东宁市交通便利，乡乡通公路。通信发达，全市安装程控电话 28 873 户，其中农村用户 13 860 户；移动电话达到 50 342 部。农业机械化程度较高，拥有农业机械总动力达到 27 万千瓦。

第三节 农业生产概况

一、农业生产情况

东宁市位于黑龙江省牡丹江市东南部，因位于宁古塔之东而得名，是黑龙江省设治最早的县份之一。渤海国时期属率宾府，人烟密集。金、元时期由于战争滋扰，居民全部迁走。清朝为保护满族祖先的发祥地，禁止各族人民进入，因此，荒凉了几百年，直至清朝咸丰、同治时期才再次有人进入。因为三岔口一带气候温和，物产丰富，土质肥沃，才开始有人开垦荒地。至光绪七年（1881 年）设招垦局，已有居民 92 户，开垦零星土地786.3 公顷，分布在三岔口附近的泡子沿、八家子、团山子、大城子、小城子、高安村、大乌蛇沟等地。

民国时期，土地开发日盛。1922 年县域农作物种植面积达 36 274.97 公顷，1945 年后原边境附近居民陆续回迁，1946 年沿边境土地再次开辟。1949 年中华人民共和国成立，耕地面积恢复到 23 850 公顷，其中水田 2 050 公顷。此后在市政府倡导下，土地开垦逐年增加。

中华人民共和国成立后，政府鼓励农民开发土地，发展生产。1949 年，东宁市耕地播种面积为 23 850 公顷。其中，粮食作物播种面积 22 545 公顷，占总播种面积的 94%，粮豆总产 4.89 万吨。由于生产力低下，农作物耕作粗放，粮豆作物平均公顷产量仅 2 160千克。1950 年以后，在计划经济体制下，全市粮食生产有较大发展。1978 年，耕地播种面积为 26 400 公顷。其中，粮豆播种面积 23 834 公顷，占总播种面积的 90%；粮豆总产13.87 万吨，平均公顷产量 5 820 千克；与 1949 年相比，总播种面积增加 10.7%，粮豆播种面积增加 5.7%，粮豆总产增加 2.8 倍，平均单产增加 2.7 倍。此时期，蔬菜和经济作物的生产发展十分缓慢。

中共十一届三中全会后，通过农村经济体制改革，逐步实行了家庭联产承包经营。农作物种植基本做到从实际出发，在保证完成粮食征购任务的前提下，农民可根据市场需求自行安排生产，使农村的自然经济逐步向商品经济发展，蔬菜和经济作物的种植因此获得较大发展。种植业结构不断得到调整和优化，粮经作物种植结构向"高产、优质、高效"方向合理调整。粮经比例由 1986 年的 9.3：1，调整到 2005 年的3.7：1。20 年间，农村社会化服务体系不断加强和完善，农业基础设施建设得到长足发展，大力推广和普及农业科技，提高农业科技成果转化率，延长土地承包期，落实中央"两补一免"（良种补贴、粮食直补、免除农业税）等一系列政策措施。极大地调动了农民的生产积极性，粮食产量和经济作物产量不断增长。粮食总产量由 1986 年的 89 420吨，增长至 2005 年的 154 553 吨，增长 1.73 倍；烟叶产量由 1986 年的 2 181 吨，增长至 2005 年的 6 500 吨，增长 2.98 倍。至 2005 年，东宁市的农业发展依据市场需求，已呈现出多元化发展态势，果、菜、菌、烟等特色主导产业快步发展和壮大，农业产业化进程逐步加快，特色农业、绿色农业、外向型农业，已形成了规模化、全域化的生产格局。2005 年，东宁市农、林、牧、副、渔总产值实现 109 961 万元，比 1986 年的 16 358 万元增长 6.72 倍，农村经济总收入实现 18 亿元，比 1986 年的 10 054 万元增长 17.9 倍，农民人均纯收入实现 4 726 元，比 1986 年 653 元增长 7.24 倍。2010 年，东宁市农作物总播种面积为 56 177 公顷，粮豆薯总播种面积为 44 375 公顷，占总播种面积的 79%。其中，大豆播种面积 25 897 公顷，占粮豆薯总播种面积的 58.36%；玉米播种面积 14 258 公顷，占粮豆薯总播种面积的 32.13%；水稻播种面积 3 616 公顷，占粮豆薯总播种面积的 8.15%；薯类播种面积 212 公顷，占粮豆薯总播种面积的 0.48%；其他杂粮播种面积 392 公顷，占粮豆薯总播种面积的 0.88%。种植业结构仍以粮豆作物为主，产值结构也以粮豆作物比重最大。20 世纪 80 年代前作物种植比例见图 1-2，2010 年作物种植比例见图 1-3。

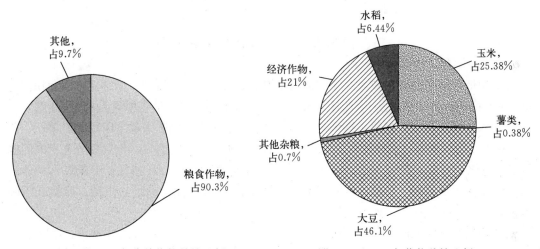

图 1-2 20 世纪 80 年代前作物种植比例　　　　图 1-3 2010 年作物种植比例

在国家及黑龙江省、牡丹江市的支持下，粮豆生产发展迅速，产量大幅度提高。1949 年东宁市粮食单产 1 080 千克/公顷，粮食总产仅 2.44 万吨；1957 年粮食单产 1 275 千克/公顷，粮食总产 2.7 万吨；1965 年粮食单产 1 785 千克/公顷，粮食总产 4.86 万吨，之后东宁市粮食总产逐年增加。到了 1985 年全市粮食单产达 3 007.5 千克/公顷，粮食总产增加到 7.37 万吨。1985 年以后全市农村社会化服务体系不断加强和完善，农业基础设施建设得到长足发展，大力推广和普及农业科技、提高农业科技成果转化率、延长土地承包期、落实中央"两补一免"（良种补贴，粮食直补，免除农业税）等一系列政策措施，极大地调动了农民的生产积极性，粮食产量和经济作物产量不断增长，2005 年粮食单产达 4 030.5 千克/公顷，粮食总产 15.455 3 万吨，比 1985 年增长 2.1 倍。其中化肥施用量的逐年增加和农业科学技术的发展是粮食增产的重要因素。1987 年全市化肥施用量为 0.475 4 万吨，粮食总产为 9.35 万吨；2010 年化肥施用量增加到 1.264 1 万吨，粮食总产更达到了 19.85 万吨。1949—2010 年单产变化见图 1-4。

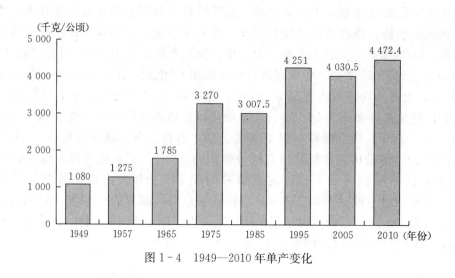

图 1 - 4　1949—2010 年单产变化

二、目前农业生产存在的主要问题

1. 中低产田所占比例较大　东宁市有比较丰富的农业生产资源，但中低产田面积占总耕地面积的 72.42%，粮豆公顷产量为 4 472.4 千克（2010 年），仍有相当大的潜力可挖。

2. 农业生态有失衡趋势　据调查，20 世纪 80 年代后，化肥用量不断增加，单产、总产大幅度提高，同时，农作物种类趋向单一化，轮作换茬矛盾凸显，土壤养分失衡的问题日趋尖锐化。另外，农药、化肥的大量应用，不同程度地造成了农业生产环境的污染。

3. 品种亟待更新　目前，粮豆，尤其是水稻没有革新性新品种，产量、质量在国际市场上都没有竞争力。

4. 农田基础设施薄弱　排涝抗旱能力低，水蚀比较严重，坡地冲刷沟处处可见。

5. 机械化水平低　多用小四轮耕作，虽然拥有部分大马力大型农机，但是配套农机具还不足，高质量农田作业和土地整理面积很小，秸秆还田能力还没有完全具备。

6. 农业整体应对市场能力差　农产品数量、质量、信息以及市场组织能力等方面都有待加强。

7. 农民科技素质、法律意识和市场意识有待提高和加强。

第四节　耕地利用与生产现状

一、耕地利用情况

耕地是人类赖以生存的基本资源和条件。保持农业可持续发展首先要确保耕地的数量和质量。从第二次土壤普查以来，人口不断增多，耕地逐渐减少，东宁市现有耕地总面积为 56 177 公顷（包括省属、市属），人均耕地 0.22 公顷。东宁市土地政策稳定，政府加大对农业的政策扶持力度和资金投入，提高了农民的生产积极性，使耕地利用情况日趋合理。表现在以下几个方面：一是耕地产出率高，人均粮食占有量 886 千克，比国际公认的人均粮食安全警戒线高出 516 千克；二是耕地利用率高，随着新品种的不断推广，间作、套种等耕作方式的合理运用，设施农业的快速发展，耕地复种指数不断提高；三是产业结构日趋合理，1991 年全市粮经比为 4.9：1，2010 年全市粮经比为 3.8：1；四是基础设施进一步改善，水利化程度提高。

二、耕地土壤投入产出情况

1975 年，东宁市的化肥投入量仅有 0.2 万吨，粮食产量为 7.75 万吨，投入 1 千克化肥可产出 38.75 千克粮食；1990 年下降为 15.89 千克，2009 年只有 14.32 千克。目前，东宁市化肥投入量仍较大，2010 年农用化肥施用量达到 0.6 万吨（折纯量），比上年增长 2.1%，在农业生产上起到一定作用。据统计，玉米肥粮比为 1：5.9，水稻肥粮比为 1：18，大豆肥粮比 1：7.6，杂粮肥粮比 1：13.6，其他作物肥粮比为 1：8.3，平均为 1：9.1。耕地土壤化肥投入产出明细见表 1－12。

表 1－12　耕地土壤化肥投入产出明细

作物	合计（元/公顷）	N 用量（千克/公顷）	N 单价（元/千克）	N 金额（元/公顷）	P₂O₅ 用量（千克/公顷）	P₂O₅ 单价（元/千克）	P₂O₅ 金额（元/公顷）	K₂O 用量（千克/公顷）	K₂O 单价（元/千克）	K₂O 金额（元/公顷）	单产（千克/公顷）	单价（元/千克）	金额（元/公顷）	肥粮比
玉米	1 456.34	151	4.35	656.9	92	5.25	483	55	6.33	316.5	7 823	1.1	8 605.3	1：5.9
水稻	1 196.50	119	4.35	517.7	69	5.25	362.3	55	6.33	316.5	7 500	3.0	22 500	1：18
大豆	1 056.70	73	4.35	317.6	80.5	5.25	422.6	55	6.33	316.5	2 225	3.6	8 010	1：7.6
杂粮	670.70	55	4.35	239.3	46	5.25	241.5	30	6.33	189.9	4 550	2.0	9 100	1：13.6
其他	1 013.20	95	4.35	413.3	60	5.25	315.0	45	6.33	284.9	5 250	1.6	8 400	1：8.3

三、耕地利用存在问题

东宁市在耕地利用上存在的问题是作物复种指数低。没有充分发挥地表水资源优势，水源利用不足，大小绥芬河、大肚川河流域可改水田面积未能充分利用，且有不少水改旱，水田面积反而减少。

第五节　耕地保养与管理

一、垦种回顾

东宁市最早开发的是三岔口西、北、南瑚布图河沿岸和绥芬河北岸平原地带。此后平原荒地垦完，垦民逐年向西（二十八道河子）和西南（大肚川、老黑山）发展。清光绪三十四年（1908 年）共垦出熟地 16 397 公顷。当时开发主要在三岔口周围及瑚布图河和绥芬河沿岸，万鹿沟以北，还是一片荒凉，极少人烟。清末到民国时期垦荒面积逐年增加。1935 年，实行集屯政策，边远地区的居民被赶走，房屋烧毁、耕地荒芜。1943 年将靠近边境 5 000 米内的村屯内迁，沿边境的耕地全部荒弃，使耕地大量减少，仅剩 1 万多公顷。1945 年原边境附近居民陆续回迁，沿边境的土地再次开辟起来，到 1949 年，耕地面积恢复到 23 850 公顷，其中水田面积 2 050 公顷。中华人民共和国成立后，市政府采取优待、扶持、奖励垦荒政策，调动了农民开垦利用土地的积极性。1949—1957 年垦荒 1 534 公顷，耕地面积达到 25 384 公顷。此后由于机械化程度不断提高，垦荒事业发展加快。1965 年全市耕地面积达到 28 061 公顷，1980 年达到 29 288 公顷，1985 年达到 29 360 公顷，至 2010 年东宁市耕地面积为 56 177 公顷（包括省属、市属）。与此同时，市政府对合理利用土地采取适当措施，不断提高土地利用率，促进了农业生产。特别是中共十一届三中全会后，土地开发、利用和管理工作日趋完善。

二、耕地保养

早期农田多为新开垦土地，土质肥沃，主要靠自然肥力发展农业生产，不施肥。经过多年耕种后，地力减退，施少量农家肥即能保持农作物连续稳产、增产。1950 年市政府提出生粪不下地，全市基本都采取堆积自然发酵的办法积造粪肥，用作底肥。1958—1959 年开始挖草炭，然后过圈，与农家肥同施。1965 年全市推广高温造肥，提高了粪肥质量。20 世纪 60 年代，公顷施农肥量不超过 7 500 千克；70 年代，开垦二三十年的农田土壤有机质明显下降，全市土壤有机质含量普遍在 30 克/千克以下，严重影响粮食产量。为提高粮食产量，全市各乡（镇）改进积肥制度，确定施肥指标，大力开展积肥造肥活动，增加农肥施用量，此时期公顷施肥达到了 15 吨以上。20 世纪 80 年代至 90 年代初，因种植面积扩大，农家肥不足，施肥量大幅下降，全市施农肥量平均 9.75 吨/公顷左右。到 1992 年全市的农肥投入量降到最低谷，但在此时期化肥的投入量在逐年增加，从而达到了提高粮食单产与总产的目的。

1999—2004 年，东宁市的粮食产量始终保持在一个水平线上，使市政府和全市农民明显感受到了地力下降和土壤养分失衡的危机。东宁市开始开展测土配方技术的研究与推广，注重培肥地力。2004—2010 年，农肥投入量加大，很多养殖大户过去把禽畜粪卖给菜农施用，现在都用在自家的农田上。作物施肥逐步走向科学化，粮食产量开始逐年提高，东宁市的粮食产量再次步入一个新的台阶。

第二章 耕地土壤立地条件与土壤概况

东宁市地处黑龙江省东南边陲,位于北纬 43°25′24″~44°49′40″,东经 130°19′40″~131°18′06″。北与穆棱市和绥芬河市相接,南与吉林省珲春县、汪清县毗邻,东面与苏联交界,市界周长 529.1 千米,南北长 156 千米,东西宽 76 千米,总面积为 7 116.89 平方千米。

第一节 立地条件

一、地形地貌

地形地貌是形成土壤的重要因素,它可直接影响到土壤、水、热及其养分的再分配,以及各种物质的转化和转移。一般来说,地势越高,水分越少,温度越低,养分含量越少。因此,土壤的分布与地形地貌类型有明显的规律性。在东宁境内山峦起伏,沟壑纵横,北、西、南三面被褶皱形成的侵蚀低山环抱,平均海拔在 400~600 米,最高达 1 102 米,逐渐向中、东部低斜,到东宁镇海拔降至 100 多米。东宁盆地是一个河流侵蚀堆积形成的较大山间谷地。此外,还有被山岭分隔呈零星分布的丘陵岗地,海拔在 200~400 米。山地面积占 87%,山间岗地占 8%,河谷平原仅占 5%,故有"九山半水半分田"之称。地貌区划属东北东部中、低山丘陵区,全县可分山地、丘陵岗地和河谷平原三种类型地貌。

(一) 山地

山地面积为 619 170 公顷,占总面积的 87%,平均海拔 600 米。全市各乡(镇)均有分布。南部大肚川镇、老黑山镇坡度较缓,平均海拔 500~600 米;西部、北部道河和绥阳一带,坡度变化急剧,海拔 600~800 米。山地土壤主要成土母质为酸性花岗岩、基性玄武岩、页岩和变质岩组成,有厚度 0.5~1 米的风化壳成土母质。侵蚀丘陵漫岗大部分属于白垩纪后期的沉积母质。河谷盆地多属于第四纪亚黏土、沙和砾石的冲积、洪积物。

(二) 丘陵岗地

丘陵岗地面积为 56 935 公顷,占总面积的 8%。主要分布在东宁镇西部和南部以及大肚川镇周围地带;三岔口、老黑山、道河、金厂、绥阳 5 个镇也有零星分布。

在起伏较大的地带发育成白浆化暗棕壤,较平缓地带为岗地白浆土。因质地黏重透水性差,水土流失严重,黑土层较薄,是东宁市旱作农业区。

(三) 河谷平原

河谷平原面积为 35 584 公顷,占总面积的 5%。主要分布于绥芬河、瑚布图河、大肚川河下游和老黑山镇附近。面积最大的是东宁平原,西起东宁镇,东至三岔口镇,面积为 9 800 公顷,是草甸土和新积土(又叫冲积土)主要分布区,因地形平坦,水源充足,土质肥沃，是东宁市重点产粮区和水稻产区。

东宁市不同地形单元所占面积统计见表 2-1。

表 2-1 不同地形单元所占面积统计

地形	面积（公顷）	占总面积（%）	其中市属耕地面积（公顷）	占本土壤（%）	占市属耕地（%）
山地	619 170	87.00	24 832.99	4.01	51.1
丘陵岗地	56 935	8.00	18 256.30	32.07	37.6
河谷平原	35 584	5.00	5 503.34	15.47	11.3
总计	711 689	100.00	48 592.63	—	100.00

二、成土母质

东宁市成土母质主要有残积物、坡积物、洪积物、冲积物及各种沉积物，成土母质来源于岩石的风化。母质直接影响土壤形成过程。低山区由于母质疏松，风化度低，形成了发育较浅的石质暗棕壤，而在质地黏重的白垩纪后期沉积母质上形成大面积白浆土，坡度较大部位洪积和沉积母质上发育成白浆化暗棕壤。处于低平部位的第四纪冲积、沉积、洪积物质，土壤地质黏，持水性强，形成草甸土、沼泽土和泥炭土。

三、人类生产活动对土壤的影响

农业土壤不仅是历史自然体，更是劳动的产物。土壤是人类赖以生存的基本条件，反之，人类的生产活动又直接影响着土壤的发生与发展。人类生产活动对土壤的影响有积极的一面，也有消极的一面。人类在改造大自然的过程中，改变了某些自然条件，促使土壤发生变化。因此，人类的农业生产活动对土壤的形成影响最强烈、最深刻、最积极。人类为了生产和生活，对土壤进行干预改造，开垦荒地，破坏原有的自然植被，再采取耕作、施肥和改良土壤等，使土壤不断熟化。土壤肥力和生产能力不断提高；但也有违背客观规律、粗耕、掠夺式的开垦和耕种，使土壤资源遭到破坏，降低土壤固有肥力，心土层裸露，甚至丧失自然生产能力。随着科学技术的发展，人为干预加深了对土壤形成过程的影响。因此，熟化土壤是劳动的产物。在耕作和栽培作物的影响下改造自然土壤的组成和特性。采用合理耕作，加深耕作层，增施农肥和化肥，从而改善土壤的物理化学性状和供肥能力，以及合理规划等措施，促进土壤有效肥力不断提高。

荒地被开垦后土壤发展方向有两种。如白浆土，被开垦后经精心熟化，合理耕作，增施农肥等措施，耕层深厚、地肥、产量高。如果耕作不当、不施肥，多则几十年，少则几年就会心土裸露，养分贫瘠，耕性不良，产量低，甚至撂荒。再如水稻土，改水田后改变了固有土壤的理化特性，随着水、肥、气、热等环境的改变，土壤形态特征、理化性状也随之改变。这种变化在自然成土因素作用下，需要很长的历史过程。但由于人为有目的的干预，最多也不过 10 年就改变了土壤固有的特性。由此可见，人为因素在农业土壤的形成过程中起积极、主导的作用。

东宁市土壤耕作，随着农田基本建设的发展和生产水平的提高而不断发展。中华人民共和国成立初期由弃旧更新，演变成熟荒轮作，采用了木犁与铁犁相结合，垄作与平作相结合。进入20世纪50年代，全县开始使用农业机械，但数量不多，主要以畜力木犁作业的扣耢交替的垄作制为基本耕作方式，这种耕法耕层浅，形成三角形犁底层；到60年代，由于农机具数量的增加，机械平翻面积增加了，加深了耕层，形成了翻、扣、耢、垄、平相结合的轮作制；70年代的中期，基本形成了以深松改土为主的松、翻、搅、耙相结合的轮作制。但在部分乡村，因耕作不合理、作业次数多、耕层浅，使土壤变硬，形成了坚硬的犁底层。特别是在水土流失严重的地方往往又是坡地、远地、多年施不上肥的地，使土壤变成了"钢板田""卫生田"。在施肥方面，20世纪50年代以前，主要靠自然肥力发展农业生产；60年代农家肥有所增加，化肥以氮肥为主，开始少量施用；70年代由于认识到地力减退，农肥施肥水平有所提高，全市平均公顷施农肥15 000千克左右，化肥也有明显增加。全市化肥施用量由2 000～3 000吨增加到3 000～4 000吨，而且施肥品种也由原来单施氮肥，增加了磷、钾和复合肥，基本改善了肥料结构，对提高土壤肥力具有很大促进作用。

总之，人为活动对土壤的形成影响是多方面的，有积极的，也有消极的。因此，要积极创造更为合理的农田生态，用养结合，让土壤永续为人类造福。

四、成土过程

土壤形成是随着有机体在陆地的出现而开始形成原始土壤。境内土壤的形成和发育深受气候、生物、母质、地形及时间等因素影响。各种自然成土因素是紧密联系的，但其作用是不同的，相互不能替代，其中以生物（植物、动物、微生物）为主导因素。自然土壤的形成，实质是外界环境作用下生物循环、植物养分的积累和富积过程。

土壤形成过程，内在因素实质是淋溶与淀积、氧化和还原、冲积与堆积、有机质的合成与分解等几种矛盾统一的过程。

东宁市处于低山丘陵区，属于中纬度中温带大陆性季风气候，各种类型的土壤是在当地特定的成土因素作用下经过一定的成土过程而形成的。

土壤的形成是受成土诸因素互相制约、互相作用的结果。因此，土壤的发生层次，是土壤发育形成的主要标志。土壤发生层次性状是土壤形成过程和土壤属性的综合表现，是土壤评价的根据。依据土壤剖面中物质累积、迁移和转化的特点，一个发育完全的土壤剖面，从上到下可划出3个最基本的发生层次，即A层、B层、C层，组成典型的土体构型。东宁市境内土壤所见到的主要发生层次及其代表符号如下：

A_{00}：枯枝落叶层

A_0：半腐解的有机质层

A：腐殖质层

A_w：白浆层

AB层：腐殖质层与淀积层过渡层

B：淀积层

BC：淀积层与母质层过渡层

C：母质层

A_g、B_g、C_g：具有潜育化作用的层次

G：潜育层

AS：草根层（草根交织层）

AT：泥炭层

土体结构中上述层次是在长期的成土过程中产生的，包括分解与合成、淋溶与淀积、氧化与还原、冲刷与堆积的过程。4个过程主要受土壤水分的影响，当土壤水分饱和时，在重力作用下向下渗漏，使上层物质向下移动。对上层来说，发生了淋溶；对下层来说，发生了淀积。由于各种物质的溶解和活性不同，淋溶和淀积有先后之分，先淋溶的淀积深，后淋溶的淀积浅，从而使各种物质在剖面上发生分异。在某些土壤中当土壤水分充足时，就会出现还原状态，使一些铁、锰等金属被还原而发生淋溶，当干燥时又被氧化而淀积，在土体上产生铁、锰结核等新生体。根据新生体形态、颜色、硬度和出现的部位等，可以判断出土壤水分动态、发生层次和形成过程。冲刷和堆积在东宁市尤为明显。降水较大时，地表径流就会带去各种溶解的养分和土粒，并在低处沉积或流入河流。冲积和堆积的结果，造成各地形部位土层的厚薄不一，使养分含量有多有少。在河流泛滥的地方，上游冲刷的泥沙在下游平原地区淤积，这一过程在东宁市绥芬河沿岸分布的新积土中十分明显。

合成与分解在各种土壤腐殖质的形成过程中均有发生。生物的分解与有机质的合成，产生了生物小循环，这一点十分重要，不仅影响到土壤的表层，而且也会影响到亚表层和底层。因此，土壤有机质的分解和腐殖质的合成作用，决定着土壤养分含量和供肥能力的大小。总之，土壤的形成过程，决定了东宁市土壤的地域性特色和各种土壤类型。

东宁市因成土条件复杂，所以形成土壤过程较多，主要有以下几个成土过程：

（一）暗棕壤化过程

境内低山丘陵地受中温带大陆性季风气候影响，在针阔混交林植被条件下，中性、微酸性水淋溶下产生暗棕壤化过程。它包括森林腐殖质化、黏化和棕化作用3个方面。

1. 森林腐殖质化作用　东宁市森林植被多为阔叶混交林或柞树、白桦等阔叶林，每年有大量凋落物积聚地面，在地表形成1～5厘米厚的A层。进行缓慢的腐殖质作用，使土体表层腐殖质不断积累，且以胡敏酸为主。同时凋落物中灰分以及钙镁为主的盐基含量丰富，使淋溶元素不断得到补充，使土壤保持微酸性至中性反应和较高的盐基饱和度，不致发生明显的灰化。

2. 黏化作用　黏化作用是指成土母质中原生矿物不断变质，次生矿物不断形成，土壤颗粒由粗变细的过程。东宁市暗棕壤分布区的母岩多为花岗岩，一般土体中仅发生就地黏化并伴随轻度的黏粒淋溶淀积现象，以变质黏化作用为主，不致发生破坏性淋溶作用。

3. 棕化作用　棕化作用是指在腐殖质里土层以下土体形成棕色的过程。因市内多为丘陵山地，坡度较大，母质较粗，加上森林植被的生物排水作用强，使土体内外排水状况良好，因而土体内氧化条件较好，下移的铁、锰可随时氧化淀积，以棕色或红棕色的胶膜包被于结构体表面，使土体形成棕色或暗棕色。

总之，以上3方面的作用为暗棕壤的成土过程——暗棕壤化过程。

（二）白浆化过程

白浆化过程是在丘陵漫岗地、微地域地面坡度不大、疏林草甸植被参与下，第四纪沉积母质上产生的，以潴育、侧流、淋溶为特点的成土过程；是土壤在潴育条件下，亚表层有色的铁、锰物质经还原、流失、漂洗成灰白色的过程。由于季节性的降水过多，造成表层土体的潴育，使得亚表层脱盐基、脱铁锰，而以胶膜或结核淀积至下层，所以出现了特征性的灰白色的亚表层——白浆层。尤其由于中性及至微酸性的淋溶，上层黏粒随水渗至下层，为下层土体的机械阻留作用所原封不动地沉积下来——拉西维过程，从而使下层黏化。随着下层黏化的加强，垂直淋溶减弱，侧流淋溶加剧，特别频繁的干湿交替过程，使得亚表层出现了水平节理。在东宁市低山丘陵的边缘和岗坡平缓地带，地势较为平缓，心土和底土质地黏重，透水不良，加之本地气候湿润多雨，喜湿性森林草甸植被生长繁茂。生物排水作用减弱，使土壤经常处于湿润状态。每当融冻或集中降雨之际，土壤上层带水，还原过程占优势；在腐殖质化作用的同时，亚表层的土壤黏粒及低价铁锰随水下移，且在下渗过程中，使心土或底土的核状结构表面被铁锰胶膜包被，在滞水消失后，氧化过程占优势。伴随着黏粒淀积作用，铁锰被氧化而活性降低，与土壤中的胶体相胶结，并聚集形成结核。总之，这样周期性的干湿交替以及氧化还原过程，使亚表层脱色，形成片状结构的白浆层和相应富集的淀积层。淀积层的形成，又进一步加强了土体滞水作用，使白浆层进一步粉沙化和酸化，剖面黏粒与矿物分布发生了变化，出现明显的双层性剖面。表层和亚表层大量黏粒被淋失，粉沙含量增高，而淀积层黏粒相对增加。

在潴育过程中，硅酸活性提高，可随水下渗。当水分蒸发时，使溶胶状的硅脱水而变成无定形的二氧化硅，故在结构面上或缝隙中可见到白色粉末。

（三）草甸化过程

草甸化过程是在草甸植被参与下，微地域地形比较平坦，地下水或潜水比较高的情况下产生的。

在东宁市内山间河谷的开阔地，地势较平坦，地下水位较高，一般在 1～2 米，母质为冲积物和坡积物。在草甸植被和地下水影响下，土壤呈现明显的潴育过程和有机质的积累过程，另外，由于地下水直接湿润下层，并能沿毛细管孔隙上升至土体上层。由于土体含水量较高，草甸植被生长繁茂，地表和地下生物积累量较大。特别是冬季寒冷漫长，春秋季嫌气冷浆，好气性微生物活动受到一定程度的抑制，所以积累大于矿化，年深日久，形成了深厚的腐殖质积累层。由于季节变化，地下水也随着升降，使土壤氧化还原过程交替进行，促进了土壤中物质的溶解、移动和积聚。特别是在还原状态时，铁锰化合物在有机质的参与下，被还原成低价的铁锰化合物随水移动；在氧化状态时，铁锰又被氧化成锈纹锈斑、胶膜或结核。由于草甸植物生长繁茂，根系密集，积累大量的腐殖质，形成良好的团粒结构，这是草甸化成土过程的另一特征。

东宁市草甸土形成的自然条件和人为因素比较复杂，特别在低洼地区，有时地下水接近地面，甚至地表有积水，这类草甸土潜育现象比较严重，形成潜育草甸土。也有其他条件参与成土过程，使草甸土向着其他新的土壤类型过渡。如草甸土开垦后种水稻，因受地表水和地下水双重作用，使锈纹锈斑在剖面出现部位不同，水位升高，锈纹锈斑部位高，而且潜育斑增多，从而演变成水稻土。但由于在形态上与草甸土相似，称草甸土型水稻土。

（四）沼泽化过程

沼泽化过程是在积水条件下，表层植物富积泥炭化和下层土壤潜育化的过程。

东宁市的山间沟谷和平川洼地，由于气候湿润，母质黏重，地下水位高，在长期或季节性积水的低洼地上生长茂密的沼泽植被，地表和地下部植物造体，在积水过湿的嫌气条件下很难分解。每年都积累大量的有机质，这些有机质在嫌气条件下，得不到充分分解，而在土体上层形成厚度不等的泥炭，这一过程称为泥炭化过程。同时由于水分过多而缺氧，铁锰由高价还原为低价，土体灰蓝色，而部分亚铁随毛管水上升，在土层被氧化形成锈斑，这个过程叫潜育化过程。表层的泥炭化和底层的潜育化就称为沼泽化过程。在野外可根据锈纹锈斑在剖面出现的深度，判断其沼泽化程度。

沼泽土由于近期生态环境变化，由积水变湿，由湿变干；特别是人们有目的地采用挖沟排水等措施，使地下水位下降。现已部分被开垦为农田。

（五）生草化过程

东宁市生草化过程形成的土壤大多分布在河流两岸，土壤形成时间较晚，属幼年土。在河流两岸新淤积的母质土，开始生长植物，形成较薄的生草层，整个土体层次分化不明显，养分贫瘠，淤积特征非常清楚，因此称为生草化过程。

各类土壤的形成，是上述不同成土过程的结果。各类型土壤都有它主导的成土过程，这是土壤分类的依据。过渡类型的土壤首先要弄清主导过程，然后再看附加过程为亚类命名。如白浆土类，草甸白浆土亚类是以白浆化过程为主导，草甸化过程为辅的一类土壤。

第二节　东宁市土壤分类

一、土壤分类的目的

东宁市土地面积小，自然条件复杂，土壤类型繁多，资源丰富。为全面规划因地制宜地利用、改良、培肥土壤，合理布局农业生产，为进一步认识土壤，揭示各种土壤属性、生产性能及改良利用途径提供依据。

二、土壤分类的依据

东宁市 1982 年第二次土壤普查分类的依据如下：

以成土条件、成土过程和土壤属性为依据，以野外观测、定性判断，结合化验分析的定量指标综合考虑。

三、土壤命名方法

东宁市 1982 年第二次土壤普查时的土壤命名，根据黑龙江省土壤分类规定（草案）和黑龙江省土壤分类工作学术讨论会议纪要精神，采用了以发生学为基础连续命名法。就是说，命名时把几个分类单元都概括进去，能够同时反映出土壤形成过程、主要特征与属性，也能看清土壤在分类系统中的位置、土壤形成过程中的规律性，以便确定利用方向、改良方向和培肥措施。

1. 土类　一定的成土条件下具有独特的形成过程和剖面形态，土类之间有质的差别，是高级分类单元。

2. 亚类　反映土类范围内的较大差异性，是土类的辅助单元，在原有成土过程基础上增加新的附加过程。

3. 土属　在发生学上亚类与土种之间承上启下作用的分类单元，主要根据岩石母质、母质水文、侵蚀、堆积等地方性成土条件来划分。

4. 土种　基层分类单元，不同土种在成土过程中有量上的差异性，如腐殖层的厚薄、耕地土壤热化程度和肥力特点等为依据划分土种。如，薄层沙质冲积土命名方法如下：

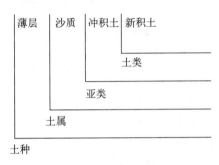

四、东宁市土壤分类系统

1982年第二次土壤普查，东宁市境内土壤共分7个土类，16个亚类，25个土属，34个土种。本次调查按照国家分类统一标准，分成新的土壤类型：5个土纲、6个亚纲、7个土类、12个亚类、21个土属、26个土种。见表2-2。

表2-2　东宁市土壤分类系统

土纲	亚纲	土类代码	土类名称	亚类代码	亚类名称	土属代码	土属新名称	新土种（本次地力评价时）新代码	新土种（本次地力评价时）名称	原土种（第二次土壤普查时）原代码	原土种（第二次土壤普查时）原名称
淋溶土	湿温淋溶土	3	暗棕壤	301	暗棕壤	30103	暗矿质暗棕壤	3010301	暗矿质暗棕壤	1	石质暗棕壤
						30106	沙砾质暗棕壤	3010601	沙砾质暗棕壤	2	沙石质暗棕壤
						30109	灰泥质暗棕壤	3010901	灰泥质暗棕壤	3	侵蚀暗棕壤
				303	白浆化暗棕壤	30302	亚暗矿质白浆化暗棕壤	3030201	亚暗矿质白浆化暗棕壤	7	石底白浆化暗棕壤
										8	夹石白浆化暗棕壤
						30303	沙砾质白浆化暗棕壤	3030301	沙砾质白浆化暗棕壤	4	薄层白浆化暗棕壤
										5	中层白浆化暗棕壤
										6	厚层白浆化暗棕壤

（续）

土纲	亚纲	土类		亚类		土属		新土种 （本次地力评价时）		原土种 （第二次土壤普查时）	
		代码	名称	代码	名称	代码	新名称	新代码	名称	原代码	原名称
淋溶土	湿温淋溶土	4	白浆土	401	白浆土	40102	黄土质白浆土	4010201	厚层黄土质白浆土	11	厚层白浆土
								4010202	中层黄土质白浆土	10	中层白浆土
								4010203	薄层黄土质白浆土	9	薄层白浆土
				402	草甸白浆土	40201	沙底草甸白浆土	4020101	厚层沙底草甸白浆土	13	厚层草甸白浆土
								4020102	中层沙底草甸白浆土	12	中层草甸白浆土
半水成土	暗半水成土	8	草甸土	801	草甸土	80101	砾底草甸土	8010101	厚层砾底草甸土	15	夹石草甸土
						80105	石质草甸土	8010501	石质草甸土	16	石底草甸土
						80106	暗棕壤型草甸土	8010601	暗棕壤型草甸土	14	沟谷草甸土
				804	潜育草甸土	80402	黏壤质潜育草甸土	8040201	厚层黏壤质潜育草甸土	19	厚层潜育草甸土
								8040202	中层黏壤质潜育草甸土	18	中层潜育草甸土
								8040203	薄层黏壤质潜育草甸土	17	薄层潜育草甸土
水成土	矿质水成土	9	沼泽土	902	泥炭沼泽土	90201	泥炭沼泽土	9020103	薄层泥炭沼泽土	22	泥炭沼泽土
						90202	泥炭腐殖质沼泽土	9020203	薄层泥炭腐殖质沼泽土	21	泥炭腐殖质沼泽土
				903	草甸沼泽土	90302	黏质草甸沼泽土	9030201	厚层黏质草甸沼泽土	20	草甸沼泽土
	有机水成土	10	泥炭土	1003	低位泥炭土	100301	芦苇薹草低位泥炭土	10030103	薄层芦苇薹草低位泥炭土	23	薄层草甸泥炭土

（续）

土纲	亚纲	土类		亚类		土属		新土种（本次地力评价时）		原土种（第二次土壤普查时）	
		代码	名称	代码	名称	代码	新名称	新代码	名称	原代码	原名称
初育土	土质初育土	15	新积土	1501	冲积土					25	壤质砾石底草甸河淤土
						150102	砾质冲积土	15010203	薄层砾质冲积土	27	壤质砾石底生草河淤土
										28	沙质砾石底生草河淤土
						150103	沙质冲积土	15010303	薄层沙质冲积土	24	壤质沙底草甸河淤土
										26	壤质沙底生草河淤土
人为土	人为水成土	17	水稻土	1701	淹育水稻土	170101	白浆土型淹育水稻土	17010101	白浆土型淹育水稻土	29	白浆土型水稻土
										30	草甸白浆土型水稻土
						170102	草甸土型淹育水稻土	17010202	中层草甸土型淹育水稻土	31	草甸土型水稻土
						170107	冲积土型淹育水稻土	17010702	中层冲积土型淹育水稻土	33	壤质层状生草河淤土型水稻土
										34	沙质砾石底生草河淤土型水稻土
					潜育水稻土	170201	沼泽土型潜育水稻土	17020101	厚层沼泽土型潜育水稻土	32	沼泽土型水稻土

第三节　土壤分布规律

土壤是各种成土因素综合作用的产物，东宁市属低山丘陵区，自然条件复杂，土壤类型繁多。土地的分布规律受地形、母质、气候、人类活动等条件的影响，土壤的分布比较复杂，但是境内的土壤分布也具有一定的规律性和区域性。东宁市土壤分布横断面见图2-1，绥阳镇地形土壤分布断面见图2-2。

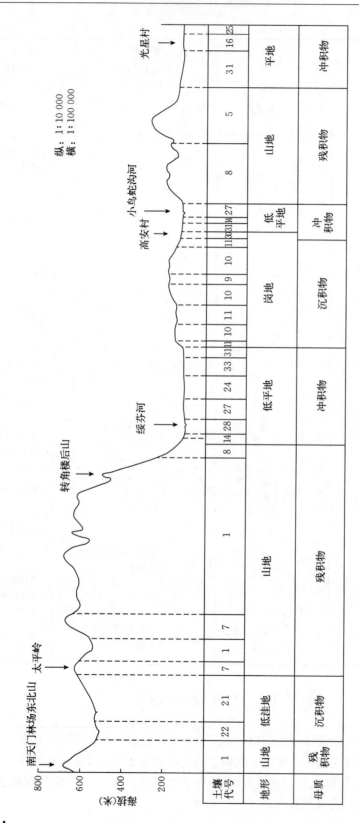

图2-1 东宁市土壤分布横断面图

纵：1：10 000
横：1：100 000

土壤代号	1	22		21	7	1	7		1		8 14 28 27	24	33 31 11	10	11	10	9	10	11 30 31 14 27		8		5	31	16 25
地形	山地		低洼地			山地					低平地		岗地						低平地		山地		平地		
母质	残积物		沉积物			残积物					冲积物		沉积物						冲积物		残积物		冲积物		

注：1.石质暗棕壤 5.中层白浆化暗棕壤 8.夹石底白浆化暗棕壤 11.厚层白浆土 14.沟谷草甸土
16.石底草甸土 21.泥炭腐殖质沼泽土 22.泥炭藓沼泽土 24.壤质沙底草河淤土 27.壤质临石底生草
河淤土 30.草甸白浆土型水稻土 31.草甸土型水稻土 33.壤质层状生草河淤土型水稻土

7.石底白浆化暗棕壤 9.薄层白浆土 10.中层白浆土 26.壤质沙底生草河淤土 28.沙质临石底生草

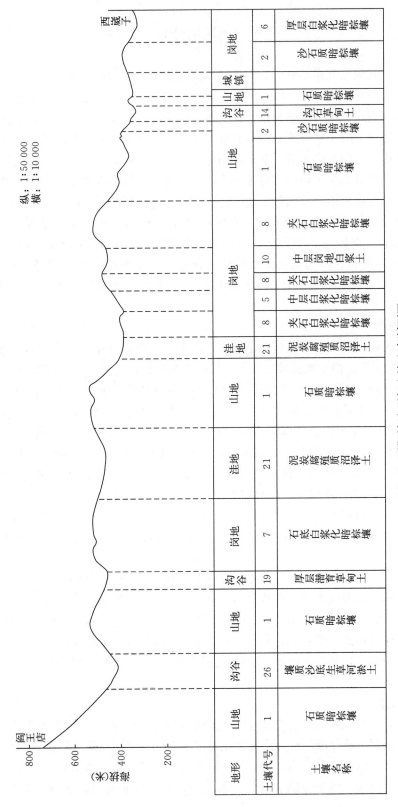

图2-2 绥阳镇地形与土壤分布断面图

地形	山地	沟谷	山地	岗地	洼地	山地	洼地	岗地				山地	沟谷	山地	岗地	城镇山地	岗地	
土壤代号	1	26	1	7	21	1	21	8	5	8	10	8	1	2	1	14	1	2	6
土壤名称	石质暗棕壤	壤质沙底生草河淤土	石质暗棕壤	石底白浆化暗棕壤	泥炭腐殖质沼泽土	石质暗棕壤	泥炭腐殖质沼泽土	夹石白浆化暗棕壤	中层白浆化暗棕壤	夹石白浆化暗棕壤	中层岗地白浆土	夹石白浆化暗棕壤	石质暗棕壤	沙石质暗棕壤	石质暗棕壤	沟谷石质草甸土	沙石质暗棕壤	厚层白浆化暗棕壤

纵：1∶50 000
横：1∶10 000

简王店

西崴子

海拔（米）
800
600
400
200

一、土壤的分布

东宁市位于我国东北东部低山丘陵区，境内山峦起伏，沟壑纵横，北、西、南三面环山，平均海拔为 400～600 米。海拔最高点为通沟岭 1 102 米，东部东宁盆地低平开阔，海拔在 100 米左右，海拔高度差异很大。气温随海拔高度的变化差异明显，按海拔相对每增高 100 米，气温下降 1 ℃计算，最高和最低水平距离不到 25 千米，温度却相差 10 ℃。降水山地多于岗地，岗地多于低平盆地，山地年平均降水量为 596 毫米，岗地年平均降水量 520 毫米，低平盆地年平均降水量为 507 毫米。随着气温和降水量的差异，植被也随地形呈明显的垂直分布规律，即森林植被-天然次生林植被-草甸沼泽植被。所以境内的土壤呈垂直变化规律。土壤的垂直分布，是东宁市土壤分布的主要特征。呈现出从高到低，依次分布暗棕壤、白浆土、草甸土、沼泽土、新积土等。暗棕壤分布面积最大，占土壤总面积的 84.7%；在不同地形部位的低洼积水之处，有隐域性的沼泽土和泥炭土发育，其水平分布地带性不明显（本章数据除注明本次地力评价外，均为 1982 年第二次土壤普查数据）。

（一）暗棕壤

暗棕壤是地带性土壤，广泛分布在低山丘陵中、上部森林植被下，低自海拔 200 米，高至海拔 1 000 多米。由于地面坡度较大，母质多为岩石风化残积物或坡积物，所以排水良好，土体经常处于好气性的氧化条件，铁锰的氧化物积累于剖面，使之呈现暗棕色。海拔在 400 米以上，为暗矿质暗棕壤垂直分布带。该类土壤分布面积很大，占全市各类土壤面积的 80%以上，森林植被繁茂，以针阔叶混交林为主，是东宁市林木生产基地。在暗矿质暗棕壤的下限，以及山体的裙部，海拔在 200～400 米，属沙砾质暗棕壤、灰泥质暗棕壤地带，由高到低坡度渐缓，母质由粗变细，黏性逐渐增大；由森林植被向草甸植被过渡，表土层不断加厚；现已多数开垦利用，面积为 628 787.67 公顷，占土壤面积的 84.74%。暗棕壤是在森林腐殖化作用、棕化作用及黏化作用 3 种过程参与下形成的，然而由于植被、地形、母质及水、热状况的不同，又可分为 2 个亚类和若干个土属、土种。

老爷岭和张广才岭第二隆起带在境内总的走向为向南、向东延伸，所以山的南坡和东坡较陡，植被稀疏，多以赤松、柞林为主，母质质地较粗，气温较高，处于好气性氧化条件，且多发育为腐殖质较薄的典型暗棕壤。山的北坡和西坡一般坡度较缓，水分条件好于阳坡，气温也相对较低，植被多为喜湿性的落叶松、杨桦林，土壤母质较黏，多发育为白浆化暗棕壤。因其主要分布于山地、丘陵、陡坡等地，部分不宜开垦为耕地，已开垦的耕地多为白浆化暗棕壤。

（二）白浆土

海拔在 200～400 米，受气候、植被、母质的影响，形成白浆土各个亚类垂直分布带，地势由高到低，湿冷性逐渐加重，使白浆化暗棕壤演变为岗地白浆土和平地白浆土。

白浆土向上与白浆化暗棕壤、向下与草甸土交错分布。东宁镇南大岗、老黑山东至瑚布图河之间平缓岗地，绥阳镇的太岭、二道岗一带有大面积分布，还有道河乡的和平西岗，绥阳镇二段、九里地、三节砬子林场东南，大肚川镇老城子沟、正南岭，南天门林场东岗等地也有零星分布。面积为49 454.93公顷，占土壤总面积的6.67%。是东宁市的主要耕地土壤。

（三）草甸土

海拔在200米以下，为东宁市河谷平原区，草甸土在这一区域内形成。草甸土直接受地下水或底土层潜水影响，在草甸植被覆盖下，在冲积物、沉积物、洪积物母质上经草甸化过程而形成的土壤。主要分布在河谷平地和丘陵岗间沟谷水线两侧，境内草甸土多以鸡爪形状零星分布。属阴域性土壤类型，其土壤肥力优于市内各类土壤。但因为土壤过湿，水、肥、气、热不协调，耕地土壤冷浆，作物生长缓慢，易造成作物贪青晚熟。其面积为33 469.13公顷，占土壤总面积的4.51%。

（四）沼泽土与泥炭土

沼泽土和泥炭土是多年经长时间受地下水或潜水潴积影响，在湿生性沼泥植被群落作用下，在质地黏重的沉积母质上，以泥炭化和潜育化两种过程为主要成土过程所形成的水成土壤。主要分布于沟谷水线地段，有地下水影响、地表积水或延迟泄流速度造成土体过湿的地形地貌区均有发育这两种土壤。二段林场，新民北沟，青山经营所，绥阳镇的九里地北沟、三道河子、太平、二道岗子、南天门林场，黄泥河子，三节砬子林场等地零星分布沼泽土。沼泽土有机质含量较高，为境内各类土壤之最。但质地黏重，通气条件差。泥炭土分布面积较大的只有二段林场。沼泽土面积为16 676.73公顷，占土壤总面积的2.25%；泥炭土面积522公顷，占土壤总面积的0.07%。

（五）新积土与水稻土

新积土分布于绥芬河两岸和瑚布图河、佛爷沟河下游，母质以冲积物为主，海拔为100～200米，个别超过200米。新积土是泛域性土壤，成土年限不长。水稻土是在人为因素直接干预形成的特殊土壤，开发时间短，很大程度上残留着前身土壤的特性，因此以前身土壤名称冠于水稻土之前。新积土主要分布于东宁盆地，道河、老黑山、大肚川等乡（镇）的河流两岸也有零星分布。新积土面积10 083.33公顷，占土壤总面积的1.36%；水稻土面积3 057.27公顷，占土壤面积的0.41%。

二、土壤的组合规律

由于东宁市气候、地形、地貌、水文、地质条件变化多样，而构成土壤不同的组合规律。揭示土壤的演变对基层单元的划分以及因土种植、因土培肥，均有实际意义。

（一）山区土壤的组合

山区土壤的组合，主要反映石质性和表土腐殖层的厚度变化。东宁市暗棕壤各土属间的土体变化受水土流失、人为因素的影响较大，越接近丘陵漫岗越严重，造成表土层变薄、有机质含量缺乏、土质变劣，土壤个体差异性明显。

（二）山前漫岗地的土壤组合

东宁市丘陵漫岗地坡度较大，植被覆盖率小，水土流失严重，表层土壤有机质含量较低；黑土层较薄，土壤受地形和人为因素的影响差异性较大。该区土壤因母质黏重，渗育、侧洗、淀积作用明显，属白浆土分布区。薄、中、厚3种土壤的分布，由高到低依次排列。但它们之间的界线不十分清楚，出现不十分典型的过渡类型，特别是人类生产活动对土壤的影响较大。离村较远、坡度大的地块，因长年不施肥、径流水切割严重，使表土层越来越薄，颜色逐渐变浅。反之，靠近村屯，施肥方便，黑土层不断加厚，成为群众的"保本田""烟火地"，土地越种越肥，使薄土向厚土过渡。

（三）河谷低洼地的土壤组合

东宁市河谷低洼地主要分布在绥芬河与瑚布图河下游地区，因为，在两河上游均为高山峡谷，下游开阔地多为新积土，土壤结构简单，母质以冲积物为主，多在古河床上发育而成。耕层下主要是沙质、砾石，耕层为壤土和沙壤土。在河流两岸平地和山间沟谷低平地，呈鸡爪状零星分布有草甸土。

第四节　土壤类型概述

1982年第二次土壤普查，查明东宁市境内分布的土壤类型有暗棕壤、白浆土、草甸土、沼泽土、泥炭土、新积土和水稻土七大土类，16个亚类、25个土属、34个土种。见表2-3。

表2-3　东宁市各种土壤面积统计

土壤编号	土壤名称	面积（公顷）	占土壤总面积（%）	其中耕地面积（公顷）	占总耕地面积（%）
暗棕壤	小计	628 787.67	84.74	9 159.20	24.28
1	暗矿质暗棕壤	501 740.13	67.62	0	0
2	沙砾质暗棕壤	26 181.80	3.53	1 681.07	4.46
3	灰泥质暗棕壤	2 440.27	0.33	961.60	2.55
4	沙砾质白浆化暗棕壤（原薄层白浆化暗棕壤）	6 997.47	0.94	1 269.13	3.36
5	沙砾质白浆化暗棕壤（原中层白浆化暗棕壤）	9 603.53	1.29	2 642.53	7.00
6	沙砾质白浆化暗棕壤（厚层白浆化暗棕壤）	738.54	0.10	222.87	0.59
7	亚暗矿质白浆化暗棕壤（原石底白浆化暗棕壤）	62 185.53	8.38	853.40	2.26
8	亚暗矿质白浆化暗棕壤（原夹石白浆化暗棕壤）	18 900.40	2.55	1 528.60	4.05
白浆土	小计	49 454.93	6.67	12 177.07	32.27
9	薄层黄土质白浆土	15 712.20	2.12	3 403.33	9.02
10	中层黄土质白浆土	14 009.06	1.89	2 297.73	6.09
11	厚层黄土质白浆土	10 255.13	1.38	4 010.47	10.63
12	中层沙底草甸白浆土	3 699.07	0.50	232.14	0.62
13	厚层沙底草甸白浆土	5 779.47	0.78	2 233.40	5.92

（续）

土壤编号	土壤名称	面积（公顷）	占土壤总面积（%）	其中耕地面积（公顷）	占总耕地面积（%）
草甸土	小计	33 469.13	4.51	7 044.93	18.67
14	暗棕壤型草甸土	8 172.33	1.10	2 892.07	7.66
15	厚层砾底草甸土	10 355.33	1.36	1 206.40	3.20
16	石质草甸土	10 455.80	1.41	1 532.73	4.06
17	薄层黏壤质潜育草甸土	1 341.87	0.18	573.13	1.52
18	中层黏壤质潜育草甸土	1 051.33	0.14	166.40	0.44
19	厚层黏壤质潜育草甸土	2 092.47	0.28	674.20	1.79
沼泽土	小计	16 676.73	2.25	727.00	1.93
20	厚层黏质草甸沼泽土	8 499.46	1.15	350.53	0.93
21	薄层泥炭腐殖质沼泽土	4 461.60	0.60	277.87	0.74
22	薄层泥炭沼泽土	3 715.67	0.50	98.60	0.26
泥炭土	小计	522.01	0.07	—	
23	薄层芦苇薹草低位泥炭土	522.01	0.07	—	—
新积土	小计	10 083.33	1.36	5 561.93	14.74
24	薄层沙质冲积土（原壤质沙底草甸河淤土）	2 436.87	0.33	1 455.60	3.86
25	薄层砾质冲积土（原壤质砾石底草甸河淤土）	3 519.87	0.47	2 415.00	6.40
26	薄层沙质冲积土（原壤质沙底生草河淤土）	1 544.53	0.21	906.93	2.40
27	薄层砾质冲积土（原壤质砾石底生草河淤土）	1 262.06	0.17	592.80	1.57
28	薄层砾质冲积土（原沙质砾石底生草河淤土）	1 320.00	0.18	191.60	0.51
水稻土	小计	3 057.27	0.41	3 057.27	8.10
29	白浆土型淹育水稻土（原白浆土型水稻土）	133.33	0.02	133.33	0.35
30	白浆土型淹育水稻土（原草甸白浆土型水稻土）	118.73	0.02	118.73	0.31
31	中层草甸土型淹育水稻土（原草甸土型水稻土）	1 440.60	0.19	1 440.60	3.82
32	厚层沼泽土型潜育水稻土（原沼泽土型水稻土）	57.13	0.01	57.13	0.15
33	中层冲积土型淹育水稻土（原壤质层状生草河淤土型水稻土）	1 270.53	0.17	1 270.53	3.37
34	中层冲积土型淹育水稻土（原沙质砾石底生草河淤土型水稻土）	36.95	0.005	36.95	0.10

（续）

土壤编号	土壤名称	面积（公顷）	占土壤总面积（%）	其中耕地面积（公顷）	占总耕地面积（%）
	水面	10 004.8	—	—	—
	城镇	844.13	—	—	—
	土壤总面积	742 051.07	100	37 730.40	100
	总计	752 900.00		37 730.40	100

注：表中数据为1982年统计数据。

一、暗棕壤

暗棕壤是地带性土壤，在寒温带季风气候区、森林植被条件下，由森林腐殖化作用、棕化作用和黏化作用3种过程参与下形成的。但是由于植被、地形、母质及水、热状况的不同，3种过程的强度、方向也有差异，从而出现了不同类别的暗棕壤类型。当加入其他次要成土过程，如白浆化过程、草甸化过程，则形成一系列过渡性亚类。

暗棕壤土类是东宁市分布最广、面积最大的土壤，市境内各乡（镇）均有分布。面积最多，共有628 787.7公顷，占土壤总面积的84.7%；已开垦为耕地的面积为9 159.2公顷，占本土类面积的1.2%，占全市总耕地面积的24.3%。耕地多数为白浆化暗棕壤亚类。

东宁市暗棕壤土类分为2个亚类，6个土属，8个土种，见表2-4；各乡（镇）暗棕壤面积分布统计见表2-5。

表2-4 暗棕壤土类面积统计

亚类	暗棕壤						白浆化暗棕壤									
土属	暗矿质暗棕壤		沙砾质暗棕壤		灰泥质暗棕壤		沙砾质白浆化暗棕壤						亚暗矿质白浆化暗棕壤			
土种	暗矿质暗棕壤		沙砾质暗棕壤		灰泥质暗棕壤		沙砾质白浆化暗棕壤（原薄层白浆化暗棕壤）		沙砾质白浆化暗棕壤（原中层白浆化暗棕壤）		沙砾质白浆化暗棕壤（原厚层白浆化暗棕壤）		亚暗矿质白浆化暗棕壤（原石底白浆化暗棕壤）		亚暗矿质白浆化暗棕壤（原夹石白浆化暗棕壤）	
地别	耕地	其他	耕地	其他	耕地	其他	耕地	其他	耕地	其他	耕地	其他	耕地	其他	耕地	其他
面积（公顷）	—	501 740.13	1 681.07	24 500.73	961.60	1 478.67	1 269.13	5 728.34	2 642.53	6 961.00	222.87	515.67	853.40	61 332.13	1 528.60	17 371.80
占亚类面积（%）	—	94.60	0.32	4.62	0.18	0.28	1.29	5.82	2.69	7.07	0.23	0.52	0.87	62.31	1.55	17.65
占土类面积（%）	—	79.79	0.27	3.90	0.15	0.24	0.20	0.91	0.42	1.11	0.04	0.08	0.14	9.75	0.24	2.76

表2-5　各乡（镇）暗棕壤面积分布统计

乡（镇）	面积（公顷）	占本土壤面积（%）	其中耕地（公顷）	占本耕地土壤（%）
东宁镇	16 611.00	2.64	1 072.33	11.7
三岔口乡	14 637.68	2.33	609.93	6.66
大肚川镇	90 916.13	14.46	1 883.14	20.56
老黑山镇	133 770.00	21.28	759.93	8.30
道河乡	70 617.07	11.23	666.27	7.27
绥阳镇	66 302.13	10.54	1 712.60	18.70
金厂乡	87 011.33	13.84	560.00	6.11
细林河乡	59 293.80	9.43	1 471.60	16.07
黄泥河乡	65 041.73	10.34	401.87	4.39
南天门乡	24 586.80	3.91	21.53	0.24
合计	628 787.67	100.00	9 159.20	100.00

（一）暗棕壤亚类

暗棕壤亚类土壤是在暗棕壤化成土过程作用下，发育比较典型的1个亚类，不受其他附加成土过程的作用。所处地形为山地中上坡，海拔高度为800～1 200米。该亚类在东宁市的面积为530 362.2公顷，占本土类面积的84.35%。是东宁市分布最广、面积最多的一种土壤，从垂直分布看，位于最上部。根据母质分为以下3个土属。

1. 暗矿质暗棕壤土属（土壤代码为1号）　该土属总面积为501 740.13公顷，占该土类面积的79.79%。主要分布于山地丘陵、山岭陡坡等地，其中包括悬崖陡壁植被稀疏的石子。它的母质为半风化的岩石残积物。通体质地粗、腐殖质层薄，土体结构为A_{00}、A_0、A_1、C或A_0、A_1、BC、C_0。

土壤剖面形态特征差异很大，有A_{00}层或A_0层，一般1～2厘米，A_1层10厘米左右；呈暗灰色，粒状结构，植物根系较多，夹有碎石、较松；B层厚薄不一，棕色，核状结构或结构不明显，淀积不明显，它的母质为残积物。

暗矿质暗棕壤化学性状见表2-6，物理性状见表2-7。

表2-6　暗矿质暗棕壤化学性状（6号剖面）

剖面位置	土层	取土深度（厘米）	有机质（克/千克）	pH	全氮（克/千克）	全磷（克/千克）	全钾（克/千克）	代换量（me/百克土）
万鹿沟道班西南1.5千米	A	2～15	73.06	6.0	3.15	1.37	37.61	27.43
	AB	15～35	98.76	5.1	1.69	1.31	35.07	27.521
	BC	35～55	12.72	5.4	—	—	12.72	—

从表2-6看A层较薄，但有机质含量高、pH属微酸性，全量养分含量较高，磷含量较低。

表2-7 暗矿质暗棕壤物理性状（6号剖面）

取样深度（厘米）	土壤各粒级含量（%）								质地名称
	0.25~1.0毫米	0.05~0.25毫米	0.01~0.05毫米	0.005~0.01毫米	0.001~0.005毫米	<0.001毫米	物理黏粒	物理沙粒	
2~15	19.93	18.61	22.84	8.3	71.65	12.67	38.92	61.38	中壤
15~35	14.1	21.4	19.7	8.3	17.63	18.87	44.80	55.20	重壤
35~55	34.64	23.14	12.30	6.14	9.23	14.55	29.92	70.08	轻壤

该土壤容重表土层为0.91克/立方厘米、心土层为1.43克/立方厘米，总孔隙度表土为63.92%、心土为46.76%，田间持水量表土为34.67%、心土为25.18%，毛管孔隙度表土为55.28%、心土为42.23%，通气孔隙度表土为8.64%、心土为4.53%。可以看出表土层容重小、心土层容重增加，总孔隙度和毛管孔隙度也有同样规律，表土层质地较好，造成好气细菌的分解活动。

2. 沙砾质暗棕壤土属（土壤代码为2号） 该土属总面积为26 181.8公顷，占该土类面积的4.16%。主要分布在山地缓坡，自然植被以阔叶林，也有针阔混交林，林下草本植物稀疏，成土母质是风化残积物或坡积物。通气性强，渗水好，有利于好气性细菌活动，土壤表层处于氧化状态。表土层13~20厘米，呈灰色，粒状结构，pH为6.3~6.9；B层为棕色，沙砾多，厚度为20~50厘米；C层为铁板沙。部分被开垦为耕地，由于水土流失，跑肥严重。

以剖面472号（黄泥河乡永革村北500米）为例，植被以柞林为主，还有杉、桦、榆、松、胡枝子等林下草本植物；母质为花岗岩风化残积物，海拔620米，坡度为5°~7°。其剖面形态特征如下：

A₁：0~14厘米，灰色，粒状结构，根系较多，中壤，层次过渡明显。

B：14~42厘米，棕色，小核状结构，重壤土，铁锈多。

C：42~81厘米，棕黄，有大量碎砾石。

从这个剖面的形态特征可以看出，A₁和B层发育较好，层次过渡明显。

沙砾质暗棕壤农化样统计见表2-8，物理性状见表2-9。

表2-8 沙砾质暗棕壤农化样统计

项 目	平均值	标准差	最高值	最低值	极差
有机质（克/千克）	56.95	39.1	118.3	29.2	89.0
全 氮（克/千克）	2.62	1.53	4.95	0.95	4.0
碱解氮（毫克/千克）	117.0	60	192	33.0	165
有效磷（毫克/千克）	8.0	8.0	24.0	2.0	23
速效钾（毫克/千克）	294	278	872	75	767

从表2-8可以看出，有机质含量较高，有效磷偏低，A层肥力较好，供应强度较大。

表 2-9　沙砾质暗棕壤物理性状（472 号剖面）

取样深度（厘米）	土壤各粒级含量（%）								质地名称
	0.25～1.0 毫米	0.05～0.25 毫米	0.01～0.05 毫米	0.005～0.01 毫米	0.001～0.005 毫米	<0.001 毫米	物理黏粒	物理沙粒	
0～14	9.67	24.4	28.13	9.23	15.4	13.2	37.8	62.6	中壤
14～42	9.78	23.55	28.5	4.9	19.6	13.3	38.22	61.78	中壤
42～81	27.47	28.57	19.8	4.4	8.8	10.9	24.18	75.82	沙壤

该土属容重表土为 1.15 克/立方厘米、心土为 1.23 克/立方厘米，总孔隙度表土为 56.5%、心土为 3.36%，田间持水量表土为 34.86%、心土为 25.95%，毛管孔隙度表土为 50.5%、心土为 48.26%，通气孔隙度表土 5.5%、心土为 5.1%。

从该土属农化样和物理性状可以看出，质地越往下越轻，容重表层低于亚表层，总孔隙度和毛孔隙度均大于亚表层。2 号土壤的物理性状是通气透水性强，养分级差较大，自然土壤养分含量高，开垦的耕地年限越长，养分含量较低。黑土层有机质平均含量为 59.95 克/千克±39 克/千克（$n=9$），最低为 29.2 克/千克；全氮平均值为 2.62 克/千克±1.53 克/千克（$n=9$）；磷素含量偏低。

沙砾质暗棕壤所处丘陵坡地，土壤气、热条件较好，水、肥条件差，已垦殖耕地面积为 1 681 公顷。垦后水土流失加重，导致土壤肥力减退甚至变成不毛之地。应有计划地退耕还林或栽果林，大面积自然土壤应作为林业用地。

3. 灰泥质暗棕壤土属（侵蚀暗棕壤，土壤代码为 3 号）　该土属总面积为 2 440.27 公顷，占该土类面积的 0.39%。在大肚川镇的胜利和太阳升村，东宁镇的万鹿沟和暖泉沟村的白浆化暗棕壤和白浆土呈复区、零星分布，属于非地带性土壤；耕地 961.6 公顷，占该土属面积的 39.4%。全剖面为紫红色，A 层小于 10 厘米，母质为红色沉积物，土层厚，但由于该土属分布于丘陵岗、坡地，自然土壤植被稀疏，耕地表层肥力较低，水土流失严重；坡度大的耕地应退耕还林或栽果树。

灰泥质暗棕壤农化样统计见表 2-10。

表 2-10　灰泥质暗棕壤农化样统计

项　目	平均值	标准差	最高值	最低值	极差
有机质（克/千克）	26.73	3.82	29.58	20.32	9.26
全　氮（克/千克）	1.03	0.15	1.69	0.80	0.89
碱解氮（毫克/千克）	94.67	32.37	141.00	60.00	81.00
有效磷（毫克/千克）	4.03	5.09	28.70	0.52	28.28
速效钾（毫克/千克）	323.20	74.78	229.73	169.07	60.66

从表 2-10 可以看出，有机质含量为 26.73 克/千克±3.82 克/千克（$n=6$），全氮含量为 1.03 克/千克±0.15 克/千克（$n=6$），含磷偏低。坡度较缓，离村屯近的耕地，便于增施农肥，培肥地力，可以种植粮食作物或经济作物。

（二）白浆化暗棕壤亚类

主要分布于丘陵山地缓坡和岗地陡坡，母质为坡积物和黏重的沉积物。从垂直分布带谱看，在典型暗棕壤之下，岗地白浆土之上。全县分布较广，面积为 98 425.5 公顷，占暗棕壤面积的 15.65%；耕地面积 6 516.5 公顷，占总耕地面积的 17.27%。是市内垦殖率较高的一类土壤。

该亚类以暗棕壤化成土过程为主，附加了白浆化成土过程而形成，比白浆土坡面稍陡。此土壤母质为沉积物或洪积物，下层有残积物出现，土层较厚，一般在 100 厘米左右，耕作层平均厚度为 17.87 厘米±3.34 厘米（$n=82$）；颜色为灰色至暗灰色，粒状或团块结构，质地重壤至轻黏土。亚表层为不太明显的白浆化层，平均厚度为 23.79 厘米±9.38 厘米（$n=82$）；浅灰色或灰白色，不明显的片状结构，质地多为重壤土。再往下为棕色或暗棕色的淀积层，核状结构，层次过渡不明显。母质较轻，使得滞水潴育条件较差，亚表层的淋溶以及淀积黏化弱。从剖面形态特征看，A_2 层不典型，黄白色；B 层质地也稍黏重，颜色不深。

该亚类土壤根据土壤属性分 3 个土属，又根据黑土层的厚薄，即小于 10 厘米为薄层，10~20 厘米为中层，大于 20 厘米为厚层（农业土壤因耕作打乱了黑土层，只好参照了养分含量，黑土层颜色深浅为分土种依据），分为 3 个土种。

1. 沙砾质白浆化暗棕壤土属　该土属面积为 17 339.5 公顷，占暗棕壤土类面积 2.76%。可分为 3 个土种。

（1）沙砾质白浆化暗棕壤（原薄层白浆化暗棕壤，土壤代码为 4 号）：该土种面积为 6 997.47 公顷，占该亚类面积的 7.11%；耕地面积 1 269.1 公顷，占总耕地面积的 3.36%。A_1 层<10 厘米，此土种分布部位较高，坡度陡、土层薄、水分状况较差、垂直淋溶弱、潴育化层较浅、腐殖质层薄、微酸性，自然土壤 A_1 层有机质含量较高。

现以采自黄泥河乡永进村东 1.5 千米处、剖面 479 号为例，其形态特征如下：

A_0：0~2 厘米，枯枝落叶层。

A_1：2~9 厘米，灰棕，粒状结构，植物根系较多，湿润，层次过渡明显。

A_wB：9~24 厘米，黄灰色，不明显的片状结构，较紧实，二氧化硅粉末较多，层次过渡不明显。

B：24~65 厘米，核状结构，质地较黏，有铁锰淀积，有碎石。

从上述剖面形态特征可以看出，有潴育淋溶和氧化还原迹象，是附加白浆化过程的反映，但 A_w 层不典型。说明白浆化过程不强，仍以棕壤化过程为主。

沙砾质白浆化暗棕壤（原薄层白浆化暗棕壤）农化样统计见表 2-11。

表 2-11　沙砾质白浆化暗棕壤（原薄层白浆化暗棕壤）农化样统计

项　　目	平均值	标准差	最高值	最低值	极差
有机质（克/千克）	31.53	18.77	66.22	16.09	50.13
全　氮（克/千克）	2.04	1.54	2.89	0.48	2.41
碱解氮（毫克/千克）	147.857	82.8	321	61	260
有效磷（毫克/千克）	9.465	8.159	25.2	2.1	23.1
速效钾（毫克/千克）	187.4	132.3	451.4	79.4	37.2

从表 2-11 可以看出，表层有机质平均含量为 31.5 克/千克（$n=7$），全氮含量为 2.04 克/千克/±1.5 克/千克（$n=7$），有效磷含量偏低，潜在肥力差，供应容量小。

沙砾质白浆化暗棕壤（原薄层白浆化暗棕壤）物理性状见表 2-12。

表 2-12 沙砾质白浆化暗棕壤（原薄层白浆化暗棕壤）**物理性状**（479 号剖面）

取样深度（厘米）	土壤各粒级含量（%）								质地名称
	0.25~1.0 毫米	0.05~0.25 毫米	0.01~0.05 毫米	0.005~0.01 毫米	0.001~0.005 毫米	<0.001 毫米	物理黏粒	物理沙粒	
2~9	4.24	18.22	37.07	17.59	17.29	10.59	40.47	59.53	中壤
9~24	3.33	6.88	39.5	18.75	18.19	16.67	52.29	47.71	中壤
24~65	5.21	12.50	33.33	17.71	30.09	1.25	48.96	51.04	中壤

该土壤容重表土层为 1.14 克/立方厘米、心土层为 1.25 克/立方厘米，总孔隙度表土层为 52.7%、心土层 48.74%，田间持水量表土层为 24%、心土层 19.95%，毛管孔隙度表土层为 49.18%、心土层为 46.2%，通气孔隙度表土层为 7.15%、心土层为 6.5%。

从上述看出，该土种土壤土体紧实，容重较大，总孔隙度小，质地为中壤至重壤，但通体差异不大，说明棕壤化过程是很强的。该土壤地形坡度较大，水土流失较严重。耕地土壤应采取有机熟化的措施，增施磷肥，保持水土，部分坡度大的地块应退耕还林。

（2）沙砾质白浆化暗棕壤（原中层白浆化暗棕壤，土壤代码为 5 号）：该土种面积为 9 603.53 公顷，占该亚类面积的 9.76%；耕地面积 2 642.53 公顷，占总耕地面积的 7.0%。A_1 层 10~20 厘米，5 号土发育部位比 4 号土地势较缓，水分条件较好，腐殖化程度也较高，发育于同一母质。

现以采自大肚川镇西沟北 1.5 千米处、105 号剖面为例，其形态特征如下：

A_1 层：0~12 厘米，暗灰色，粒状结构，壤质，较松，植物根系较多，层次过渡较明显。

A_w 层：12~20 厘米，浅黄色，结构不明显，较紧实，层次过渡较明显。

B 层：20~50 厘米，棕黄色，不明显的核状结构，中壤，紧实，有少量铁、锰淀积物。

C_1 层：50~90 厘米，黄棕色，极紧实，沉积细沙。

从上述剖面形态特征看，A_w 层有较明显发育，颜色以黄色为主，淀积层不典型，白浆化程度较弱，棕壤化过程较强。

沙砾质白浆化暗棕壤（原中层白浆化暗棕壤）化学性状见表 2-13。

表 2-13 沙砾质白浆化暗棕壤（原中层白浆化暗棕壤）**化学性状**（105 号剖面）

取样深度（厘米）	全氮（克/千克）	全磷（克/千克）	全钾（克/千克）	有机质（克/千克）	pH	代换量（me/百克土）
0~12	3.29	1.07	33.73	84.11	6.7	23.674
12~20	0.48	0.41	41.42	15.28	5.9	10.943
20~50	—	—	—	13.44	5.7	—
50~90	—	—	—	7.07	6.0	—
90~100	—	—	—	5.63	6.6	—

该土种土壤呈微酸性，表层有机质和全氮、全磷、全钾含量较高，但 A_w 层往下明显减少，缺磷更为突出；整个土体出现了较明显的两层性，说明白浆化程度进一步加强，A_w 层接近白浆土类。

沙砾质白浆化暗棕壤（原中层白浆化暗棕壤）物理性状见表 2-14。

表 2-14 沙砾质白浆化暗棕壤（原中层白浆化暗棕壤）物理性状（105 号剖面）

取样深度（厘米）	土壤各粒级含量（%）								质地名称
	0.25~1.0 毫米	0.05~0.25 毫米	0.01~0.05 毫米	0.005~0.01 毫米	0.001~0.005 毫米	<0.001 毫米	物理黏粒	物理沙粒	
0~12	21.58	36.08	14.39	8.22	8.22	11.51	27.95	72.05	轻壤
12~20	26.82	29.31	10.14	6.1	11.17	16.46	33.73	66.27	中壤
20~50	28.02	29.11	10.14	6.09	12.19	14.42	32.70	67.30	中壤
50~90	57.64	17.72	0	5.09	10.18	9.33	24.64	75.36	轻壤
90~100	44.21	80.24	5.07	5.07	10.14	5.27	20.48	79.52	轻壤

该土壤容重表土层为 1.10 克/立方厘米、心土层为 1.54 克/立方厘米，总孔隙度表土层 57.65%、心土层 43.14%，田间持水量表土层为 22.3%、心土层为 27.4%，毛管孔隙度表土为 49.35%、心土层 36.84%，通气孔隙度表土层为 8.3%、心土层为 6.3%。

从上述看出，该土种容重加大，总孔隙度减少，水气热矛盾比较突出，A_w 层和 A_1 层、B 层胶体粒级相对增加，说明有一定的潴育淋溶条件。

总之，从物理性状上表现了一定程度的紧实化和水、气、热矛盾的两层性；从化学性状看，比 4 号土种肥力水平较高、耕地土壤应增施农家肥，深松改土，加强水土保持。

（3）沙砾质白浆化质暗棕壤（原厚层白浆化暗棕壤，土壤代码为 6 号）：该土种面积为 738.54 公顷，占该亚类面积的 0.75%；耕地面积 222.87 公顷，占总耕地面积的 0.59%。A_1 层≥20 厘米，6 号土发育部位比 5 号土地势缓，水分条件相对优越，腐殖化程度较高，母质属沉积物，是暗棕壤向白浆土过渡类型中更接近白浆土类的土壤。

现以采自于原绥阳镇林业医院西 1 千米处、270 号剖面为例，其形态特征如下：

A_1 层：0~28 厘米，暗灰色，粒状结构，土质较松，植物根系较多，层次过渡不明显。

A_w 层：28~45 厘米，灰色，片状结构，较紧实，层次过渡较明显。

B 层：45~56 厘米，棕黄色，不明显的核状结构，紧实，有铁、锰胶膜，层次过渡明显。

C 层：56~70 厘米，黄色，无结构，细沙，紧实，有石块。

从 270 号剖面的形态特征看，A_w 层较厚，水平结构明显，层次过渡和淀积层也很明显。但潴育淋溶进一步加强，说明该土壤更接近于白浆土形态特征。

沙砾质白浆化质暗棕壤（原厚层白浆化暗棕壤）化学性状见表 2-15。

表 2-15　沙砾质白浆化质暗棕壤（原厚层白浆化暗棕壤）化学性状（270 号剖面）

取样深度 （厘米）	全氮 （克/千克）	全磷 （克/千克）	全钾 （克/千克）	有机质 （克/千克）	pH	代换量 （me/百克土）
0～28	0.73	0.78	31.58	14.61	6.1	—
28～45	0.47	1.09	31.25	8.79	6.1	15.573
45～56	—	—	—	6.21	6.0	13.992
56～70	—	—	—	2.63	6.5	—

该土种耕地土壤养分含量，有机质含量均比 4 号土、5 号土低，属微酸性，盐基饱和度低，潜在肥力低。

沙砾质白浆化质暗棕壤（原厚层白浆化暗棕壤）物理性状见表 2-16。

表 2-16　沙砾质白浆化质暗棕壤（原厚层白浆化暗棕壤）物理性状（270 号剖面）

取样深度 （厘米）	土壤各粒级含量（%）						物理 黏粒	物理 沙粒	质地 名称
	0.25～ 1.0 毫米	0.05～ 0.25 毫米	0.01～ 0.05 毫米	0.005～ 0.01 毫米	0.001～ 0.005 毫米	<0.001 毫米			
0～28	32.82	18.80	12.30	9.21	10.26	16.61	36.08	63.92	中壤
28～45	36.09	22.93	13.35	5.10	10.19	12.44	27.73	72.27	轻壤
45～56	31.78	34.40	10.19	5.09	8.15	10.39	23.63	76.37	轻壤
56～70	24.13	32.72	14.31	6.14	9.21	13.49	28.84	50.24	轻壤

该土壤容重表土层为 1.22 克/立方厘米、心土层为 1.58 克/立方厘米，总孔隙度表土层为 63.69%、心土层为 41.68%，毛管孔隙度表土层为 42.09%、心土层为 35.68%，通气孔隙度表土层为 11.2%、心土层为 5.9%。

从述看出，该土种 A_w 层属水、气、热矛盾大，A_1 层好于 A_w 层；从农业生产要求考虑，A_1 层比 4 号、5 号土厚，便于耕种，但耕层下部有石块或石子之差异。

2. 亚暗矿质白浆化暗棕壤土属　植被、地形、母质等也基本和前几种土属相同，但从农业利用观点即犁底层障碍因素而分出该土属。该土属分为 2 个土种。

（1）亚暗矿质白浆化暗棕壤（原石底白浆化暗棕壤，土壤代码为 7 号）：该土种面积为 62 185.53 公顷，占该亚类面积的 63.18%；耕地面积 853.4 公顷，占总耕地面积的 2.26%。该土种剖面形态特征和物理化学性状同沙砾质白浆化暗棕壤土属基本一致，但是耕层下部有石块的差异。

植被由柞、桦、落叶松、柳、水冬瓜、榛柴等构成的次生疏林，地形为丘陵缓坡，母质为花岗岩风化残积物。典型剖面形态特征如下：

A_{00}：0～2 厘米，枯枝落叶层，团粒结构，松软湿润，植物根系密，层次过渡明显。

A_1：0～14 厘米，灰色，片状结构，紧实，湿润，有棱角不明显的石块，植物根系较多，层次过渡比较明显。

B_1：31～77 厘米，浅灰色，核状结构，紧实，湿润，有很多石块和云母片，有锈斑。

B_2：77～97 厘米，浅黄色，结构不明显，土层较松，湿润，有石块。

从上述剖面特征看，类似于沙砾质白浆化暗棕壤土属，不同之处只在 A_w 层有石块。

亚暗矿质白浆化暗棕壤（原石底白浆化暗棕壤）化学性状见表 2-17。

表 2-17　亚暗矿质白浆化暗棕壤（原石底白浆化暗棕壤）化学性状（481 号剖面）

取样深度 （厘米）	全氮 （克/千克）	全磷 （克/千克）	全钾 （克/千克）	有机质 （克/千克）	pH	代换量 （me/百克土）
0～14	4.35	2.21	31.65	111.92	6.0	33.7
14～31	0.62	1.15	22.26	16.74	6.5	11.58
31～77	—	—	—	5.47	6.3	—
77～97	—	—	—	5.25	6.2	—

从 481 号剖面来看：表层养分含量较高，A_w 层明显减少，通体 pH 为微酸性。

亚暗矿质白浆化暗棕壤（原石底白浆化暗棕壤）物理性状见表 2-18。

表 2-18　亚暗矿质白浆化暗棕壤（原石底白浆化暗棕壤）物理性状（481 号剖面）

取样深度 （厘米）	土壤各粒级含量（%）								质地 名称
	0.25～ 1.0 毫米	0.05～ 0.25 毫米	0.01～ 0.05 毫米	0.005～ 0.01 毫米	0.001～ 0.005 毫米	<0.001 毫米	物理 黏粒	物理 沙粒	
0～14	12.65	27.27	30.46	9.45	9.67	10.50	29.62	70.38	轻壤
14～31	20.41	29.79	27.76	4.49	7.35	10.20	22.04	77.96	轻壤
31～77	31.84	26.32	22.45	6.12	5.11	8.16	19.39	80.68	沙壤
77～97	8.25	46.39	23.09	7.84	6.18	8.25	22.27	77.3	轻壤

该土壤容重表土层为 0.87 克/立方厘米、心土层为 1.65 克/立方厘米，总孔隙度表土层为 65.24%、心土层为 39.51%，毛管孔隙度表土层为 56.34%、心土层为 34.66%，通气孔隙度表土层为 8.9%、心土层为 4.85%。

从 481 号剖面的物理性状看，A_1 层容重小，A_w 层成倍加大，A_1 层总孔隙度也明显大于 A_w 层，毛管孔隙度占优势。

总之，7 号土以暗棕壤化过程为主，白浆化过程也较强，虽然表层养分含量较高，但是从农业生产考虑底层有障碍因子的石块，不便于开垦耕作，可植树育林。

（2）亚暗矿质白浆化暗棕壤土属（原夹石白浆化暗棕壤土属，土壤代码为 8 号）：该土种总面积 18 900.4 公顷，占白浆化暗棕壤亚类面积的 19.20%；耕地面积 1 528.6 公顷，占总耕地面积的 4.05%。该土种的剖面形态特征、物理化学性状基本上和 7 号土相似，只是表层有石块的差异。

植被由柞、桦、椴、榛等构成次生的疏林，山坡下部地形较陡，母质为洪积物。

现以采自于三岔口镇东方红村东北 1 千米山坡处、57 号剖面为例，其形态特征如下：

A_{00}：0～3 厘米，枯枝落叶层。

A_1：3～21 厘米，灰色，小粒状结构，轻黏壤，植物根系较多，有棱角明显的碎石。

A₂：21～37 厘米，浅棕色，结构不明显，重壤，层次过渡较明显，碎石较多。

B：37～62 厘米，黄棕色，核状结构，轻黏壤，有铁、锰胶膜，层次过渡明显，有大量的棱角明显的碎石。

C：62～140 厘米，棕色，无结构，中壤，无植物根系。

亚暗矿质白浆化暗棕壤（原夹石白浆化暗棕壤）化学性状见表 2-19。

表 2-19　亚暗矿质白浆化暗棕壤（原夹石白浆化暗棕壤）**化学性状**（57 号剖面）

取样深度 （厘米）	全氮 （克/千克）	全磷 （克/千克）	全钾 （克/千克）	有机质 （克/千克）	pH	代换量 （me/百克土）
0～21	1.45	1.31	24.49	41.78	5.7	61.27
21～37	0.84	1.53	31.17	20.36	6.6	33.52
37～62	—	—	—	11.88	6.2	—
62～140	—	—	—	9.89	6.35	—

57 号剖面表层和亚表层养分含量有不同程度的差异，全剖面酸碱度接近中性或微酸性。亚暗矿质白浆化暗棕壤（原夹石白浆化暗棕壤）物理性状见表 2-20。

表 2-20　亚暗矿质白浆化暗棕壤（原夹石白浆化暗棕壤）**物理性状**（57 号剖面）

取样深度 （厘米）	土壤各粒级含量（%）						物理黏粒	物理沙粒	质地名称
	0.25～1.0 毫米	0.05～0.25 毫米	0.01～0.05 毫米	0.005～0.01 毫米	0.001～0.005 毫米	<0.001 毫米			
0～21	4.79	17.92	27.09	3.12	22.50	24.50	50.20	49.80	轻壤
21～37	13.33	16.67	21.25	10.00	11.67	27.08	48.25	51.25	重壤
37～62	14.24	12.10	17.13	8.56	15.81	32.12	56.53	13.47	轻壤
62～140	30.19	20.23	14.83	5.30	52.50	16.95	34.75	65.25	中壤

该土壤容重表土层为 1.07 克/立方厘米、心土层为 1.15 克/立方厘米，总孔隙度表土层为 58.64%、心土层为 56%，田间持水量表土层为 32.18%、心土层为 35.29%，毛管孔隙度表土层为 48.04%、心土层为 48.87%，通气孔隙度表土层为 1.06%、心土层为 7.13%。

从 57 号剖面的物理性状看出，该土种容重、总孔隙度和毛管孔隙度表土层和心土层相差不大。

（三）小结

暗棕壤土类在东宁市分布最广，从山地到丘陵漫岗均有分布，该土类是在森林植被的长期作用下形成的，是重要的林业基地。成土过程与地形、植被、母质等因素密切相关。以红松为主，针阔混交林或柞、桦、杨阔叶林下，在坡度较大的地形和排水较好的岩石风化残积母质上发育成了典型暗棕壤亚类；落叶松、柞、桦为主的植被，在地形比较平缓的丘陵岗地、透水性差的沉积层母质上形成了白浆化暗棕壤亚类。

暗棕壤土类，应积极发展林业。在已被开垦的耕地中，陡坡地水土流失严重，应退耕还林或发展果树；坡度比较平缓，肥力条件比较好的要采取加强水土保持，增施有机农肥，深翻深松土，逐年加深耕层等行之有效的措施。改善土壤的水、肥、气、热等条件，从而不断地提高农业的经济效益。

二、白 浆 土

东宁市白浆土面积 49 454.93 公顷，占东宁市总土壤面积的 6.67％；其中耕地面积 12 177.07 公顷，占该土类面积的 24.62％，占全市总耕地面积的 32.27％，是东宁市主要耕地土壤；除黄泥河乡外，其他乡（镇）均有分布。见表 2-21。

表 2-21　各乡（镇）白浆土类面积统计

乡（镇）	白浆土（公顷）	占本土壤面积（％）	其中耕地（公顷）	占本耕地土壤（％）
东宁镇	5 361.47	10.84	2 177.41	17.88
三岔口乡	3 071.07	6.21	1 113.13	9.14
大肚川镇	15 535.27	31.41	1 492.27	12.52
老黑山镇	1 096.78	14.35	1 414.93	11.62
道河乡	2 832.20	5.73	1 116.60	9.17
绥阳镇	1 746.42	3.53	682.80	5.61
金厂乡	2 617.00	5.29	1 367.73	11.23
细鳞河乡	5 314.53	10.75	1 761.47	14.47
黄泥河乡	0	0	0	0
南天门乡	5 880.19	11.89	1 050.73	8.63
合计	49 454.93	100.00	12 177.07	100.00

白浆土是在白浆化成土过程作用下形成的一类土壤，植被以柞、桦、杨、榛、胡枝等树为主，林下有杂草类草本植物，母质主要以第四河纪河湖相沉积物，也有部分残积坡积物等，这对土壤形成无直接关系。但由于地势较缓，母质黏重，夏秋季节降水的影响，常出现土壤上层滞水现象。

东宁市的白浆土类分为白浆土（典型）和草甸白浆土 2 个亚类，2 个土属，又根据黑土层的厚薄分 5 个土种。白浆土类中白浆土亚类占该土类面积的 80％，耕地也占 80％，2 个亚类的垦殖率也基本相同。见表 2-22。

表 2-22　白浆土类面积统计

亚类	白浆土			草甸白浆土	
土属	黄土质白浆土			沙底草甸白浆土	
土种	薄层黄土质白浆土	中层黄土质白浆土	厚层黄土质白浆土	中层沙底草甸白浆土	厚层沙底草甸白浆土
面积（公顷）	15 712.20	14 009.06	10 255.13	3 699.07	5 779.47
占亚类面积（％）	39.30	35.04	25.66	39.03	60.97
占土类面积（％）	31.77	28.33	20.74	7.48	11.68
耕地面积（公顷）	3 403.33	2 297.73	4 010.47	232.14	2 233.40

（一）白浆土（典型）亚类

该亚类面积为 39 976.39 公顷，占本土类面积的 80.84%。其中，耕地面积 9 711.53 公顷，占全市总耕地面积的 25.74%。

该土壤是在白浆化成土过程作用下，发育比较典型的一个亚类，它不受其他附加成土过程的作用。该亚类土体构型为 A_1、A_w、B、C。黑土层厚度差异较大，薄则几厘米，厚可达 25 厘米，灰色或暗灰色，粒状结构，植物根系较多；白浆层厚度一般在 15 厘米左右，多显浅灰色或浅黄色，片状结构，淀积层较厚，可达 80 厘米，呈核状结构或核块状结构，结构体表面有明显胶膜，有的有铁锰结核，母质多为黏重的沉积物。

由于淋溶作用，物理黏粒含量 A_1 层和 A_w 层较低，而淀积层较高，A_1 层容重为 1.1 克/立方厘米左右，A_w 层和 B 层均有所降低；通气孔隙也少，一般在 7% 左右，导致土壤通气透水性差。自然土壤 A_1 层有机质含量为 50～70 克/千克，耕地土壤有机质含量一般在 30 克/千克左右，A_w 层和 B 层有机质含量明显减少，为 5～12 克/千克。所以，该土壤因母质较黏，结构不良，易于板结，以及白浆土层的障碍作用，使之通气透水性不良；春季土温低，易干旱，夏季易涝，加上有机质和其他养分含量较低，特别是速效养分难以释放，故此土壤水、肥、气、热不调，为低产土壤。应进行深耕深松，增施有机肥或种植绿肥，改良白浆层，加厚熟土层，不断培肥土壤，提高产量。

1. 薄层黄土质白浆土（土壤代码为 9 号）　该土种面积为 15 712.2 公顷，占本类面积的 31.77%；耕地面积 3 403.3 公顷，占总耕地面积的 9.02%。土体结构为 A_1、A_w、B、C。因该土壤分布在丘陵岗地较高处，坡度为 5°～10°，水土流失严重，黑土层很薄，一般小于 10 厘米；但有的耕地由于耕翻作用，黑土层大于 10 厘米，颜色较浅，有机质含量较低，因此划为白浆土。

由于自然植被破坏，加之耕作粗放，水土流失严重，甚至心土裸露，养分贫瘠，耕性不良，撂荒地较多。近年来，各地农村由于落实了承包责任制，农民积极拣撂荒地，拱地头，采取多施农肥、精耕细作等有效措施，提高了粮食产量。

现以 12 号剖面为例，剖面形态特征如下：采于东宁镇东绥村南岗分水岭北 250 米，荒地，植被为柞、桦、胡枝子、榛等，疏林下有草本植物，母质为第四纪沉积物。

A_1：0～9 厘米，灰色，粒状结构，壤质，层次过渡明显。

A_w：9～24 厘米，灰白色，片状结构，壤质，层次过渡明显。

B_1：24～40 厘米，褐色，核状结构，紧实，有铁锰结核，外面有二氧化硅粉末，质地轻黏土。

B_2：40～90 厘米，褐色，核状结构，黏壤质，紧实，有铁锰结核。

从上述剖面形态特征看，A_1 层薄，有明显的典型 A_w 层及不深厚的淀积层。

薄层黄土质白浆土化学性状见表 2-23。

从 12 号剖面的化学性状看出，pH 属微酸性，A_1 层有机质含量比较高，至 A_w 层陡然降低，出现明显的两层性。该种土壤明显地表现出了缺磷的现象（不论是全磷还是有效磷）。所以，应增施磷肥。

表 2-23　薄层黄土质白浆土化学性状（12号剖面）

取样深度 （厘米）	全氮 （克/千克）	全磷 （克/千克）	全钾 （克/千克）	有机质 （克/千克）	pH	代换量 （me/百克土）
0～9	2.7	0.80	29.7	75.97	6.0	22.79
9～24	0.77	0.50	29.7	14.03	6.4	15.89
24～40	—	—	—	9.05	6.1	—
40～90	—	—	—	6.98	6.5	—

薄层黄土质白浆土农化样统计见表 2-24。

表 2-24　薄层黄土质白浆土农化样统计

项　目	平均值	标准差	最大值	最小值	极差
有机质（克/千克）	30.55	8.8	47.72	12.73	34.99
全　氮（克/千克）	1.42	0.26	2.04	1.05	0.99
碱解氮（毫克/千克）	107.23	49.25	185	20	165
有效磷（毫克/千克）	4.538	2.619	8.23	0.99	7.24
速效钾（毫克/千克）	161.7	39.40	219.8	70.63	147.17

从表 2-24 看出，速效养分氮、钾含量一般，磷含量偏低。

薄层黄土质白浆土物理性状见表 2-25。

表 2-25　薄层黄土质白浆土物理性状（12号剖面）

取样深度 （厘米）	土壤各粒级含量（%）								质地 名称
	0.25～ 1.0毫米	0.05～ 0.25毫米	0.01～ 0.05毫米	0.005～ 0.01毫米	0.001～ 0.005毫米	<0.001毫米	物理 黏粒	物理 沙粒	
0～9	3.71	12.78	26.60	11.55	15.46	29.90	56.91	43.09	轻壤
9～24	3.07	8.68	28.64	20.61	18.56	20.62	57.79	40.21	轻壤
24～40	2.4	12.65	28.17	18.77	19.20	18.37	57.14	42.86	轻壤
40～90	0.86	0.65	13.39	8.21	12.10	64.79	85.10	14.90	重壤

该土壤容重表土层为 1.03 克/立方厘米、心土层为 1.45 克/立方厘米，总孔隙度表土层为 59.96%、心土层为 46.1%，毛管孔隙度表土层为 50.46%、心土层为 38.6%，通气孔隙度表土层为 9.5%、心土层为 7.5%。

从该土种物理性状看出，A_1 层容重小于 A_w 层，总孔隙度大于 A_w 层，毛管孔隙度也大于 A_w 层，质地均为轻黏，B_2 层更为黏重。总之，薄层白浆土黑土层薄，养分贫瘠，耕性不良。

2. 中层黄土质白浆土（土壤代码为 10 号）　该土种面积 14 009.06 公顷，占本土类面积的 28.33%；耕地面积 2 297.73 公顷，占总耕地面积的 6.09%。自然土壤腐殖质层厚度 10～20 厘米，土体结构 A_1、A_w、B、C。分布于丘陵岗地坡中部，现以采自东宁镇南山炮台的 15 号剖面为例，剖面形态特征如下：

荒地，植被稀疏，母质为第四纪沉积物，地形为缓坡地。

A_1 层：0～13 厘米，暗灰色，粒状结构，壤质，植物根系较多，层次过渡明显。

A_w 层：13～28 厘米，黄白色，片状结构，紧实，植物根系较少，层次过渡明显。

B_1 层：28～44 厘米，黄棕色，核状结构，结构表面有胶模，黏，紧，层次过渡不明显。

B_2 层：44～120 厘米，灰棕色，大核块状结构，有铁锰结核，结构表面有很多二氧化硅粉末，紧实，层次过渡较明显。

C层：120～125 厘米，黄棕色，结构不明显，有锈斑，黏，紧，掺有细沙。

从上述剖面特征看，该土种有白浆土的典型特征，A_w 层和 B 层尤为明显。化学性状见表 2-26。

表 2-26　中层黄土质白浆土化学性状（15 号剖面）

取样深度（厘米）	全氮（克/千克）	全磷（克/千克）	全钾（克/千克）	有机质（克/千克）	pH	代换量（me/百克土）
0～13	2.34	1.07	23.70	54.65	6.6	20.19
13～28	0.56	0.79	22.93	12.04	5.9	16.54
28～44	—	—	—	4.50	5.5	—
44～120	—	—	—	6.26	5.4	—
120～125	—	—	—	4.74	5.5	—

从 15 号剖面分析结果看出该土种和 9 号土相似，A_w 层淋溶稍强，微酸性；A_1 层磷素状况比 9 号土稍有改善，但是 A_w 层陡然降低。这种土壤肥力水平好于薄层黄土质白浆土，但是两层性显于薄层黄土质白浆土。

中层黄土质白浆土农化样统计见表 2-27。

表 2-27　中层黄土质白浆土农化样统计

项　目	平均值	标准差	最大值	最小值	极差
有机质（克/千克）	27.3	10.22	74.24	16	58.24
全　氮（克/千克）	1.9	2.14	3.84	0.65	3.19
碱解氮（毫克/千克）	117.6	41.198	530	50	480
有效磷（毫克/千克）	5.08	3.26	14.2	2.01	12.19
速效钾（毫克/千克）	175.18	79.11	400.6	103.5	297.1

从表 2-27 看出，速效养分氮含量一般，磷含量很低，钾含量较充足。

中层黄土质白浆土物理性状见表 2-28。

表 2 - 28　中层黄土质白浆土物理性状（15 号剖面）

取样深度 （厘米）	土壤各粒级含量（%）								质地 名称
	0.25～ 1.0 毫米	0.05～ 0.25 毫米	0.01～ 0.05 毫米	0.005～ 0.01 毫米	0.001～ 0.005 毫米	<0.001 毫米	物理 黏粒	物理 沙粒	
0～13	1.63	11.02	34.19	13.06	19.59	20.41	53.06	46.94	轻黏
13～28	2.04	6.53	28.12	11.68	14.90	36.73	63.31	39.69	轻黏
28～44	0.91	5.02	11.44	8.48	8.47	65.68	82.63	17.37	重黏
44～120	0.58	4.77	10.07	7.06	6.86	70.66	84.58	15.42	重黏
120～125	—	3.64	12.85	10.70	12.85	59.96	83.51	16.19	重黏

该土壤容重表土层为 1.10 克/立方厘米、心土层为 1.46 克/立方厘米，总孔隙度表土层为 57.65%、心土层为 45.97%，田间持水量表土层为 27%、心土层为 25.31%；毛管孔隙度表土层为 49.25%、心土层为 38.27%，通气孔隙度表土层为 8.4%、心土层为 7.5%。该土种土壤 A_1 层容重小于 A_w 层和 B_1 层，总孔隙度和毛管孔隙度大于 A_1 层和 B_1 层，质地越往下越黏。

总之，从养分状况看，10 号土比 9 号土较好，但不明显；10 号土 A_w 层酸度比 9 号土低，至于 A_w 层和 B 层的其他特点和 9 号土相似，而只是 A_1 层较厚而已。所以，该种土壤仍然不抗旱、涝，肥力低，土壤板结。应深耕改土，防治水土流失。

3. 厚层黄土质白浆土（土壤代码为 11 号）　该土种面积 10 255.13 公顷，占本土类面积的 20.74%；耕地面积 4 010.47 公顷，占总耕地面积的 10.63%，是本亚类中耕地面积最多的土种。自然土壤腐殖质层厚度大于 20 厘米，土体结构和前两种土壤相同，即 A_1、A_w、B、C。

分布于丘陵漫岗下部缓坡，植被、母质也和前两种土壤相同。现以采自南天门二道岗子村西北岗的 352 号剖面为例，剖面形态特征如下：

地形为岗下缓坡，母质为第四纪沉积物，种植谷子，耕层较厚，庄稼长势较好。

A_1 层：0～25 厘米，灰色，粒状结构，黏壤，紧实，植物根系多，层次过渡较明显。

A_w 层：25～47 厘米，灰白色，片状结构，紧实，植物根系少，层次过渡明显。

B_1 层：47～70 厘米，浅棕色，核状结构，有铁锰结核，层次过渡明显。

B_2 层：70～85 厘米，黄棕色，核状结构，结构表面有氧化硅粉末。

从上述剖面特征看出，A_w 层较厚，具有白浆土亚表层的典型特征；A_1 层较厚，颜色深，B 层也很典型。该土种化学性状见表 2 - 29。

表 2 - 29　厚层黄土质白浆土化学性状（352 号剖面）

取样深度 （厘米）	全氮 （克/千克）	全磷 （克/千克）	全钾 （克/千克）	有机质 （克/千克）	pH	代换量 （me/百克土）
0～25	3.04	1.77	27.32	15.34	6.3	16.62
25～47	0.41	0.56	30.31	8.46	6.0	15.57
47～70	—	—	—	6.61	5.6	—
70～85	—	—	—	7.34	5.65	—

从 352 号剖面分析结果看出，A₁ 层代换量小于 9 号和 10 号土，养分和肥力相差不大，表层色暗，耕层深。

厚层黄土质白浆土农化样统计见表 2-30。

表 2-30 厚层黄土质白浆土农化样统计

项 目	平均值	标准差	最大值	最小值	极差
有机质（克/千克）	31.72	11.6	58.6	14.78	43.82
全 氮（克/千克）	1.5	0.53	2.84	0.5	2.34
碱解氮（毫克/千克）	139.94	53.85	270	64.9	205.1
有效磷（毫克/千克）	7.075	7.83	39.6	0.78	38.82
速效钾（毫克/千克）	203.72	100.29	443.3	87.7	355.6

从表 2-30 农化样统计看出，有效磷偏低，但比前两种高，其他养分含量也比前两种土壤有所增加。该土种物理性状见表 2-31。

表 2-31 厚层黄土质白浆土物理性状（352 号剖面）

取样深度（厘米）	土壤各粒级含量（%）								质地名称
	0.25~1.0 毫米	0.05~0.25 毫米	0.01~0.05 毫米	0.005~0.01 毫米	0.001~0.005 毫米	<0.001 毫米	物理黏粒	物理沙粒	
0~25	4.17	18.12	28.13	14.16	14.59	20.83	49.58	50.42	重壤
25~47	4.27	10.31	25.21	3.33	23.55	33.33	60.21	39.79	轻黏
47~70	3.75	8.12	20.42	15.00	11.04	41.67	67.71	32.29	中黏
70~85	5.46	6.30	21.01	12.61	14.70	39.92	67.23	32.77	中黏

该土壤容重表土层为 1.25 克/立方厘米、心土层为 1.52 克/立方厘米，总孔隙度表土层为 53.03%、心土层为 43.80%，田间持水量表土层为 30%、心土层为 31%，毛管孔隙度表土层为 39.13%、心土层为 35.9%，通气孔隙度表土层为 13.19%、心土层为 7.9%。

从上述说明，容重 A₁ 层比 Aᵥ 层显著小，总孔隙度也比 Aᵥ 层大，毛管孔隙度也差异显著，从通体结构看淋溶明显。

总之，从理化状况的数据分析可以看出，通体养分比前两种相对高，物理性状也相对优越，但是养分仍然贫瘠，物理性状欠佳。因此，要注重熟化土壤，改良耕性，提高土壤肥力。

（二）草甸白浆土亚类

该亚类面积 9 478.54 公顷，占本土类面积的 19.17%；耕地面积 2 465.54 公顷，占全市总耕地面积的 6.53%。境内分布面积不大，除黄泥河乡外均有零星分布。地形为漫岗下部接近平地处，母质为第四纪沉积物，也有洪积黏土，植被为柞、椴等阔叶林下以小叶樟、薹草等草甸草本植物为主。该亚类的成土过程为白浆化过程，附加草甸化过程。根据黑土层的厚薄，续分为 A₁ 层 10~20 厘米的中层和 A 层大于 20 厘米的厚层 2 个土种，小于 10 厘米的薄层土种在调查中尚未发现。

该亚类土壤土体结构为 A_1、A_w、B、C。黑土层厚度均大于 10 厘米。暗灰色或灰色，粒状结构，植物根系很多。A_w 层厚度为 20 厘米左右，灰白色，片状结构，淀积层黄棕色，核状结构，结构表面有胶膜、锈斑，母质为黏重的淀积物。容重 A_1 层为 1.2 克/立方厘米左右、A_w 层为 1.4 克/立方厘米左右，总孔隙度 A_1 层为 50% 以上，A_w 层和 B 层总孔隙度和通气孔隙度明显下降，导致土壤通透性差。A_1 层有机质含量为 30~50 克/千克，自然土壤高达 70 克/千克，A_w 层有机质含量明显减少至 10 克/千克左右。该亚类土壤的主要缺点是质地黏重，结构不良，冷浆，板结，应采取深耕、深松，结合增施有机农肥和磷肥，改变土壤不良性状。

1. 中层沙底草甸白浆土（土壤代码为 12 号） 该土种面积 3 699.07 公顷，占本土类面积的 7.48%；耕地面积 232.13 公顷，占耕地面积的 0.62%。土体结构为 A_1、A_w、B、C。

该剖面采自老黑山镇、汪清县林业局检查站东 1 千米处的荒地，以 219 号剖面为例，其剖面形态特征如下：

植被为稀疏落叶松、丛桦、沼柳林下小叶樟、薹草等草甸草本植物茂密，母质为第四纪沉积物，地形为漫岗缓坡下部接近平地。

A_1 层：0~16 厘米，灰色，粒状结构，壤质，较松，植物根系多，层次过渡明显。

A_w 层：16~39 厘米，灰白色，片状结构，较紧，植物根系少，层次过渡明显。

B 层：39~67 厘米，黄棕色，核状结构，有胶膜，有棱角不明显的石块，表面有锈斑。

从上述剖面形态特征看出，A_w 层厚而淋溶明显，呈灰白色，B 层出现了草甸化过程的迹象，说明有一定程度的草甸化过程，A_1 层较厚。该土种化学性状见表 2-32。

表 2-32 中层沙底草甸白浆土化学性状（219 号剖面）

取样深度（厘米）	全氮（克/千克）	全磷（克/千克）	全钾（克/千克）	有机质（克/千克）	pH	代换量（me/百克土）
0~16	3.15	1.22	29.76	95.24	5.7	33.24
16~39	0.8	0.80	24.36	15.33	6.5	16.52
39~67	—	—	—	5.84	6.8	—

从表 2-32 看出，A_1 层有机质含量很高，比 A_w 层多 6 倍，养分含量略高于白浆土亚类。

中层沙底草甸白浆土农化样统计见表 2-33。

表 2-33 中层沙底草甸白浆土农化样统计

项 目	平均值	标准差	最大值	最小值	极差
有机质（克/千克）	63.2	35.9	117.09	25.18	91.91
全 氮（克/千克）	2.8	1.48	4.87	1.1	3.77
碱解氮（毫克/千克）	233.67	169.23	507	60	447
有效磷（毫克/千克）	7.116	3.06	11.11	3	8.11
速效钾（毫克/千克）	223.69	65.23	309.7	145.9	163.8

从表 2-33，均比白浆土亚类高，有机质和全氮更为显著，但有效磷偏低。

中层沙底草甸白浆土物理性状见表 2-34。

表 2-34　中层沙底草甸白浆土物理性状（219 号剖面）

取样深度（厘米）	土壤各粒级含量（%）						物理黏粒	物理沙粒	质地名称
	0.25～1.0 毫米	0.05～0.25 毫米	0.01～0.05 毫米	0.005～0.01 毫米	0.001～0.005 毫米	<0.001 毫米			
0～16	1.26	10.08	29.84	35.71	0.42	22.69	58.81	41.19	轻黏
16～39	1.24	8.04	32.99	18.55	18.56	20.62	57.73	42.27	轻黏
39～67	0.84	5.04	26.89	27.31	12.61	27.31	67.23	32.77	中黏

该土壤容重表土层为 1.25 克/立方厘米、心土层为 1.42 克/立方厘米，总孔隙度表土层为 52.70%、心土层为 47.09%，田间持水量表土层为 2.74%、心土层为 39.3%，毛管孔隙度表土层为 41.7%、心土层为 37.69%，通气孔隙度表土层为 11%、心土层为 7.5%。

A_w 层物理黏粒含量较 A_1 层和 B 层都少，从这一点可以看出，该种土壤的侧流淋溶是很强的。尤其从其两层性程度看，这种土壤还是以白浆化过程为主要过程的。但是从通体的养分含量和水分物理性状的差异来看，均较前几种土壤的肥力状况为好，只要注意增施磷肥，改善 A_w 层的物理性能，加强熟化措施，培肥地力，就能够创造高产土壤。

2. 厚层沙底草甸白浆土（土壤代码为 13 号）　该土种面积 5 779.47 公顷，占本土类面积的 11.68%；耕地面积 2 233.4 公顷，占耕地面积的 5.92%。土体结构为 A_1、A_w、B、C。

现以 285 号剖面为例，其剖面形态特征如下：该剖面采绥阳镇二段林场东南 1.5 千米处的荒地。植被为落叶松、丛桦、沼柳、榛等，稀疏林下有小叶樟、薹草等草甸草本植物，长势茂密，母质为第四纪沉积物，地形为漫岗缓坡下部接近平地。

A_1 层：0～23 厘米，深灰色，团粒结构，壤质，松，植物根系多，层次过渡明显。

A_w 层：23～48 厘米，灰白色，片状结构，壤黏，较紧实，层次过渡明显。

B 层：48～80 厘米，黄棕色，核状结构，黏紧，锈斑较多。

从上述剖面形态特征看，A_1 层厚，典型白浆层呈灰色，B 层淀积层比较明显。该土种化学性状见表 2-35。

表 2-35　厚层沙底草甸白浆土化学性状（285 号剖面）

取样深度（厘米）	全氮（克/千克）	全磷（克/千克）	全钾（克/千克）	有机质（克/千克）	pH	代换量（me/百克土）
0～23	8.53	4.69	22.17	126.8	5.5	60.34
23～48	1.23	1.71	28.35	28.4	5.7	30.43
48～80	—	—	—	16.6	5.4	—

从表 2-35 可以看出，全量养分很高，A 层有机质特别高，全层 pH 属微酸性。

厚层沙底草甸白浆土农化样统计见表 2-36。

表 2 - 36　厚层沙底草甸白浆土农化样统计

项　目	平均值	标准差	最大值	最小值	极差
有机质（克/千克）	39.8	27.8	86.54	13.49	73.05
全　氮（克/千克）	1.826	1.35	4.2	0.92	3.28
碱解氮（毫克/千克）	133.82	39.74	162.9	60	82.9
有效磷（毫克/千克）	5.6	6.97	17.7	1	16.7
速效钾（毫克/千克）	302.95	285	805	117.77	601.23

从表 2 - 36 可以看出，养分含量均比较高，但有效磷较低。

厚层沙底草甸白浆土物理性状见表 2 - 37。

表 2 - 37　厚层沙底草甸白浆土物理性状（285 号剖面）

取样深度（厘米）	土壤各粒级含量（%）						物理黏粒	物理沙粒	质地名称
	0.25～1.0 毫米	0.05～0.25 毫米	0.01～0.05 毫米	0.005～0.01 毫米	0.001～0.005 毫米	<0.001 毫米			
0～23	0.65	16.78	49.02	12.63	7.85	13.07	33.55	66.45	中壤
23～48	2.42	5.14	19.96	13.45	24.37	34.66	72.48	27.52	中黏
48～80	37.08	33.26	9.53	5.30	1.06	13.77	20.13	79.87	轻壤

该土壤容重表土层为 1.24 克/立方厘米、心土层为 1.36 克/立方厘米，总孔隙度表土层为 53.03%、心土层为 49.07%，通气孔隙度表土层为 10%、心土层为 45%。

从上述理化性状看，该土种优于前几种白浆土。但由于白浆层的影响，其通气透水性不良，水、气、热不协调。耕地土壤应进行深松，提高通透性，同时应增施有机农肥，改善理化性状，提高土壤肥力。

三、草　甸　土

东宁市草甸土类面积 33 469.13 公顷，占全市土壤总面积 4.51%；其中耕地面积 7 044.93 公顷，占本土壤的 21.05%，占全市总耕地面积的 18.67%。分布于境内各乡（镇），是各土类中最肥沃的高产土壤。

植被以多年生草甸草本植物群落为主，生长繁茂，覆盖率在 95% 以上；母质主要是冲积物、沉积物和洪积物。草甸土主要分布在河流两岸平地和山间沟谷平地，由于境内属丘陵山区，地形切割明显，所以草甸土分布有其规律性，但分布不集中，比较零星，境内 10 个乡（镇）均有分布。

在寒温带的生长季气候温暖、湿润，植被生长繁茂，秋季枯萎，冬季寒冷，地下水位高，因此有机质分解得少、积累得多，年复一年使大量腐殖质积累于土壤表层中，逐年加厚形成了草甸土类土壤。由于干湿交替、氧化还原交替使铁锰化合物移动和部分淀积，所以土壤剖面中发现锈色斑纹和铁锰结核。

草甸土分布面积最多的是大肚川、老黑山2个镇，分别为8 073公顷、7 314.2公顷。其中，耕地面积超过670公顷的有大肚川、老黑山、道河、绥阳、金厂5个乡（镇）。见表2-38。

表2-38　各乡（镇）草甸土类面积统计

乡（镇）	草甸土（公顷）	占本土壤面积（%）	其中耕地（公顷）	占本耕地土壤（%）
东 宁 镇	928.73	2.78	487.87	6.93
三岔口乡	1 099.00	3.28	197.27	2.80
大肚川镇	8 073.00	24.12	1 896.47	26.92
老黑山镇	7 314.20	21.85	1 254.33	17.80
道 河 乡	2 514.20	7.51	690.33	9.80
绥 阳 镇	5 518.07	16.49	952.33	13.52
金 厂 乡	2 945.13	8.80	778.00	11.04
细鳞河乡	1 090.47	3.26	213.87	3.04
黄泥河乡	2 496.60	7.46	197.67	2.81
南天门乡	1 489.73	4.45	376.53	5.34
合　　计	33 469.13	100.00	7 044.67	100.00

草甸土类面积统计见表2-39。

表2-39　草甸土类面积统计

亚类	草甸土						潜育草甸土					
土属	暗棕壤型草甸土		砾底草甸土		石质草甸土		黏壤质潜育草甸土					
土种	暗棕壤型草甸土		厚层砾底草甸土		石质草甸土		薄层黏壤质潜育草甸土		中层黏壤质潜育草甸土		厚层黏壤质潜育草甸土	
地别	耕地	其他	耕地	其他	耕地	其他	耕地	其他	耕地	其他	耕地	其他
面积（公顷）	2 892.07	5 280.26	1 206.40	9 148.93	1 532.73	8 923.07	573.13	768.74	166.40	884.93	674.20	1 418.27
占亚类面积（%）	9.98	18.22	4.16	31.56	5.29	30.79	12.78	17.13	3.71	19.73	15.03	31.62
占土类面积（%）	8.64	15.78	3.60	27.34	4.58	26.66	1.71	2.30	0.50	2.64	2.01	4.24

从表2-39可以看出，6个草甸土的土种中面积较大的是厚层砾底草甸土、石质草甸土和暗棕壤型草甸土，面积分别为10 355.33公顷、10 455公顷和8 172.33公顷；耕地面积最多的是暗棕壤型草甸土，面积为2 892.07公顷，占本县总耕地面积的7.66%。草甸土养分含量较高，结构良好，表土疏松，保水保肥能力强，适宜种植各种作物，是最好的耕作土壤之一。

草甸土类根据草甸化过程和附加潜育化等差异，分为草甸土和潜育草甸土2个亚类；草甸土亚类又根据成土过程、岩石母质以及主要障碍因子等又划分为暗棕壤型草甸土、砾底草甸和石质草甸土3个土属、3个土种。潜育草甸土亚类只分1个土属，又根据腐殖质层的厚薄分了 3 个土种。

（一）草甸土亚类

草甸土亚类面积 28 983.46 公顷，占本土类面积的 86.6%；耕地面积 5 631.2 公顷，占总耕地面积的 14.92%。现将该亚类 3 个土属分别叙述。

1. 暗棕壤型草甸土属 该土属只分 1 个土种，暗棕壤型草甸土（原沟谷草甸土，土壤代码为 14 号）。该土种面积 8 172.3 公顷，占本亚类面积的 28.20%；耕地面积 2 892.07公顷，占总耕地面积的 7.66%。

东宁市的盆地、平川地草甸土几乎都改为水田，均分布于山间沟谷所以原称沟谷草甸土。该土壤母质为洪积物、沉积物，也有冲积物。

现以采自老黑山镇九佛沟北 400 米处的 211 号剖面为例，其剖面形态特征如下：

A_P 层：0～20 厘米，暗灰色，团粒结构，松，壤质，植物根系多。

A_2 层：20～40 厘米，暗灰色，团粒结构，壤质，层次过渡不太明显。

AB 层：40～61 厘米，暗棕色，结构不明显，稍紧，有云母片，层次过渡不明显。

B 层：61～95 厘米，黄棕色，沙壤质，松散，有云母片，有锈斑，层次过渡明显。

C 层：95～130 厘米，无结构，细沙层，有锈斑。

从上述剖面特征看，A 层深厚达 40 厘米，团粒结构，过渡不明显；B 层透水性较好，C 层为洪积物，B、C 两层出现锈斑，表现了草甸化的典型过程。

暗棕壤型草甸土化学性状见表 2-40。

表 2-40 暗棕壤型草甸土化学性状（221 号剖面）

取样深度 （厘米）	全氮 （克/千克）	全磷 （克/千克）	全钾 （克/千克）	有机质 （克/千克）	pH	代换量 （me/百克土）
0～20	7.15	2.42	17.60	176.96	5.9	52.94
20～40	1.62	1.24	24.97	43.0	5.8	25.56
40～61	—	—	—	19.7	6.6	—
61～95	—	—	—	20.52	6.5	—
95～130	—	—	—	12.74	6.6	—

从 221 号剖面化学性状看出，A 层全量养分很高，有机质含量高，A 层 pH 为微酸性，往下各层为中性。

暗棕壤型草甸土农化样统计见表 2-41。

表 2-41 暗棕壤型草甸土农化样统计

项 目	平均值	标准差	最大值	最小值	极差	样品数
有机质（克/千克）	47	26.5	120	11.4	108.6	19
全 氮（克/千克）	2.4	1.1	5.4	1.3	4.1	19
碱解氮（毫克/千克）	148.24	104.22	502	46.1	455.9	19
有效磷（毫克/千克）	11.02	9.05	27.8	0.10	27.7	19
速效钾（毫克/千克）	273.73	151.13	738.4	81.85	656.55	19

从表2-41可以看出，速效养分氮、钾很高，磷偏低，有机质含量较高。

暗棕壤型草甸土物理性状见表2-42。

表2-42　暗棕壤型草甸土物理性状（221号剖面）

取样深度（厘米）	土壤各粒级含量（%）								质地名称
	0.25～1.0毫米	0.05～0.25毫米	0.01～0.05毫米	0.005～0.01毫米	0.001～0.005毫米	<0.001毫米	物理黏粒	物理沙粒	
0～20	3.24	24.63	45.35	10.80	1.29	14.69	26.78	73.22	轻壤
20～40	3.81	19.07	33.90	8.05	7.84	27.33	43.22	56.78	重壤
40～61	5.72	29.87	26.49	5.29	5.09	27.54	38.37	61.63	中壤
61～95	3.21	32.76	24.20	8.99	5.14	25.70	39.83	60.17	中壤
95～130	6.35	31.36	24.37	7.92	5.00	25.00	37.92	62.08	中壤

该土壤容重表土层为1.15克/立方厘米、心土层为1.25克/立方厘米，总孔隙度表土层为56%、心土层为52.7%，田间持水量表土层为32.95%、心土层为32.4%，毛管孔隙度表土层为41.0%、心土层为44.7%，通气孔隙度表土层为15%、心土层为8%。

从上述看，A层容重小，A_P层物理黏粒少，物理沙粒占绝对优势，质地属轻壤。

总之，暗棕壤型草甸土黑土层深厚，潜在肥力也很高，供应容量大，速效养分含量也较高，是东宁市理想的农业用地。但分布比较分散，要合理开垦，注意防洪截淤，防治因垦殖不当而造成的沟蚀现象。

2. 砾底草甸土土属　该土属只分1个土种，厚层砾底草甸土（原夹石草甸土，土壤代码为15号）。

该土种面积10 355.33公顷，占本土类面积的30.94%；耕地面积1 206.4公顷，占耕地面积的3.20%。成土过程和植被、母质等，基本和14号土相同，但土壤表层及通体夹有石块，改变了水分类型和水、气、热状况。

现以采自道河镇奋斗村西200米处的402号剖面为例，其剖面形态特征如下：母质为冲积物，耕地。

A层：0～17厘米，暗灰色，粒状结构，壤质，松，砾石块较多，植物根系多，层次过渡明显。

BC层：17～45厘米，棕黄色，无结构，松散，植物根系少，有少量锈斑，全层为砾石粗沙。

厚层砾底草甸土化学性状见表2-43。

表2-43　厚层砾底草甸土化学性状（402号剖面）

取样深度（厘米）	全氮（克/千克）	全磷（克/千克）	全钾（克/千克）	有机质（克/千克）	pH	代换量（me/百克土）
0～17	3.85	1.96	25.67	76.12	6.9	34.86
17～45	0.88	0.97	28.93	16.69	6.6	13.91

从表2-43可以看出，A层全量养分较高，到BC层明显减少，pH为中性。

厚层砾底草甸土农化样统计见表2-44。

表2-44　厚层砾底草甸土农化样统计

项　目	平均值	标准差	最大值	最小值	极差	样品数
有机质（克/千克）	58.64	21.4	81.8	18.55	63.25	9
全　氮（克/千克）	2.81	1.22	4.04	0.72	3.32	9
碱解氮（毫克/千克）	160.8	86.4	313	95	218	9
有效磷（毫克/千克）	9.506	8.23	26.44	1.32	25.12	9
速效钾（毫克/千克）	359.8	192.05	593.4	108.6	484.8	9

从表2-44可以看出，有机质含量较高，碱解氮、速效钾较高，有效磷偏低。

厚层砾底草甸土物理性状见表2-45。

表2-45　厚层砾底草甸土物理性状（221号剖面）

取样深度（厘米）	土壤各粒级含量（%）						物理黏粒	物理沙粒	质地名称
	0.25~1.0毫米	0.05~0.25毫米	0.01~0.05毫米	0.005~0.01毫米	0.001~0.005毫米	<0.001毫米			
0~17	13.87	20.71	23.81	13.46	16.56	11.59	41.61	58.39	重壤
17~45	15.03	13.49	5.07	3.04	7.09	6.28	16.41	83.59	沙壤

该土壤容重表土层为1.11克/立方厘米、心土层为1.14克/立方厘米，总孔隙度表土层为56.23%、心土层为57.32%，通气孔隙度表土层为13.4%、心土层为5.33%。

总之，该土壤理化性质较好，土壤表层养分含量较高，但漏水、漏肥，通体夹石，影响耕作栽培。

3. 石质草甸土属　该土属只分1个土种，石质草甸土（原石底草甸土，土壤代码为16号）。

该土种面积为10 455.8公顷，占本土类面积的31.24%；耕地面积1 532.73公顷，占总耕地面积的4.06%。其成土过程和植被、母质基本和15号土相同；不同之处在于20厘米以下为石底，表层没有石砾，不影响耕作。

现以采自绥阳镇二道沟南1.4千米处的297号剖面为例，其剖面形态特征如下：植被为柳、丛桦、小叶樟、莎草构成的草甸植被，母质为洪积物，地形为山间谷地。

A层：0~38厘米，暗灰色，小团粒结构，壤质，湿润，植物根系多，30厘米以下有大小不等的石块，层次过渡明显。

B层：38~70厘米，灰色，小核状结构，黏壤，较紧，砾石很多，有锈斑，层次过渡明显。

C层：70~90厘米，棕黄色，无结构，沙砾石很多，接近地下水。

该剖面A层较厚，30厘米以下有石块。该土壤化学性状见表2-46。

表 2 - 46　石质草甸土化学性状（297 号剖面）

取样深度 厘米	全氮 （克/千克）	全磷 （克/千克）	全钾 （克/千克）	有机质 （克/千克）	pH	代换量 （me/百克土）
0~38	3.69	2.68	27.15	95.57	5.6	35.76
38~70	—	—	—	16.74	5.8	

从表 2 - 46 看出，A 层全量养分很高，有机质 A 层很高，B 层明显减少，A、B 层 pH 均为微酸性。

石质草甸土农化样统计见表 2 - 47。

表 2 - 47　石质草甸土农化样统计

项　目	平均值	标准差	最大值	最小值	极差	样品数
有机质（克/千克）	70.39	49.98	212.49	23.78	188.71	14
全　氮（克/千克）	3.3	2.127	8.87	1.16	7.71	14
碱解氮（毫克/千克）	186.7	72.36	290	50	240	14
有效磷（毫克/千克）	10.07	12.45	50.6	2.93	47.67	14
速效钾（毫克/千克）	332.05	135.58	620.12	1.37	483.12	14

从表 2 - 47 可以看出，该土壤黑土层较深厚，潜在肥力很高，速效氮、钾含量较高，有效磷偏低。一般 A 层底部和 B 层均有石块，但不影响耕作，应有计划开垦为农田。

（二）潜育草甸土亚类

潜育草甸土亚类面积 4 485.67 公顷，占本土类面积的 13.40%；耕地面积 1 413.73 公顷，占总耕地面积的 3.75%。该亚类土壤是草甸化过程附加潜育化过程形成的，主要分布在河谷低平地和丘陵间沟谷地上；是草甸土向沼泽土的过渡类型，地下水位较高，多在 1 米以内；潴育层位较高，母质为沉积物、冲积物。自然植被为小叶樟、薹草等喜湿性草甸植物。

潜育草甸土黑土层厚，腐殖质含量高，表层因水分含量很高，经常处于嫌气状态。因此，植物残体分解少，积累多，有半泥炭化的草根层。下层因为地下水的潴积，经常处于还原状态，由于受铁锰还原物的影响呈灰蓝色，底层由于氧化还原交替而出现大量锈色斑纹，还有些剖面底层有铁盘层。

东宁市潜育草甸土只划分 1 个土属，即黏壤质潜育草甸土；根据黑土层的厚薄分为 3 个土种，即黑土层<25 厘米为薄层，25~40 厘米为中层，黑土层>40 厘米为厚层，现将 3 个土种分别加以叙述。

1. 薄层黏壤质潜育草甸土（原薄层潜育草甸土，土壤代码为 17 号）　该土种面积 1 341.87 公顷，占本土壤面积的 4.01%；耕地面积 573.13 公顷，占总耕地面积的 1.52%。主要分布于大肚川、老黑山、金厂、绥阳等乡（镇）。

现以采自东宁镇一街东南 500 米处的 31 号剖面为例，其剖面形态特征如下：平地、农用地、母质为冲积物，地下水出现深度为 70 厘米，pH 为 6.7，属于中性。

A 层：0～18 厘米，暗灰色，粒状结构，黏质，湿，植物根系多，层次过渡明显。

B 层：18～40 厘米，暗灰，小核状结构，黏，紧实，湿，植物根系较多。

B_g 层：40～66 厘米，灰蓝色，黏，有潜育现象，层次过渡明显。

C_g 层：66～90 厘米，冲积沙，有潜育现象。

薄层黏壤质潜育草甸土化学性状见表 2-48、农化样统计见表 2-49。

表 2-48　薄层黏壤质潜育草甸土化学性状（31 号剖面）

取样深度 （厘米）	全氮 （克/千克）	全磷 （克/千克）	全钾 （克/千克）	有机质 （克/千克）	pH	代换量 （me/百克土）
0～18	1.20	1.51	24.70	32.56	6.7	25.992
18～40	0.44	1.44	26.23	7.90	6.3	24.685
40～66	—	—	—	19.02	5.7	—
66～90	—	—	—	4.63	6.2	—

表 2-49　薄层黏壤质潜育草甸土农化样统计

项　目	平均值	标准差	最大值	最小值	极差	样品数
有机质（克/千克）	42.4	9.03	54.72	36.06	18.66	4
全　氮（克/千克）	1.71	0.74	2.58	0.81	1.77	4
碱解氮（毫克/千克）	101.75	31.079	134	70	64.0	4
有效磷（毫克/千克）	13.12	9.12	218	4.99	16.81	4
速效钾（毫克/千克）	302.8	163.8	544.3	186.9	357.4	4

从表 2-48、表 2-49 看出，有机质含量较高，全氮含量稍低，有效磷含量偏低，速效钾含量较充足。

薄层黏壤质潜育草甸土物理性状见表 2-50。

表 2-50　薄层黏壤质潜育草甸土物理性状（31 号剖面）

取样深度 （厘米）	土壤各粒级含量（%）						物理 黏粒	物理 沙粒	质地 名称
	0.25～ 1.0 毫米	0.05～ 0.25 毫米	0.01～ 0.05 毫米	0.005～ 0.01 毫米	0.001～ 0.005 毫米	<0.001 毫米			
0～18	9.17	14.58	28.12	11.46	12.50	24.17	48.13	51.87	重壤
18～40	10.05	2.72	23.04	7.33	9.42	27.44	44.19	55.81	重壤
40～66	61.81	18.80	8.08	3.03	3.03	5.25	11.31	88.69	紧沙
66～90	43.09	20.63	11.33	5.16	6.18	13.01	24.95	75.05	沙壤

该土壤容重表土层为 1.07 克/立方厘米、心土层为 1.43 克/立方厘米，总孔隙度表土层为 58.64%、心土层为 46.76%，毛管孔隙度表土层为 49.8%、心土层为 39.06%，通气孔隙度表土层为 8.75%、心土层为 7.7%。

2. 中层黏壤质潜育草甸土（原中层潜育草甸土，土壤代码为 18 号）　该土种面积为 1 051.33公顷，占本土类面积的 3.14%；耕地面积 166.4 公顷，占总耕地面积的 0.44%。

主要分布于老黑山、黄泥河、东宁等乡（镇）。

现以采自老黑山镇下碱村北1千米处的232号剖面为例，其剖面形态特征如下：地形为山间沟谷地、平洼地，耕地种植小麦，母质为洪积物，地下水出现深度为101厘米，表土层pH 7.4，为中性。

A层：0～32厘米，黑色，粒状结构，壤质，稍紧，潮湿，植物根系多，层次过渡明显。

B层：32～60厘米，黄棕色，不明显的小核状结构，沙壤，潮湿，植物根系较少，层次过渡不明显。

B_g层：60～101厘米，黄棕色，无结构，沙壤，湿，有很多锈斑。

从上述剖面特性看，A层比较厚，B_g层有潜育现象，通体掺有洪积沙，随深度加深而增加。该土种化学性状见表2－51、农化样统计见表2－52。

表2－51　中层黏壤质潜育草甸土化学性状（232号剖面）

取样深度（厘米）	全氮（克/千克）	全磷（克/千克）	全钾（克/千克）	有机质（克/千克）	pH	代换量（me/百克土）
0～32	2.08	1.52	17.21	50.24	7.4	14.87
32～60	0.57	0.95	22.01	16.02	7.2	23.36
60～101	—	—	—	11.91	6.9	—

表2－52　中层黏壤质潜育草甸土农化样统计

项　目	平均值	标准差	最大值	最小值	极差	样品数
有机质（克/千克）	60.8	36.1	124.2	35.1	89.05	5
全　氮（克/千克）	2.58	1.32	4.84	1.69	3.15	5
碱解氮（毫克/千克）	187.48	142.05	404	47.4	356.6	5
有效磷（毫克/千克）	12.45	12.93	33.42	2.14	31.18	5
速效钾（毫克/千克）	185	51.87	237.2	105.5	131.7	5

从表2－51、表2－52可以看出，养分含量较高，A、B层养分差异显著，pH均为中性，但有速效磷偏低。

中层黏壤质潜育草甸土物理性状见表2－53。

表2－53　中层黏壤质潜育草甸土物理性状（232号剖面）

取样深度（厘米）	土壤各粒级含量（%）								质地名称
	0.25～1.0毫米	0.05～0.25毫米	0.01～0.05毫米	0.005～0.01毫米	0.001～0.005毫米	<0.001毫米	物理黏粒	物理沙粒	
0～32	3.26	24.47	29.41	12.61	5.04	25.21	42.86	57.14	重壤
32～60	68.96	36.46	14.58	8.32	2.92	18.75	30.0	70.0	中壤
60～101	20.21	32.08	25.63	3.54	1.87	16.67	22.08	77.92	轻壤

该土壤容重表土层为1.04克/立方厘米、心土层为1.15克/立方厘米，总孔隙度表土层为59.63%、心土层为52.7%，田间持水量表土层为28.6%、心土层为39.9%，毛管孔隙度表土层为52.3%、心土层为45.9%，通气孔隙度表土层为7.5%、心土层为6.8%。

3. 厚层黏壤质潜育草甸土（原厚层潜育草甸土，土壤代码为19号） 该土种面积为2 092.47公顷，占本土类面积的6.25%；耕地面积674.2公顷，占总耕地面积的1.79%。主要分布于老黑山、绥阳、南天门等乡（镇）。

现以采自南天门乡马架子畜牧场南200米处的370号剖面为例，其剖面形态特征如下：地形为山间沟谷洼地，耕地种植马铃薯，母质为沉积物，pH为微酸性。

A层：0～40厘米，暗灰色，团粒结构，重壤质，湿，植物根系多，层次过渡明显。

A_g层：40～55厘米，暗灰色，团粒结构，壤土，湿，有锈斑，植物根系较多，层次过渡明显。

BC_g层：55～75厘米，蓝灰色，无结构，壤质，较紧，湿，有红棕色锈斑。

从上述剖面特性看，黑土层深，结构好，植物根系多，A_g层有锈斑，说明水分上下波动范围很大。该土种化学性状见表2-54、农化样统计见表2-55。

表2-54 厚层黏壤质潜育草甸土化学性状（370号剖面）

取样深度（厘米）	全氮（克/千克）	全磷（克/千克）	全钾（克/千克）	有机质（克/千克）	pH	代换量（me/百克土）
0～40	68.17	4.42	17.18	242.58	5.5	57.765
40～55	2.97	1.51	23.53	83.9	5.5	45.117
55～75	—	—	—	11.96	5.4	—

表2-55 厚层黏壤质潜育草甸土农化样统计

项 目	平均值	标准差	最大值	最小值	极差	样品数
有机质（克/千克）	89.07	41.43	122.15	42.84	79.31	3
全 氮（克/千克）	3.83	2.35	5.99	3.21	1.67	3
碱解氮（毫克/千克）	113	69.55	475	105.5	369.5	3
有效磷（毫克/千克）	13.52	—	15.53	11.7	3.85	3
速效钾（毫克/千克）	410.9	90.67	511.8	336.2	175.6	3

从表2-54、表2-55可以看出，养分含量均比18号土高，有机质高达89克/千克，有效磷略高于前2个土种，但还是偏低，尤其从全磷和速效磷的含量来看，说明该土壤因为潜育过程的加强，嫌气性过程占优势的结果，使潜在肥力不易发挥，供应量和供应强度的矛盾特别突出。所以，耕地必须疏干地下水，解决其冷朽的不良性状；施肥时注意肥料的碳氮比，增施有效磷，但必须尽量减少土壤的机械固定，最好本着少施多次的原则，充分提高肥效。

厚层黏壤质潜育草甸土物理性状见表2-56。

表 2-56　厚层黏壤质潜育草甸土物理性状（370 号剖面）

取样深度（厘米）	土壤各粒级含量（%）								质地名称
	0.25~1.0 毫米	0.05~0.25 毫米	0.01~0.05 毫米	0.005~0.01 毫米	0.001~0.005 毫米	<0.001 毫米	物理黏粒	物理沙粒	
0~40	6.16	8.86	35.22	13.21	17.62	18.93	49.76	50.24	重壤
40~55	17.69	8.54	15.99	9.80	11.72	36.46	57.78	42.22	轻壤
55~75	16.94	15.71	22.92	8.26	10.34	26.03	44.63	55.37	重壤

　　该土壤容重表土层为 0.92 克/立方厘米、心土层为 1.03 克/立方厘米，总孔隙度表土层为 63.59%、心土层为 59.96%，田间持水量表土层为 65%、心土层为 51.9%，毛管孔隙度表土层为 52%、心土层为 50.4%，通气孔隙度表土层为 11.5%、心土层为 9.5%。

　　从上述说明，该容重小于前 17 号、18 号土壤，总孔隙度、毛管孔隙度大于 17 号、18 号土壤，水、肥、气、热状况好于 17 号、18 号土壤。

　　总之，潜育草甸土亚类腐殖质层比较厚，潜在肥力高，但供应强度较低。主要原因是土壤过湿，水、肥、气、热四性不协调，已开垦的耕地土壤温度低，冷浆，宜耕期短，前期禾苗发锈不爱长，后期肥劲大，易造成贪青晚熟。因此，要采取挖排水沟，降低地下水位，深耕改土，增施马粪、炕洞土等热性肥料的综合措施，改变其不良性状，确保高产稳产。

四、沼　泽　土

　　东宁市沼泽土面积 16 676.73 公顷，占土壤总面积的 2.25%；耕地面积 727 公顷，占该土类面积的 4.36%，占全县总耕地面积的 1.93%，除东宁、道河 2 个镇外，其余镇均有分布。见表 2-57。

表 2-57　各乡（镇）沼泽土面积统计

乡（镇）	沼泽土（公顷）	占本土壤面积（%）	其中耕地面积（公顷）	占本耕地土壤（%）
东 宁 镇	0	0	0	0
三岔口乡	30.40	0.18	3.00	0.41
大肚川镇	321.60	1.93	0	0
老黑山镇	571.73	3.43	0	0
道 河 乡	0	0	0	0
绥 阳 镇	2 637.53	15.81	182.47	25.10
金 厂 乡	3 160.33	18.95	0	0
细鳞河乡	5 359.40	32.14	152.73	21.01
黄泥河乡	2 370.74	14.22	237.60	32.68
南天门乡	2 225.00	13.34	151.20	20.80
合 计	16 676.73	100.00	727.00	100.00

　　沼泽土是在沼泽化过程作用下发育而成的。该土类分布在山间沟谷低洼地，经常汇集地表水和径流水造成土层过湿的地形部位。其母质主要为河湖相沉积的洪积物。由于质地

黏重，持水性能强，渗水性能弱，使土体过湿，并经常积水。植被主要以小叶樟、丛桦、薹草、沼柳等喜湿性植物群落为主。

沼泽化过程的实质就是泥炭腐殖化和潜育化作用。由于长期积水，土壤经常处于饱和状态，通气条件差，微生物活动受到抑制，繁茂的植物残体分解不完全，积累得多，逐渐形成腐殖质层和泥炭层。在土层下部由于受积水和有机质分解所产生的还原物质的影响，使心土处于还原状态，潜育过程占绝对优势，故心土层呈灰蓝色。由于泥炭腐殖质化和潜育化程度的分异，境内沼泽土可分为草甸沼泽土、泥炭腐殖质沼泽土和泥炭沼泽土3个亚类。

（一）草甸沼泽土亚类

该亚类主要分布于金厂、细鳞河、黄泥河乡（镇）。草甸沼泽土面积8 499.46公顷，占本土类面积的50.97，占土壤总面积的1.45%；耕地面积350.53公顷，占总耕地面积的0.93%。该亚类由土壤沼泽化过程附加草甸化过程而形成的，是草甸土向沼泽土过渡而更接近沼泽土的过渡性的土壤。主要分布于山间沟谷低洼地、沼泽地外围，有季节性积水影响，同时地下水位较高，所以土壤经常处于潮湿状态，母质为沉积物、洪积物，自然植被为小叶樟、薹草等草甸植物群落。

该亚类土壤只划分1个土属，即黏质草甸沼泽土，1个土种，即厚层黏质草甸沼泽土（原草甸沼泽土，土壤代码为20号）。

草甸沼泽土土体结构为A_S、A_1、AB_g、G，土壤潜在肥力高，供应强度低，质地黏重。

现以采自金厂乡半截沟交叉口南1.5千米处的406号剖面为例，其剖面形态特征如下：山间沟谷洼地，植被为小叶樟、薹草群落，母质为洪积物，地下水位85厘米。

A_S层：0～10厘米，黄棕色，草根层。

A_1层：10～55厘米，黑色，团粒结构，黏壤，湿，层次过渡较明显。

AB_g层：55～95厘米，黑灰色，小核状结构，黏，地下水位85厘米，锈斑多，下部玄武岩板石块较多。

草甸沼泽土化学性状见表2-58。

表2-58　草甸沼泽土化学性状（406号剖面）

取样深度 （厘米）	全氮 （克/千克）	全磷 （克/千克）	全钾 （克/千克）	有机质 （克/千克）	pH	代换量 （me/百克土）
0～10	19.4	4.39	16.13	231.33	5.9	66.94
10～55	3.19	1.24	19.63	88.35	5.8	56.73
55～95	—	—	—	59.08	5.7	—

从表2-58看出，全量氮、磷、钾含量很高，通体有机质含量高，A_S层高达231.33克/千克，pH为微酸性。

草甸沼泽土物理性状见表2-59。

该土壤容重表土层为0.82克/立方厘米、心土层为1.04克/立方厘米，总孔隙度表土层为66.89%、心土层为59.36%，毛管孔隙度表土层为52.89%、心土层为52.13%，通气孔隙度表土层为10.0%、心土层为7.5%。

总之，草甸沼泽土黑土层厚，潜在肥力高，但因地势低洼，表土较黏，土壤湿度大，

表 2 - 59 草甸沼泽土物理性状（406 号剖面）

取样深度 （厘米）	土壤各粒级含量（%）						物理 黏粒	物理 沙粒	质地 名称
	0.25～ 1.0 毫米	0.05～ 0.25 毫米	0.01～ 0.05 毫米	0.005～ 0.01 毫米	0.001～ 0.005 毫米	<0.001 毫米			
0～10	0.86	18.36	5.41	12.96	5.61	10.80	29.37	70.63	轻壤
10～55	0.54	7.54	25.49	13.82	16.63	36.07	66.52	33.48	中黏
55～95	0.54	7.09	19.17	11.98	14.42	46.8	73.20	26.80	中黏

温度低。由于长期过湿，积累多于分解，土壤冷浆，已开垦的土壤要注意熟化排水防涝，提高土温，有利作物生长，增加产量。

（二）泥炭沼泽土亚类

该亚类土壤划分为 2 个土属，即泥炭腐殖质沼泽土、泥炭沼泽土。

1. 泥炭腐殖质沼泽土土属 该土属只划分 1 个土种，即薄层泥炭腐殖质沼泽土（原泥炭腐殖质沼泽土，土壤代码为 21 号）。

该土种面积 4 461.6 公顷，占本土类面积的 26.75%；耕地面积 277.87 公顷，占总耕地面积的 0.74%。该土壤是非地带性的水成土壤，分布于丘陵岗间沟谷洼地，母质为沉积物、洪积物，植被为塔头、薹草、小叶樟、沼泽植物群落。主要分布在绥阳、细鳞河、南天门 3 个乡（镇）。

成土过程为沼泽化和泥炭腐殖化过程，土体结构为 A_T、A_1、B_g、G。

现以采自绥阳镇二段林场西北 2 千米处的 310 号剖面为例，其剖面形态特征如下：位于丘陵漫岗洼地部位，植被为塔头、薹草、小叶樟、丛桦等沼泽植物；母质为沉积物，地下水位 45 厘米，pH 为微酸性。

A_T 层：0～15 厘米，棕灰色，泥炭层。

A_1 层：15～22 厘米，棕灰色，不明显的粒状结构，重壤，植物根系多，湿，层次过渡明显。

B_g 层：22～40 厘米，棕黄色，沙壤，层次过渡明显。

G 层：40～55 厘米，灰色，黏，有锈斑，潜育层。

该土壤潜在肥力高，通体 pH 为微酸性。

泥炭沼泽土化学性状见表 2 - 60。

表 2 - 60 泥炭沼泽土化学性状（310 号剖面）

取样深度 （厘米）	全氮 （克/千克）	全磷 （克/千克）	全钾 （克/千克）	有机质 （克/千克）	pH	代换量 （me/百克土）
0～15	14.22	5.14	12.60	384.3	5.3	73.575
15～22	8.77	1.74	21.64	104.15	5.8	43.697
22～40	—	—	—	12.36	6.0	—

耕地农化样分析数据为：有机质含量 169.78 克/千克，全氮含量 5.82 克/千克，碱解氮含量 144.5 毫克/千克，有效磷含量 5.36 毫克/千克，速效钾含量 693.8 毫克/千克。

泥炭沼泽土物理性状见表 2-61。

表 2-61　泥炭沼泽土物理性状（310 号剖面）

取样深度（厘米）	土壤各粒级含量（%）								质地名称
	0.25~1.0 毫米	0.05~0.25 毫米	0.01~0.05 毫米	0.005~0.01 毫米	0.001~0.005 毫米	<0.001 毫米	物理黏粒	物理沙粒	
0~15	—	—	—	—	—				
15~22	14.27	18.42	24.49	11.72	14.91	16.19	42.85	57.15	重壤
22~40	72.32	14.35	2.02	2.02	4.04	5.25	11.31	88.69	沙壤

该土壤容重表土层为 0.74 克/立方厘米、心土层为 1.08 克/立方厘米，总孔隙度表土层为 69.53%、心土层为 58.64%，毛管孔隙度表土层为 58.13%、心土层为 50.14%，通气孔隙度表土层为 11.4%、心土层为 8.5%。

总之，该土壤比 20 号土地下水位高，腐殖质层较薄，通体持水能力强，有机质含量高，供应容量大，但供应强度低。应采取挖沟排水等工程措施，部分土壤可以开垦种植，大部分土壤应发展畜牧业。

2. 泥炭沼泽土土属　该土属划分只划分 1 个土种，即薄层泥炭沼泽土（原泥炭沼泽土，土壤代码为 22 号）。

该土种面积 3 715.67 公顷，占本土类面积的 22.28%；耕地面积 98.6 公顷，占总耕地面积的 0.26%。成土过程为潜育化和泥炭化过程，是沼泽土向泥炭土过渡类型。地下水位比前两个亚类更高，地表常积水，泥炭过程尚弱，因此，泥炭层<50 厘米，土体结构为 A_S、A_T、G 或 A_T、B_g、G。

现以采自南天门乡二道岗子南 300 米处的 347 号剖面为例，其剖面形态特征：岗间洼地，植被为塔头、薹草群落，母质为沉积物，地下水位 50 厘米，pH 为微酸性。

A_S 层：0~8 厘米，棕灰色，草根层富有弹性。

A_T 层：8~30 厘米，暗灰色，泥炭层，层次过渡明显。

G 层：30~65 厘米，灰色，黏，潜育层，锈斑多。

泥炭沼泽土潜在肥力高，通体 pH 为微酸性。化学性状见表 2-62。

表 2-62　泥炭沼泽土化学性状（347 号剖面）

取样深度（厘米）	全氮（克/千克）	全磷（克/千克）	全钾（克/千克）	有机质（克/千克）	pH	代换量（me/百克土）
0~8	11.06	6.08	16.34	297.5	5.6	62.61
8~30	13	3.64	10.43	37.306	5.4	13.449
30~65	—	—	—	39.59	5.6	

五、泥炭土类

该土类发育在山间丘陵漫岗、沟谷低洼地，地表常积水的地方，植被为比较纯的乌拉薹草、塔头、薹草等，母质为沉积物、洪积物。泥炭土的剖面特征，主要是土层上部有

50 厘米以上的泥炭层，以下为潜育层，成土过程为泥炭化和潜育化过程。东宁市的泥炭层均小于 1 米，所以只有 1 个土种，即薄层芦苇薹草低位泥炭土（原薄层草甸泥炭，土壤代码为 23 号）。土体结构为 A_S、A_T、G。

该土种分布于绥阳、细鳞河等乡（镇），面积为 522 公顷，占东宁市土壤面积的 0.07%。泥炭是农业的宝贵资源，在工业、医药卫生等方面用途也很广。近 30 多年来，细鳞河、大肚川、五星、新立、河西、太阳升、石门子、新民、太岭、和平等村屯附近的泥炭被开采用于积造农肥、改良土壤，所以这些村屯附近泥炭资源在 1982 年第二次土壤普查时已基本挖竭。细鳞河、绥阳等乡（镇）的偏远洼地埋藏量尚较大，但近些年来被有机肥生产企业大量开采利用，使其埋藏量也所剩无几。所以泥炭土类没有列入此项地力评价内容。

现以采自绥阳镇二段林场东南 1.5 千米处的 314 号剖面为例，其剖面形态特征如下：植被为塔头、薹草，地形为丘陵岗间洼地，地表常年积水，母质为沉积物。

A_S 层：0～20 厘米，草根层，富有弹性。

A_T 层：20～94 厘米，泥炭层，1982 年夏季挖 54 厘米下部为冻层，1983 年秋季挖 1 米，泥炭层为 94 厘米，下层为潜育层。

该土壤全量三要素含量很高，草根层和泥炭层的有机质均在 700 克/千克以上，境内各地草炭的碳氮比（C/N）为 16.33～26.13，平均 20.23，pH 均为微酸性，土壤吸收容量（土壤能吸收阳离子总量）为各土类首位，可见是较好的天然积造肥材料和改土原料。泥炭土化学性状见表 2-63。

表 2-63　泥炭土类化学性状（314 号剖面）

取样深度 （厘米）	全氮 （克/千克）	全磷 （克/千克）	全钾 （克/千克）	有机质 （克/千克）	pH	代换量 （me/百克土）
0～20	18.36	4.39	12.35	946.77	6.1	77.98
20～94	10.06	1.68	9.43	733.98	5.2	66.47

泥炭土由于冷湿，水分过多，目前不能开垦为农用或牧业用地，但它是很宝贵的资源，要珍惜。建议各地有计划合理地开采利用，如过圈后积造肥，在积肥时掺入过磷酸钙等磷素化肥同时沤制，提高肥效。泥炭土和农肥养分比较见表 2-64。

表 2-64　泥炭土和农肥养分比较

名称	全氮（克/千克）	全磷（克/千克）	全钾（克/千克）	有机质（克/千克）
泥炭	12.77	3.19	1.223	55.97
人粪	7.5～18.6	7.90～8.70	6.9～12.1	—
猪粪	3.0	22.50	25	—
羊粪	1.78	14.20	7.1	—
马粪	2.08	14.50	12.5	—
牛粪	1.87	15.60	6.2	—
堆肥	4.0～5.0	1.80～2.60	4.5～7.0	—
土粪	1.2～5.8	1.20～6.80	2.6～15.3	—

六、新积土类（泛滥土、冲积土、沙土）

新积土分布于河流两岸河漫滩地，土壤形成过程经常受水的泛滥影响而打乱，是河流的淤积过程和生草化过程或草甸化过程而形成。该土类的共性是含沙粒较多。该土壤面积为10 083.33公顷，占土壤总面积的1.36%。其中耕地面积5 561.93公顷，占总耕地面积的14.74%，除南天门外，其余乡（镇）均有分布，其中三岔口、东宁、大肚川、老黑山4个乡（镇）分布面积较多。见表2-65。

表2-65　各乡（镇）新积土面积统计

乡（镇）	新积土（公顷）	占本土壤面积（%）	其中耕地面积（公顷）	占本耕地土壤（%）
东宁镇	1 606.93	15.94	709.20	12.75
三岔口乡	2 051.13	20.34	967.33	17.39
大肚川镇	1 569.87	15.57	1 185.73	21.32
老黑山镇	1 503.87	14.91	1 017.01	18.28
道河乡	927.07	9.19	714.53	12.85
绥阳镇	982.80	9.75	421.93	7.59
金厂乡	781.33	7.75	244.87	4.40
细鳞河乡	351.33	3.48	114.00	2.05
黄泥河乡	309.00	3.07	187.33	3.37
南天门乡	0	0	0	0
合　计	10 083.33	100.00	5 561.93	100.00

根据新积土的发育程度和成土过程分为2个亚类，又根据母质和质地情况分为4个土属、5个土种（表2-66）。本次地力评价，新积土只划分1个亚类，2个土属，2个土种。

表2-66　新积土类面积统计

亚类	冲积土（原草甸河淤土）				冲积土（原生草河淤土）					
土属	沙质冲积土		砾质冲积土		沙质冲积土		砾质冲积土			
土种	薄层沙质冲积土（原壤质沙底草甸河淤土、土壤代码24号）		薄层砾质冲积土（原壤质砾石底草甸河淤土，土壤代码25号）		薄层沙质冲积土（原壤质沙底生草河淤土，土壤代码26号）		薄层砾质冲积土（原壤质砾石底生草河淤土，土壤代码27号）		薄层沙质冲积土（原沙质砾石底生草河淤土，土壤代码28号）	
地别	耕地	其他	耕地	其他	耕地	其他	耕地	其他	耕地	其他
面积（公顷）	1 455.60	981.27	2 415.00	1 104.87	906.93	637.60	592.80	669.27	191.60	1 115.07
占亚类面积（%）	24.44	16.47	40.54	18.55	21.98	15.45	14.37	16.22	4.64	27.34
占土类面积（%）	14.44	9.73	23.95	10.98	8.99	6.32	5.88	6.64	1.90	11.19
小计（公顷）	2 436.87		3 519.87		1 544.53		1 262.06		1 320.00	

（一）冲积土亚类（原草甸河淤土亚类）

该亚类是母质的淤积过程附加草甸化过程而形成的，该亚类多数分布于较高的河漫滩上，是历史上河流泛滥形成的。目前很少受洪水的干扰，所以有了较强的草甸化过程，层次发育也较明显。根据淤积母质分为沙底和砾石底2个土属，又根据表层质地分为2个土种。

1. 薄层沙质冲积土（原壤质沙底草甸河淤土、土壤代码为24号）　该土种面积为2 436.87公顷，占该土类面积的24.17％；其中耕地面积1 455.6公顷，占总耕地面积的3.86％。分布于道河、东宁、大肚川等乡（镇）的远河床或开阔的河漫滩平洼地，自然植被以小叶樟杂草类为主的草甸植被，表层为壤质，底土为沙底。

现以采自三岔口镇东南1.5千米处的66号剖面为例，其剖面形态特征如下：瑚布图河岸边，低平地，海拔96米，开垦15年左右。

A_1层：0～16厘米，灰黄色，粒状结构，植物根系较多，壤质，层次过渡明显。

A_P层：16～26厘米，灰黄色，结构不明显，壤质，植物根系少，层次过渡明显。

B层：25～73厘米，灰色，不明显的核状结构，植物根系少，层次过渡明显。

C层：73～132厘米，黄色，细沙，松散。

从上述剖面看，A层较厚，母质为冲积细沙。薄层沙质冲积土（原壤质沙底草甸河淤土）化学性状、农化样统计、物理性状见表2-67～表2-69。

表2-67　薄层沙质冲积土（原壤质沙底草甸河淤土）**化学性状**（66号剖面）

取样深度（厘米）	全氮（克/千克）	全磷（克/千克）	全钾（克/千克）	有机质（克/千克）	pH	代换量（me/百克土）
0～16	1.23	0.70	22.63	20.07	6.9	21.95
16～26	—	1.20	22.36	28.37	7.1	21.48
25～73	—	—	—	26.52	6.7	—
73～132	—	—	—	7.53	7	—

表2-68　薄层沙质冲积土（原壤质沙底草甸河淤土）**农化样统计**

项　目	平均值	标准差	最大值	最小值	极差	样品数
有机质（克/千克）	29.28	7.26	40.96	15.18	25.78	12
全　氮（克/千克）	1.29	0.53	2.21	0.06	2.05	12
碱解氮（毫克/千克）	115.68	24.97	150	80	70	12
有效磷（毫克/千克）	6.78	7.819	30.2	0.96	29.24	12
速效钾（毫克/千克）	149.8	33.3	246	123.9	22.1	12

表2-69　薄层沙质冲积土（原壤质沙底草甸河淤土）**物理性状**（66号剖面）

取样深度（厘米）	土壤各粒级含量（％）						物理黏粒	物理沙粒	质地名称
	0.25～1.0毫米	0.05～0.25毫米	0.01～0.05毫米	0.005～0.01毫米	0.001～0.005毫米	<0.001毫米			
0～16	1.09	38.35	31.96	7.22	3.30	16.08	26.60	73.4	轻壤
16～26	4.74	36.70	31.96	6.19	3.92	16.49	26.6	73.4	轻壤
25～73	18.66	25.06	22.88	9.89	9.08	14.43	33.4	66.6	中壤
73～132	15.31	52.85	14.70	4.08	0.82	12.24	17.14	82.86	沙壤

该土壤表层养分含量稍低，有效磷很低，有机质、全氮含量稍低，速效钾较充足，pH 为中性。

该土壤容重表土层为 1.09 克/立方厘米、心土层为 1.14 克/立方厘米，总孔隙度表土层为 57.8%、心土层为 56.33%，毛管孔隙度表土层为 44.58%、心土层为 49.13%，通气孔隙度表土层为 13.3%、心土层为 7.2%。耕层和犁底层容重有差异，C 层主要是沙粒。

总之，该土种质地轻、热潮、养分转化快，潜在肥力较低，但耕地只要多施优质农肥、精耕细作、积极防洪，就是比较好的农田。但必须注意易于脱肥的状况，施肥时又须注意漏肥的特点。

2. 薄层砾质冲积土（原壤质砾石底草甸河淤土，土壤代码为 25 号） 该土种面积 3 519.87公顷，占该土类面积的 34.91%；其中耕地 2 415 公顷，占总耕地面积的 6.4%。分布情况及自然植被和 24 号土基本相同，不同点是心土层为砾石底。

现以采自东宁镇大城子北 1 千米处的 37 号剖面为例，其剖面形态特征如下：位于绥芬河南岸平川耕地。

A 层：0～20 厘米，黄棕色，粒状结构，壤质，有少量云母片，层次过渡明显。

AB 层：20～50 厘米，黄棕色，粒状结构，壤质，有锈斑，层次过渡明显。

B 层：50～110 厘米，黄色，沙壤，松散，有云母片，层次过渡明显。

C 层：110～135 厘米，黄色，沙砾石，有云母片。

薄层砾质冲积土（原壤质砾石底草甸河淤土）化学性状、农化样统计见表 2-70、表 2-71。

表 2-70 薄层砾质冲积土（原壤质砾石底草甸河淤土）**化学性状**（37 号剖面）

取样深度（厘米）	全氮（克/千克）	全磷（克/千克）	全钾（克/千克）	有机质（克/千克）	pH	代换量（me/百克土）
0～20	0.96	1.24	25.2	20.38	6.4	13.81
20～50	0.66	1.09	22.43	14.08	6.2	13.78
50～110	—	—	—	22.09	6.5	—
110～135				5.6	6.6	

表 2-71 薄层砾质冲积土（原壤质砾石底草甸河淤土）**农化样统计**

项 目	平均值	标准差	最大值	最小值	极差
有机质（克/千克）	33.5	9.9	43.7	16.8	26.8
全 氮（克/千克）	1.4	0.47	2.38	0.88	1.55
碱解氮（毫克/千克）	143.2	55.75	231	70	161
有效磷（毫克/千克）	9.47	6.98	21.8	0.43	21.37
速效钾（毫克/千克）	171.75	58.73	274.6	102.8	117.8

从表 2-70、表 2-71 看出，表层 pH 微酸性，耕层速效养分含量和有机质略高于 24 号土种。说明这种土壤的通透性比前者强，土质热潮，矿化度大。但是由于土体供应量低，往往出现脱肥漏肥现象，所以耕地的施肥应特别注意此点。为了改良其水、气、热状

况，促其形成托水保肥的性能，必须采取重施农家肥（并以牛粪等凉性肥料为主），辅以客土压沙的措施。

薄层砾质冲积土（原壤质砾石底草甸河淤土）物理性状见表 2-72。

表 2-72 薄层砾质冲积土（原壤质砾石底草甸河淤土）**物理性状**（37 号剖面）

取样深度（厘米）	土壤各粒级含量（%）								质地名称
	0.25~1.0 毫米	0.05~0.25 毫米	0.01~0.05 毫米	0.005~0.01 毫米	0.001~0.005 毫米	<0.001 毫米	物理黏粒	物理沙粒	
0~20	1.84	54.02	19.41	5.11	7.16	12.46	24.73	75.27	轻壤
20~50	0.41	61.51	13.29	5.11	6.13	13.49	24.73	75.27	轻壤
50~110	20.92	37.25	19.29	4.06	7.11	11.37	22.54	77.46	轻壤
110~135	72.93	18.81	19.29	1.01	2.01	5.24	8.26	91.74	沙土

该土壤容重表土层为 1.08 克/立方厘米、心土层为 1.09 克/立方厘米，总孔隙度表土层为 58.31%、心土层为 57.88%，毛管孔隙度表土层为 52.74%、心土层为 53.13%，通气孔隙度表土层为 5.57%、心土层为 4.75%。

总之，该土种和 24 号土养分物理化学性状基本相同，质地轻、热潮、养分转化快，潜在肥力较低，应注意多施优质农肥，注意防洪。

（二）冲积土亚类（原生草河淤土亚类）

生草河淤土是江河两岸的冲积沙经过生草化过程发育而成。多发育在低河漫滩地，常受到河流的干扰，生草过程常被打断。根据淤积母质分为沙底和砾石底 2 个土属，又根据表层质地分为 3 个土种。

1. 薄层沙质冲积土（原壤质沙底生草河淤土，土壤代码为 26 号）　该土种面积为 1 544.53 公顷，占该土类面积的 15.32%；其中耕地 906.93 公顷，占总耕地面积的 2.40%。主要分布于东宁、绥阳、金厂等 5 个乡（镇）的河流两岸靠近河边的沙滩。

现以采自绥阳镇北老莱营村南 700 米处 317 号剖面为例，其剖面形态特征如下：位于靠小绥芬河的河漫滩耕地，地下水位 2 米左右。

A 层：0~17 厘米，灰色，小粒状结构，壤质，植物根系较多，层次过渡明显。

AB 层：17~35 厘米，淡黄色，沙壤，有锈斑，层次过渡明显。

BC 层：35~52 厘米，黄色，壤质，层次过渡明显。

C 层：52~140 厘米，黄色，沙子底。

从上述剖面看：剖面层次分化不明显，底层为沙子。薄层沙质冲积土（原壤质沙底生草河淤土）化学性状、农化样统计、物理性状见表 2-73~表 2-75。

表 2-73 薄层沙质冲积土（原壤质沙底生草河淤土）**化学性状**（317 号剖面）

取样深度（厘米）	全氮（克/千克）	全磷（克/千克）	全钾（克/千克）	有机质（克/千克）	pH	代换量（me/百克土）
0~17	1.11	1.12	31.89	28.29	6.4	11.58
17~35	0.64	1.48	32.76	15.17	6.7	11.57
35~52	—	—	—	6.79	6.65	—

表 2-74　薄层沙质冲积土（原壤质沙底生草河淤土）农化样统计

项　　目	平均值	标准差	最大值	最小值	极差
有机质（克/千克）	36.04	8.75	39.53	12.05	27.48
全　氮（克/千克）	1.45	0.58	2.24	0.58	1.66
碱解氮（毫克/千克）	73.238	38.86	100	10	90
有效磷（毫克/千克）	6.40	6.112	19.2	1.84	17.36
速效钾（毫克/千克）	155.8	46.2	354.8	114.42	140.38

表 2-75　薄层沙质冲积土（原壤质沙底生草河淤土）物理性状（317 号剖面）

取样深度（厘米）	土壤各粒级含量（%）								质地名称
	0.25~1.0 毫米	0.05~0.25 毫米	0.01~0.05 毫米	0.005~0.01 毫米	0.001~0.005 毫米	<0.001 毫米	物理黏粒	物理沙粒	
0~17	1.02	5.71	29.39	14.9	12.25	36.73	63.82	36.12	轻壤
17~35	21.22	37.96	19.39	6.12	1.23	14.08	21.43	78.57	轻壤
35~52	42.22	38.59	8.08	2.02	1.01	8.08	11.11	88.89	沙壤

该土壤容重表土层为 1.15 克/立方厘米、心土层为 1.20 克/立方厘米，总孔隙度表土层为 56%、心土层为 54.36%，毛管孔隙度表土层为 46.25%、心土层为 46.85%，通气孔隙度表土层为 9.75%、心土层为 7.5%。表土速效养分和有机质含量稍低，有效磷偏低。

总之，该土种潜在肥力低，质地轻、热潮、养分转化快，耕地要多施优质农肥，并注意防洪。

2. 薄层砾质冲积土（原壤质砾石底生草河淤土，土壤代码为 27 号）　该土种面积为 1 262.06 公顷，占该土类面积的 12.52%；其中耕地 590.8 公顷，占总耕地面积的 1.57%。主要分布于三岔口、东宁、大肚川等 4 个乡（镇）的河流两岸低河滩上。

现以采自东宁镇一街四队加工厂北 500 米处的 39 号剖面为例，其剖面形态特征如下：耕地种植玉米，母质为冲积物，pH 为微酸性。

A 层：0~50 厘米，黄色，粉沙壤质，有云母片，层次过渡明显。

BC 层：50~83 厘米，黄色，含有大量沙石，云母片较多，层次过渡不明显。

C 层：83~103 厘米，棕黄色，含有大量沙石，层次过渡不明显。

从上述剖面看：A 层较厚，颜色较浅，粉沙壤质，BC 层有大量沙石，底层以砾石为主。薄层砾质冲积土（原壤质砾石底生草河淤土）化学性状、农化样统计、物理性状见表 2-76~表 2-78。

表 2-76　薄层砾质冲积土（原壤质砾石底生草河淤土）化学性状（39 号剖面）

取样深度（厘米）	全氮（克/千克）	全磷（克/千克）	全钾（克/千克）	有机质（克/千克）	pH	代换量（me/百克土）
0~50	0.64	1.24	22.75	10.94	6.6	12.433
50~83	0.31	0.83	24.24	4.85	6.6	6.740
83~103	—	—	—	9.1	6.6	—

表 2-77　薄层砾质冲积土（原壤质砾石底生草河淤土）农化样统计

项　　目	平均值	标准差	最大值	最小值	极差
有机质（克/千克）	19.57	6.15	26.88	12.27	14.6
全　氮（克/千克）	0.99	0.47	1.69	0.48	1.21
碱解氮（毫克/千克）	88.0	62.26	160.0	30.0	130.0
有效磷（毫克/千克）	5.69	4.712	12.6	2.01	10.59
速效钾（毫克/千克）	101.5	35.34	150.94	68.44	82.6

表 2-78　薄层砾质冲积土（原壤质砾石底生草河淤土）物理性状（39 号剖面）

取样深度（厘米）	土壤各粒级含量（%）						物理黏粒	物理沙粒	质地名称
	0.25～1.0 毫米	0.05～0.25 毫米	0.01～0.05 毫米	0.005～0.01 毫米	0.001～0.005 毫米	<0.001 毫米			
0～50	22.17	46.49	11.40	4.48	6.10	9.36	19.94	80.06	沙壤
50～83	76.11	15.63	1.01	3.02	1.01	3.22	7.25	92.75	沙壤
83～103	6.19	68.14	9.16	3.05	5.09	9.37	17.51	81.49	沙壤

　　该土种从 39 号剖面的理化性状看，各层次由于冲积、淤积程度不同，养分含量没有规律性。

　　该土壤容重表土层为 1.11 克/立方厘米、心土层为 1.19 克/立方厘米，总孔隙度表土层为 57.32%、心土层为 54.68%，毛管孔隙度表土层为 43.67%、心土层为 46.73%，通气孔隙度表土层为 13.65%、心土层为 7.95%。

　　总之，该土种理化性状不如薄层砾质冲积土（原壤质砾石底草甸河淤土），应增施农肥，提高土壤肥力。

　　3. 薄层砾质冲积土（原沙质砾石底生草河淤土，土壤代码为 28 号）　该土种面积为 1 320公顷，占本土类面积的 13.09%；其中耕地面积 191.6 公顷，占总耕地面积的 0.51%。主要分布于三岔口、东宁等 5 个乡（镇）的河流两岸，经常受洪水泛滥影响的沙石滩。

　　现以采自东宁镇一街地（转角楼河南岸）40 号剖面为例，其剖面形态特征如下：

　　A 层：0～19 厘米，深黄色，沙子，层次过渡明显。

　　C_1 层：19～96 厘米，黄色，纯沙，砾石。

　　C_2 层：96～117 厘米，河卵石。

　　从上述剖面看：A 层较厚，颜色较浅，粉沙壤质，BC 层有大量沙石，底层以砾石为主。薄层砾质冲积土（原沙质砾石底生草河淤土）化学性状见表 2-79。

表 2-79　薄层砾质冲积土（原沙质砾石底生草河淤土）化学性状（40 号剖面）

取样深度（厘米）	全氮（克/千克）	全磷（克/千克）	全钾（克/千克）	有机质（克/千克）	pH	代换量（me/百克土）
0～19	4.36	0.98	35.13	16.52	7.3	8.23
19～96	沙石	沙石	沙石	—	—	—
96～117	沙石	沙石	沙石	—	—	—

从表 2-79 可以看出，沙质砾石底生草河淤土，只有表层含有较少养分。pH 为 7.3，中性。表层下沙石，养分极微少。经采集表层农化样测定，碱解氮 45.2 毫克/千克、有效磷 6.16 毫克/千克、速效钾 83.6 毫克/千克，速效养分同样含量较低。

总之，该土种处在经常受洪水泛滥的河卵石滩，表层含沙较多，底层为卵石，养分贫瘠，春秋风蚀严重，应修筑防洪堤，营造防风固沙林。

七、水 稻 土

水稻土是自然土壤或旱耕土壤经过长期淹水种稻发育而成，水稻土是人类创造的一个特殊土壤，是典型的农业生产活动的产物，是耕作土壤中人为作用最深刻的土壤之一，是由自然土壤或旱耕土壤淹水而形成。东宁市种水稻历史有近百年，而多数水稻土是新中国成立前后形成的，加之淹水时间短（4～5 个月），撤水期和冻结期长，为一季稻。因此，发育程度不高，剖面变化不太明显，仍遗留着前身土壤的特性。至于水稻土的命名也是按照前身土壤的类别划分其亚类、土属和土种。

在水稻土的形成过程中，由于干湿交替、水稻连作等原因，有机质的分解与合成、物质的氧化与还原比较特殊，人为创造成为主导过程，改变了原土壤的形成方向、循环关系、形态特征和肥力状况。

典型剖面特征为：淹育层（A）也叫耕作层，犁底层（AP），渗育层（P），潴育层（W）也叫淀积层，潜育层（G），母质层（C）等层次组成。

东宁市境内该土类面积 3 057.27 公顷，均为耕地，占总土壤面积的 0.41%，占耕地面积的 8.1%。水稻土分为 4 个亚类、5 个土属、6 个土种。

（一）淹育水稻土亚类（原白浆土型水稻土亚类）

该亚类分布于东宁、三岔口、大肚川 3 个乡（镇），面积为 252.07 公顷，占该土类面积的 8.24%；又根据原土壤特征分为：白浆土型淹育水稻土和草甸土型淹育水稻土 2 个土属，2 个土种。

1. 白浆土型淹育水稻土（原白浆土型水稻土，土壤代码为 29 号） 该土种面积为 133.34 公顷，占本土类面积的 4.36%，占总耕地面积的 0.35%。分布于三岔口、大肚川 2 个乡（镇）的岗地缓坡下部。

现以采自三岔口乡五星村西 700 米处的 71 号剖面为例，其剖面形态特征如下：改水田 10 年左右，还保持着原白浆土中下层的特征。

A_1 层：0～20 厘米，暗灰色，结构不明显，有根孔锈纹，植物根系较多，层次过渡不明显。

A_w 层：20～33 厘米，灰色，无结构，黏，有铁锈斑，植物根系少，层次过渡明显。

B_1 层：33～50 厘米，棕灰色，小核状结构，外面有胶膜，层次过渡不明显。

B_2 层：50～80 厘米，灰褐色，核状结构，外面有胶膜，有铁锈结核。

白浆土型淹育水稻土（原白浆土型水稻土）化学性状、农化样统计见表 2-80、表 2-81。

表 2-80　白浆土型淹育水稻土（原白浆土型水稻土）化学性状（71 号剖面）

取样深度 （厘米）	全氮 （克/千克）	全磷 （克/千克）	全钾 （克/千克）	有机质 （克/千克）	pH	代换量 （me/百克土）
0～20	1.4	0.71	37.37	33.96	6.7	21.56
20～33	0.74	0.55	38.57	17.64	7.0	25.46
33～50	—	—	—	14.6	6.6	—
50～80	—	—	—	10.57	6.9	—

表 2-81　白浆土型淹育水稻土农化样统计

项　目	平均值	标准差	最大值	最小值	极差
有机质（克/千克）	24.49	4.59	28.74	19.63	9.11
全　氮（克/千克）	1.20	0.30	1.55	0.98	0.57
碱解氮（毫克/千克）	116.67	20.816	140	100	40.0
有效磷（毫克/千克）	12.9	9.235	23.2	5.35	17.85
速效钾（毫克/千克）	139.09	12.74	152.15	126.7	26.45

综上所述，从该土种通体养分含量看，层次间差异相对减少，剖面下层比上层黏，pH 为中性，应注意改善土壤质地状况。

2. 白浆土型淹育水稻土（原草甸白浆土型水稻土、土壤代码为 30 号）　该土种面积为 118.73 公顷，占本土类面积的 3.88%，占总耕地面积的 0.31%。分布于东宁、三岔口 2 个镇的岗地缓坡下部。

现以采自东宁镇东绥村北 200 米处的 42 号剖面为例，其剖面形态特征如下：旱改水 20 多年，剖面基本特征还保持草甸白浆土的基本特征。

A 层：0～13 厘米，暗灰色，结构不明显，较黏，有根孔锈纹，植物根系较多，层次过渡明显。

P 层：13～26 厘米，暗灰色，片状结构，黏，植物根系少，层次过渡不明显。

B_1 层：26～36 厘米，暗灰色，小核状结构，外面有胶膜，层次过渡不明显。

B_2 层：36～88 厘米，暗灰色，核状结构，外面有胶膜，有铁锰结核和锈斑。

白浆土型淹育水稻土（原草甸白浆土型水稻土）化学性状见表 2-82。

表 2-82　白浆土型淹育水稻土（原草甸白浆土型水稻土）化学性状（42 号剖面）

取样深度 （厘米）	全氮 （克/千克）	全磷 （克/千克）	全钾 （克/千克）	有机质 （克/千克）	pH	代换量 （me/百克土）
0～13	1.3	0.64	35.54	33.33	6.3	26.48
13～26	0.82	0.60	35.68	23.31	6.6	23.20
26～36	—	—	—	15.65	6.9	—
36～88	—	—	—	14.82	6.5	—

从表 2-82 可以看出，养分含量接近草甸白浆土，有机质少于草甸白浆土，通体 pH

为中性或接近中性。该土壤通体养分含量比 29 号土高，但由于这种土壤受地下水的浸润作用，所以土体较凉，对于养分的速效化有一定的影响。又由于前身土壤通体黏紧，所以要解决好该土壤根系活动层内的质地过黏问题，应采取增施有机肥，尤其是热性肥料，深翻深松等方法，以解决土体结构和养分不适应的矛盾。

（二）淹育水稻土亚类

该亚类土壤划分为草甸土型淹育水稻土 1 个土属，中层草甸土型淹育水稻土（原草甸土型水稻土）1 个土种。

中层草甸土型淹育水稻土（原草甸土型水稻土，土壤代码为 31 号）　该土种面积为 1 440.6 公顷，占本类面积的 47.12%，占总耕地面积 3.82%。主要分布于三岔口、大肚川、东宁等 5 个乡（镇）的平川低地。

现以采自三岔口村七队水闸门东北 150 米处的 79 号剖面为例，其剖面形态特征如下：位于低平地带，水稻种植时间 30 年左右。

A 层：0～28 厘米，暗灰色，无结构，黏，有根孔锈纹，植物根系较多，层次过渡较明显。

P 层：28～43 厘米，暗灰色，片状结构，黏，锈斑较多，有植物根系，层次过渡明显。

B 层：43～75 厘米，棕灰色，核状结构，黏，有潜育斑。

中层草甸土型淹育水稻土（原草甸土型水稻土）化学性状、农化样统计见表 2-83、表 2-84。

表 2-83　中层草甸土型淹育水稻土（原草甸土型水稻土）化学性状（79 号剖面）

取样深度（厘米）	全氮（克/千克）	全磷（克/千克）	全钾（克/千克）	有机质（克/千克）	pH	代换量（me/百克土）
0～28	1.26	1.57	35.43	28.48	6.7	29.49
28～43	1.41	0.93	35.61	33.05	7.0	33.84
43～75	—	—	—	25.53	6.9	—

表 2-84　中层草甸土型淹育水稻土（原草甸土型水稻土）农化样统计

项　目	平均值	标准差	最大值	最小值	极差
有机质（克/千克）	42.18	13.8	91.82	21.76	70.06
全　氮（克/千克）	1.82	0.56	3.35	1.08	2.32
碱解氮（毫克/千克）	144.3	38.6	220	62	158
有效磷（毫克/千克）	4.5	3.598	11.4	0.53	10.87
速效钾（毫克/千克）	168.5	81.16	462.16	115.1	347.06

从表 2-83、表 2-84 可以看出，通体养分含量低于草甸土，速效养分含量较高，但有效磷较低，有机质含量低于草甸土。

该土种通体质地黏，底土层比表层黏，由于下层质地黏重，地下水位较高，加之毛细管作用力强，因此通体处于低温冷浆，磷容易被还原物质固定而致土壤有效磷极低。应注意改善不良的物理特性，加深排水沟降低地下水位，增施磷肥。

（三）淹育水稻土亚类（原河淤土型水稻土亚类）

该亚类土壤划分为冲积土型淹育水稻土 1 个土属，中层冲积土型淹育水稻土（原壤质层状生草河淤土型水稻土、沙质砾石底生草河淤土型水稻土 2 个土种）。该亚类分布于东宁、三岔口、大肚川 3 个乡（镇）的河岸平地，面积为 1 307.48 公顷，占该土类面积的 42.77%，占总耕地面积的 3.47%。

1. 中层冲积土型淹育水稻土（原壤质层状生草河淤土型水稻土，土壤代码为 33 号）面积为 1 270.53 公顷，占本土类面积的 41.56%，占总耕地面积的 3.37%。分布于三岔口、东宁、大肚川 3 个乡（镇）。

现以采自三岔口村砖厂北二队地的 83 号剖面为例，其剖面形态特征如下：改水田 10 多年，基本保持原土壤的特征。

A 层：0～32 厘米，暗棕色，无结构，壤质，有大量根孔锈纹，植物根系多，层次过渡不明显。

P 层：32～47 厘米，暗灰色，层状，重壤，有铁锈斑，植物根系少，层次过渡明显。

BC 层：47～80 厘米，浅黄色，结构不明显，轻壤，有云母片。

中层冲积土型淹育水稻土（原壤质层状生草河淤土型水稻土）化学性状、农化样统计见表 2-85、表 2-86。

表 2-85　中层冲积土型淹育水稻土（原壤质层状生草河淤土型水稻土）**化学性状**（83 号剖面）

取样深度（厘米）	全氮（克/千克）	全磷（克/千克）	全钾（克/千克）	有机质（克/千克）	pH	代换量（me/百克土）
0～32	1.32	1.29	41.12	31.66	7.1	24.42
32～47	1.30	1.40	29.13	27.39	7.1	26.38
47～80	—	—	—	12.66	6.8	—

表 2-86　中层冲积土型淹育水稻土（原壤质层状生草河淤土型水稻土）**农化样统计**

项　目	平均值	标准差	最大值	最小值	极差
有机质（克/千克）	35.5	12.98	63.38	19.57	43.81
全　氮（克/千克）	1.51	0.434	2.54	0.84	1.68
碱解氮（毫克/千克）	115.8	39.187	180	60	120
有效磷（毫克/千克）	2.507	1.538	5.76	0.53	5.23
速效 K（毫克/千克）	129.36	38.23	192.73	64.58	128.15

从表 2-85、表 2-86 可以看出，养分含量略高于原土壤，但有效磷仍很低，pH 为中性。说明这种土壤在淹水条件下，缓和了原土壤水、气、热的矛盾，使矿化和积累的矛盾缓和，协调了供应容量低、供应强度大的矛盾。但是由于原来土壤残留性质的影响仍比较强烈，所以该土壤通气性强，保水性差、漏水，养分供应强度大，易于产生后期脱肥，因此要多施优质农肥，深翻深松，加深耕层。

2. 中层冲积土型淹育水稻土（原沙质砾石底生草河淤土型水稻土、土壤代码为 34 号） 该土种面积为 36.93 公顷，占本土类面积的 1.21％，占总耕地面积的 0.10％。分布于东宁、三岔口 2 个乡（镇）的河岸边。现以采自于东宁镇夹信子二队东，旱改水 3 年的 46 号剖面为例，其剖面形态特征如下：

A 层：0～20 厘米，黄棕色，无结构，轻壤质，有根孔锈纹，植物根系多，层次过渡明显。

C_1 层：20～77 厘米，浅黄色，无结构，沙石，有云母片，植物根系少，层次过渡不明显。

C_2 层：77～120 厘米，浅黄色，卵石层，有大量云母片。

该剖面的化学性质为：表层全氮含量 1.19 克/千克、全磷含量 1.07 克/千克、全钾含量 34.65 克/千克、有机质含量 26.01 克/千克、pH 为 5.7、代换量为 16.14 me/百克土，往下 2 个心土层均为沙石。

总之，该土种表层沙质，底土为砾石，所以通透性强，保水性能差，漏水、脱肥、氧化过程强，矿化度高，供应强度大，所以，多施农肥，逐年加深耕层。生育期分期追肥，灌溉时要注意多灌、勤灌，在水田药剂灭草时要严格控制用药量，以免受药害。

（四）潜育水稻土亚类（原沼泽土型水稻土亚类）

该亚类土壤划分为沼泽土型潜育水稻土 1 个土属，厚层沼泽土型潜育水稻土（原沼泽土型水稻土，土壤代码为 32 号）1 个土种。分布于三岔口、东宁 2 个镇的低洼地，面积只有 57.13 公顷，占总耕地面积的 0.15％。

现以采自三岔口乡五星三队西北 500 米处的 80 号剖面为例，其剖面形态特征如下：原沼泽土直接开垦种植水稻 18 年。

A 层：0～10 厘米，灰蓝色，无结构，黏，有根孔锈纹，植物根系多，层次过渡明显。

P 层：10～29 厘米，灰蓝色，无结构，黏，有锈斑，植物根系较多，层次过渡明显。

W 层：29～52 厘米，蓝灰色，粒状结构，黏，根系少，层次过渡明显。

B_g 层：52～83 厘米，暗灰色，结构不明显，黏，层次过渡明显。

G_1 层：83～104 厘米，黄棕色，无结构，黏。

厚层沼泽土型潜育水稻土（原沼泽土型水稻土）化学性状、农化样统计见表 2-87、表 2-88。

表 2-87 厚层沼泽土型潜育水稻土（原沼泽土型水稻土）**化学性状**（80 号剖面）

取样深度 （厘米）	全氮 （克/千克）	全 P （克/千克）	全 K （克/千克）	有机质 （克/千克）	pH	代换量 （me/百克土）
0～10	5.9	1.73	22.15	139.47	7.9	47.35
10～29	6.01	2.20	25.08	147.58	7.5	53.61
29～52	—	—	—	54.15	7.0	—
52～83	—	—	—	50	7.25	—
83～104	—	—	—	20.706	7.35	—

表2-88　厚层沼泽土型淹育水稻土（原沼泽土型水稻土）农化样统计

项　目	平均值	标准差	最大值	最小值	极差
有机质（克/千克）	75.41	68.05	152.52	23.98	128.54
全　氮（克/千克）	2.99	1.92	5.21	1.74	3.47
碱解氮（毫克/千克）	203.3	153.73	380	100	280
有效磷（毫克/千克）	1.51	0.679	2.47	1	1.47
速效钾（毫克/千克）	127.69	18.99	147.53	109.68	38.85

　　从表2-87、表2-88可以看出，该土壤有效磷含量极低，其他养分含量较高。总之，该土壤通体质地黏重，上层淹水，下层受地下水潴积处于还原状态，潜在肥力高，但供应强度低，尤其有效磷被还原物质固定而缺乏。因此，要深挖排水沟，降低地下水位，同时要注意增施磷肥，保证土壤的氮、磷供应。

　　水稻土机械组成分析结果见表2-89。

表2-89　水稻土机械组成分析结果

土壤名称	代号	剖面号	层次	取样深度（厘米）	土壤各粒级含量（%）						物理黏粒	物理沙粒	质地名称
					0.25~1.0毫米	0.05~0.25毫米	0.01~0.05毫米	0.005~0.01毫米	0.001~0.005毫米	<0.001毫米			
白浆土型淹育水稻土（原白浆土型水稻土）	29	71	A₁	0~20	5.83	13.34	25.41	14.57	15.83	25.00	55.42	44.58	轻黏土
			Aw	20~33	4.31	12.15	21.46	12.91	20.00	29.17	62.08	37.92	轻黏土
			B₁	33~60	3.63	7.67	18.84	12.85	18.42	38.54	69.81	30.19	中黏土
白浆土型淹育水稻土（原草甸白浆土型水稻土）	30	42	A₁	0~13	2.21	9.55	29.42	21.60	16.39	29.93	58.82	41.18	轻黏土
			P	13~26	2.94	10.37	29.17	14.58	13.75	29.17	57.50	42.50	轻黏土
			B₁	26~36	3.15	10.72	24.16	14.70	22.06	25.21	61.97	38.03	轻黏土
中层草甸土型淹育水稻土（原草甸土型水稻土）	31	79	A₁	0~28	1.47	11.14	33.61	12.62	13.09	28.09	53.52	46.48	重壤土
			P	28~43	0.42	15.09	19.66	14.83	19.92	30.08	64.83	35.17	轻黏土
			B	43~75	1.07	3.43	25.69	29.70	22.27	27.84	69.81	30.19	中黏土
厚层沼泽土型潜育水稻土（原沼泽土型水稻土）	32	80	A₁	0~10	0.66	11.21	34.72	15.83	16.70	20.88	53.41	46.59	轻黏土
			P	10~29	5.05	13.41	30.77	17.58	13.41	19.78	50.77	49.23	轻黏土
			W	29~52	0.93	10.30	32.24	17.28	28.29	13.96	58.53	41.47	轻黏土
			Bg	52~83	2.36	7.49	40.60	17.13	2.35	29.98	49.46	50.54	重壤土
中层冲积土型淹育水稻土（原壤质层状生草河淤土型水稻土）	33	83	A	0~32	3.33	26.67	31.87	9.80	9.58	18.75	38.13	61.87	中壤土
			P	32~47	4.27	23.23	30.62	19.80	1.25	20.83	41.88	58.12	重壤土
			BC	47~80	2.68	42.47	32.99	6.19	5.36	10.31	21.86	78.14	轻壤土
中层冲积土型淹育水稻土（原沙质砾石底生草河淤土型水稻土）	34	46	A	0~20	30.82	21.02	22.45	7.14	0.20	18.37	25.71	74.29	轻壤土
			C₁	20~77	—	—	—	—	—	—	—	—	
			C₂	77~120	—	—	—	—	—	—	—	—	

第三章　耕地地力评价技术路线

第一节　调查方法与内容

一、调查方法

东宁市本次耕地地力调查工作采取的方法是内业调查与外业调查相结合的方法。内业调查主要包括图件资料的收集和文字资料的收集；外业调查包括耕地的土壤调查、环境调查和农业生产情况的调查。

（一）内业调查

1. 基础资料准备　包括图件资料、文件资料和数字资料3种。

（1）图件资料：主要包括1982年第二次土壤普查编绘的1∶50 000的《东宁市土壤图》、国土资源局土地详查时编绘的1∶50 000的《东宁市土地利用现状图》、1∶100 000的《东宁市地形图》和1∶100 000的《东宁市行政区划图》。

（2）数字资料：主要采用东宁市统计局最新的统计数据资料。东宁市耕地总面积采用统计局统计上报的面积为56 177公顷，其中，旱田52 561公顷，水田3 616公顷。

（3）文件资料：包括东宁市第二次土壤普查编写的《东宁市土壤》《东宁市志》和《东宁市气象服务应用手册》等。

2. 参考资料、补充调查资料准备　对上述资料记载不够详尽，或因时间推移利用现状发生变化的资料等，进行了专项的补充调查。主要包括：近年来农业技术推广概况，如良种推广、科技施肥技术的推广、新肥料的引进、病虫鼠害防治等；农业机械，特别是耕作机械的种类、数量、应用效果等；水田种植面积、生产状况、产量等方面的改变与调整进行了补充调查。

（二）外业调查

外业调查包括土壤调查、环境调查和农户生产情况调查。主要方法如下：

1. 布点　布点是调查工作的重要一环，正确的布点能保证获取信息的典型性和代表性；能提高耕地地力调查与质量评价成果的准确性和可靠性；能提高工作效率，节省人力和资金。

（1）布点原则：代表性、兼顾均匀性：首先，要考虑到东宁市耕地的典型土壤类型和土地利用类型；其次，耕地地力调查布点要与土壤环境调查布点相结合。

典型性：样本的采集必须能正确反应样点代表区域内的土壤肥力变化和土地利用方式的变化。采样点布设在利用方式相对稳定，避免各种非正常因素干扰的地块。

比较性：尽可能在第二次土壤普查的采样点上布点，以反映第二次土壤普查以来的耕地地力和土壤质量的变化。

均匀性：同一土类、同一土壤利用类型在不同区域内尽量保证点位的均匀性。

（2）布点方法：采用专家经验法，聘请了熟悉东宁市情况，参加过第二次土壤普查的有关技术人员参加工作，依据布点原则，确定调查的采样点。具体方法如下：

修订土壤分类系统：为了便于以后黑龙江省耕地地力调查工作的汇总和本次评价工作的实际需要，我们把东宁市第二次土壤普查确定土壤分类系统归并到省级分类系统。东宁市原有的分类系统为 7 个土类、16 个亚类、25 个土属和 34 个土种，共计 34 个上图单元，归并到省级分类系统为 7 个土类、12 个亚类、21 个土属、26 个土种。

确定调查点数和布点：大田调查点数的确定和布点。按照平均每个点代表 65～100 公顷的要求，在确定布点数量时，以这个原则为控制基数，在布点过程中，充分考虑了各土壤类型所占耕地总面积的比例、耕地类型及点位的均匀性等。然后将《土地利用现状图》和《东宁市土壤图》叠加，将叠加后的图像作为一个图层添加到谷歌地球软件里，再用谷歌地球软件精确确定调查点位。在土壤类型和耕地利用类型相同的不同区域内，保证点位均匀分布。东宁市各类土壤初步确定点位 1 079 个，分别为：暗棕壤 304 个、白浆土 325 个、沼泽土 20 个、草甸土 190 个、新积土 156 个和水稻土 84 个。

从谷歌地图上将定好的点保存为 kml 格式文件，再将 kml 格式地标点文件转换成 EXCEL 文档。每个乡（镇）一份采样点位表，一份采样点位图。EXCEL 文档中的点位坐标既可批量导入到 GPS 定位仪中进行导航形式找点，也可参考采样点位表、图（逐点寻找）找到目标采样点。

采样时每个点都进行容重调查采样，用环刀法取出的土样，完整地取出放入塑料密封拉链袋中。记好标签，带回实验室进行测定。

2. 采样　土样采样方法：在作物收获后进行取样。

（1）野外采样田块确定：根据点位图、表，到点位所在的村屯，首先向当地农民了解本村的农业生产情况，确定最佳的采样行走路径；依据田块的准确方位修正点位图上的点位位置，并用 GPS 定位仪进行定位。

（2）调查、取样：向已确定采样田块的户主，按调查表格的内容逐项进行调查填写。在该田块中按旱田 0～40 厘米土层采样；采用 X 法、S 法、棋盘法等其中任何一种方法，均匀随机采取 15～20 个采样点，充分混合后，用四分法留取 1 千克，写好标签。

二、调查内容与步骤

（一）调查内容

按照《耕地地力调查与质量评价技术规程》（以下简称《规程》）的要求，对所列项目，如：立地条件、剖面性状、土壤整理、栽培管理和污染等情况进行了详细调查。为更透彻地分析和评价，对附表中所列的项目无一遗漏，并按说明所规定的技术范围来描述。对附表未涉及，但对当地耕地地力评价又起着重要作用的一些因素，在表中附加，并将相应的填写标准在表后注明。

调查内容分为：基本情况、化肥使用情况、农药使用情况、产品销售调查等。

（二）调查步骤

东宁市耕地地力调查工作大体分为 3 个阶段。

第一阶段：准备阶段 2009 年 7 月 5 日至 2011 年 3 月，此阶段主要工作是收集、整理、分析资料。具体内容包括：

（1）统一采样调查编号：东宁市共 6 个镇，编号以乡（镇）名称的拼音首个字母和 3 位自然数（001~N）组成。在一个镇内，采样点编号从 001 开始顺序排列至 N（001~N）。在东宁市东宁镇、大肚川镇、道河镇，这 3 个镇的首个字母都是 D，这样东宁镇和道河镇就把第二个字的首个字母用于编号。绥阳镇和三岔口镇的首个字母也是相同，我们就把三岔口镇改用了第二个字的首个字母。

（2）确定调查点数和布点：东宁市共确定调查点位 1 079 个。以这些点位所在的镇、村为单位，填写了《调查点登记表》，主要说明调查点的地理位置、采样编号和土壤名称代码，为外业做好准备工作。

（3）外业准备：东宁市大田作物的种植是一年一熟制，作物生育期较长，收获期在 10 月 1 日左右开始，10 月 10 日前后结束。土壤封冻期为 11 月 5 日前后。所以要抓紧秋收后至封冻前的有限时间，把选定的 1 079 个采样点任务完成。东宁市农业技术推广中心土肥站利用国庆休假时间，对被确定调查的地块（采样点）进行精确定点，为外业调查做好了充分准备工作。按照《规程》中的调查项目，设计制定了采样、调查表格，统一项目、标准进行调查记载，对采样定位使用的 GPS 定位仪进行测试导入地标点，准备了各镇的采样点位表、采样点位图等工作。

第二阶段：采样调查

第一步，组建采样调查队伍：本次耕地地力调查工作得到了东宁市委、市政府的高度重视和各镇等有关部门的大力支持，市政府相关领导对各镇政府做了协调，保证了参加采样人员的数量和时间。为保证外业质量，10 月 8 日东宁市农业技术推广中心召开了动员会，张树军主任对本次耕地地力评价采土工作做了具体部署，重申了这项工作的重要意义。东宁市农业技术推广中心土肥站对参加地力评价土样采集人员进行了技术培训。

推广中心由主任、站长到技术人员全体参加，分成 5 个采样小组，每个小组 5~6 人，每个镇 2~4 人参加，每个小组负责 1 个镇的调查采样及技术指导工作。

第二步，全面调查、采样：经过充分的准备工作，从 10 月 12 日开始，调查采样工作在东宁市范围内全面开展。调查组以采样地标点位表和地标点位图为基础，深入到各村屯、田间地块进行采样、调查。调查、采样同步进行，10 月 25 日采样、调查全部结束。

采样：对所有被确定为调查点位的地块，依据田块的具体位置，用 GPS 卫星定位系统进行定位，记录准确的经、纬度。面积较大地块采用 X 法或棋盘法，面积较小地块采用 S 法，均匀并随机采集 15 个采样点，充分混合后用四分法留取 1 千克。每袋土样填写两张标签，内外各具 1 张。标签主要内容：该样本编号、土壤类型、采样深度、采样地点、采样时间和采样人等。

第三步，汇总整理：对采集的样本逐一进行检查和对照，并对调查表格进行认真核对，发现遗漏的于 12 月 30 日前补充调查完毕。无差错后统一汇总总结。

第三阶段：化验分析阶段 本次耕地地力调查共化验了 1 079 个土壤样本，测定了有机质、pH、全氮、全磷、全钾、碱解氮、有效磷、速效钾以及有效铜、有效铁、有效锰、有效锌、容重 13 个项目，对外业调查资料和化验结果进行了系统的统计和分析。

第二节 样品分析化验质量控制

实验室的检测分析数据质量直接客观地反映出化验人员素质水平、分析方法的科学性、实验室质量体系的有效性和符合性及实验室管理水平。在检测过程中由于受被检测样品（均匀性、代表性），测量方法（检测条件、检测程序），测量仪器（本身的分辨率），测量环境（湿度、温度），测量人员（分辨能力、习惯）和检测等因素的影响，总存在一定的测量原因，估计误差的大小，采取适当的、有效的、可行的措施加以控制的基础上，科学处理试验数据，才能获得满意的效果。

为保证分析化验质量，首先严格按照《全国测土配方施肥技术规范》（以下简称《规范》）所规定的化验室面积、布局、环境、仪器和人员的要求，加强化验室建设和人员培训。做好化验室环境条件的控制、人力资源的控制和计量器具的控制。按照《规范》做好标准物质和参比物质的购买、制备和保存。

一、实验室检测质量控制

（一）检测前
1. 样品确认（确保样品的唯一性、安全性）。

2. 检测方法确认（当同一项目有几种检测方法时）。

3. 检测环境确认（温度、湿度及其他干扰）。

4. 检测用仪器设备的状况确认（标志、使用记录）。

（二）检测中
1. 严格执行标准，《规程》和《规范》。

2. 坚持重复试验，控制精密度 在检测过程中，随机误差是无法避免的，但根据统计学原理，通过增加测定次数可减少随机误差，提高平均值的精密度。在样品测定中，每个项目首次分析时需做 100% 的重复试验，结果稳定后，重复次数可减少，但最少须做 10%～15% 重复样。5 个样品以下的，增加为 100% 的平行。重复测定结果的误差在规定允许范围内者为合格，否则应对该批样品增加重复测定比率进行复查，直至满足要求为止。

3. 注意空白试验 空白试验即在不加试样的情况下，按照分析试样完全相同的操作步骤和条件进行的试验。得到的结果称为空白值。它包括了试剂、蒸馏水中杂质带来的干扰。从待测试样的测定值中扣除，可消除上述因素带来的系统误差。

4. 做好校准曲线 为消除温度和其他因素影响，每批样品均需做校准曲线，与样品同条件操作。标准系列应设置 6 个以上浓度点，根据浓度和吸光值绘制校准曲线或求出一元线性回归方程。计算其相关系数。当相关系数大于 0.999 时为通过。

5. 用标准物质校核实验室的标准溶液、标准滴定溶液。

（三）检测后

加强原始记录校核、审核，确保数据准确无误。原始记录的校核、审核，主要是核查：检验方法、计量单位、检验结果是否正确、重复试验结果是否超差、控制样的测定值是否准确，空白试验是否正常、校准曲线是否达到要求、检测条件是否满足、记录是否齐全、记录更改是否符合程序等。发现问题及时研究、解决或召开质量分析会议，达成共识。同时进行异常值处理和复查。

二、地力评价土壤化验项目

土壤样品分析项目：pH、有机质、全氮、碱解氮、全磷、有效磷、全钾、速效钾、有效铁、有效锌、有效锰、有效铜和容重，分析方法见表 3-1。

表 3-1　土壤样品分析项目和方法

分析项目	分析方法	标准代号
pH	电位法	NY/T 1377—2007
有机质	油浴加热重铬酸钾氧化容量法	NY/T 1121.6—2006
全氮	全自动定氮仪法	NY/T 1121.24—2012
有效磷	碳酸氢钠提取-钼锑抗比色法	NY/T 1121.7—2014
全磷	氢氧化钠熔融-钼锑抗比色法	NY/T 88—1988
速效钾	原子吸收分光光度法	NY/T 889—2004
全钾	火焰光度法	NY/T 87—1988
土壤有效铜、有效锌、有效铁、有效锰	DTPA 浸提-原子吸收分光光度法	NY/T 890—2004
碱解氮	碱解扩散法	DB51/T 1875—2014

第三节　数据质量控制

一、田间调查取样数据质量控制

按照《规程》的要求，填写调查表格。抽取 10% 的调查采样点进行审核。对调查内容或程序不符合《规程》要求、抽查合格率低于 80% 的，应重新调查取样。

二、数据审核

数据录入前仔细审核。对不同类型的数据审核重点各有侧重：
（1）数值型资料：注意量纲、上下限、小数点位数、数据长度等。
（2）地名：注意汉字多音字、繁简体、简全称等问题。
（3）土壤类型、地形地貌、成土母质等：注意相关名称的规范性，避免同一土壤类型、地形地貌或成土母质出现不同的表达。

（4）土壤和植株检测数据：注意对可疑数据的筛选和剔除。根据当地耕地养分状况、种植类型和施肥情况，确定检测数据与录入的调查信息是否吻合。结合对 10% 的数据重点审查的原则，确定审查检测数据大值和小值的界限，对于超出界限的数据进行重点审核，经审核可信的数据保留，对检测数据明显偏高或偏低、不符合实际情况的数据一是剔除，二是返回检验室重新测定。若检验分析后，检测结果仍不符合实际的，可能是该点在采样等其他环节出现问题，应予以作废。

三、数据录入

采用规范的数据格式，按照统一的录入软件录入，我们采取两次录入进行数据核对。

第四节　资料的收集与整理

耕地是自然历史综合体，同时也是重要的农业生产资料。因此，耕地地力与自然环境条件和人类生产活动有着密切的关系。进行耕地地力评价，首先必须调查研究耕地的一些可度量或可测定的属性。这些属性概括起来有两大类型，即自然属性和社会属性。自然属性包括气候、地形地貌、水文地质、植被等自然成土因素和土壤剖面形态等；社会属性包括地理交通条件、农业经济条件、农业生产技术条件等。这些属性数据的获得，可通过多种方式来完成。一种是野外实际调查及测定；一种是收集和分析相关学科已有的调查成果和文献资料。

一、资料收集与整理流程

本次耕地地力评价工作，我们一方面充分收集有关东宁市耕地情况资料，建立起耕地质量管理数据库；另一方面还进行了外业的补充调查和室内化验分析。在此基础上，通过 GIS 系统平台，采用 ArcView 软件对调查的数据和图件进行矢量化处理（此部分工作由黑龙江极象动漫影视技术有限公司完成），最后利用扬州市土壤肥料工作站开发的《县域耕地资源管理信息系统 V3.2》进行耕地地力评价。主要的工作流程见图 3-1。

二、资料收集与整理方法

1. 收集　在调研的基础上广泛收集相关资料。同一类资料不同时间、不同来源、不同版本、不同介质都进行收集，以便将来相互检查、相互补充、相互佐证。

2. 登记　对收集到的资料进行登记，记载资料名称、内容、来源、页（幅）数、收集时间、密级、是否要求归还、保管人等；对图件资料进行记载比例尺、坐标系、高程系等有关技术参数；对数据产品还应记载介质类型、数据格式、打开工具等。

3. 完整性检查　资料的完整性至关重要，一套分幅图中如果缺少一幅，则整套图无法使用；一套统计数据如果不完全，这些数据也只能作为辅助数据，无法实现与现有数据

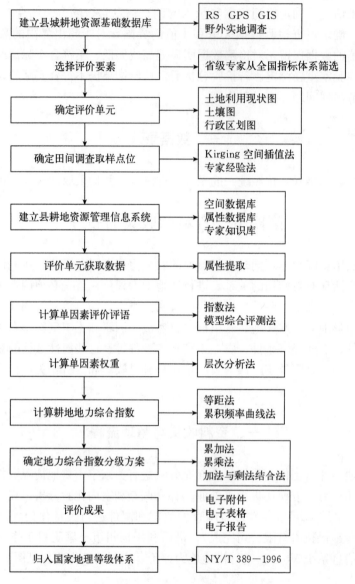

图 3-1 耕地地力评价技术流程

的完整性比较。

4. 可靠性检查 资料只有翔实可靠，才有使用价值。必须检查资料或数据产生的时间、数据产生的背景等信息。来源不清的资料或数据不能使用。

5. 筛选 通过以上几个步骤的检查，可基本确定哪些是有用的资料，在这些资料里还可能存在重复、冗余或过于陈旧的资料，应做进一步的筛选。有用的留下，没用的作适当的处理，该退回的退回，该销毁的销毁。

6. 分类 按图件、报表、文档、图片、视频等资料类型或资料涉及内容进行分类。

7. 编码 为便于管理和使用，所有资料我们进行统一编码成册。

8. 整理　对已经编码的资料，按照耕地地力评价的内容，如评价因素、成果资料要求的内容进行针对性的、进一步的整理，珍贵资料采取适当的保护措施。

9. 归档　对已整理的所有资料建立了管理和查阅使用制度，防止资料散失。

三、图件资料的收集

收集的图件资料包括：行政区划图、土地利用现状图、土壤图、第二次土壤普查成果图等专业图，以及卫星照片、数字化矢量和栅格图。

1. 土壤图（1∶50 000）　在进行调查和采样点位确定时，通过土壤图了解土壤类型等信息。另外，土壤图是进行耕地地力评价单元确定的重要图件，也是各类评价成果展示的基础底图。

2. 土壤养分图（1∶50 000）　包括第二次土壤普查获得的土壤养分图及测土配方施肥新绘制的土壤养分图。

3. 土地利用现状图（1∶25 000）　近几年来，土地管理部门开展了土地利用现状调查工作，并绘制了土地利用现状图，这些图件可为耕地地力评价及其成果报告的分析与编写提供基础资料。

4. 行政区划图（1∶100 000）　由于近年来撤乡并镇工作的开展，致使部分地区行政区域变化较大。因此，收集了最新行政区划图（到行政村）。

四、数据及文本资料的收集

1. 数据资料的收集　数据资料的收集包括：县级农村及农业生产基本情况资料、土地利用现状资料、土壤肥力监测资料等。具体包括以下内容：

（1）近3年粮食单产、总产、种植面积统计资料。

（2）近3年肥料用量统计表及测土配方施肥获得的农户施肥情况调查表。

（3）土地利用地块登记表。

（4）土壤普查农化数据资料。

（5）历年土壤肥力监测化验资料。

（6）测土配方施肥农户调查表。

（7）测土配方施肥土壤样品化验结果表：包括土壤有机质、大量元素、中量元素、微量元素及pH、容重等土壤理化性状化验资料。

（8）测土配方施肥田间试验、技术示范相关资料。

（9）县、乡、村编码表。

2. 文本资料的收集　具体包括以下几种：

（1）农村及农业基本情况资料。

（2）农业气象资料。

（3）第二次土壤普查的土壤志。

（4）土地利用现状调查报告及基本农田保护区划定报告。

（5）近 3 年农业生产统计文本资料。

（6）土壤肥力监测及田间试验示范资料。

（7）其他文本资料：如水土保持、土壤改良、生态环境建设等资料。

五、其他资料的收集

包括照片、录像、多媒体等资料，内容涉及以下几个方面：

（1）土壤典型剖面。

（2）培训、采土、田间试验照片。

（3）当地农业生产基地典型景观。

（4）特色农产品介绍。

第五节　耕地资源管理信息系统的建立

一、属性数据库的建立

属性数据库的建立实际上包括两大部分内容。一是相关历史数据的标准化和数据库的建立；二是测土配方施肥项目产生的大量属性数据的录入和数据库的建立。

（一）历史数据的标准化及数据库的建立

1. 数据内容　历史属性数据主要包括：县域内主要河流基本情况统计表，灌溉渠道及农田水利综合分区统计表，公路网基本情况统计表，县、乡、村行政编码及农业基本情况统计表，土地利用现状分类统计表，土壤分类系统表，各土种典型剖面理化性状统计表，土壤农化数据表，基本农田保护登记表，基本农田保护区基本情况统计表（村），地貌类型属性表和土壤肥力监测点基本情况统计表等。

2. 数据分类与编码　数据的分类编码是对数据资料进行有效管理的重要依据。编码的主要目的是节省计算机内存空间，便于用户理解使用。地理属性进入数据库之前进行编码是必要的，只有进行了正确的编码，才能使空间数据库与属性数据正确连接。

编码格式有英文字母、字母数字组合等形式。主要采用数字表示的层次型分类编码体系，它能反映专题要素分类体系的基本特征。

3. 建立编码字典　数据字典是数据应用的重要内容，是描述数据库中各类数据及其组合的数据集合，也称元数据。地理数据库的数据字典主要用于描述属性数据，它本身是一个特殊用途的文件，在数据库整个生命周期里都起着重要的作用。它避免重复数据项的出现，并提供了查询数据的唯一入口。

（二）测土配方施肥项目产生的大量属性数据的录入和数据库的建立

测土配方施肥属性数据主要包括 3 个方面的内容，一是田间试验和示范数据；二是调查数据；三是土壤检测数据。

测土配方施肥属性数据库建立必须规范，我们按照数字字典进行认真填写，规范了数据项的名称、数据类型、量纲、数据长度、小数点、取值范围（极大值、极小值）等属性。

（三）数据录入与审核

数据录入前仔细审核，数值型资料注意量纲、上下限；地名注意汉字、多音字、繁简体、简全称等问题，审核定稿后再录入。录入后还应仔细检查，采取两次录入相互对照方法，保证数据录入无误后，将数据库转为规定的格式（DBASE 的 DBF 格式文件），再根据数据字典中的文件名编码命名后保存在子目录下。

另外，文本资料以 TXT 格式命名，声音、音乐以 WAV 或 MID 文件保存，超文本以 HTML 格式保存，图片以 BMP 或 JPG 格式保存，视频以 AVI 或 MPG 格式保存，动画以 GIF 格式保存。这些文件分别保存在相应的子目录下，其相对路径和文件名录入相应的属性数据库中。

二、空间数据库的建立

将纸图扫描后，校准地理坐标，然后采用鼠标数字化的方法将纸图矢量化，建立空间数据库。图件扫描的分辨率为 300 dpi，彩色图用 24 位真彩，单色图用黑白格式。数字化图件包括：土地利用现状图、土壤图、地形图、行政区划图等。

图件数字化的软件采用 ArcGis，坐标系为 1954 北京坐标系，高斯投影。比例尺为 1∶50 000 和 1∶100 000。评价单元图件的叠加、调查点点位图的生成、评价单元克里格插值使用平台为 ArcMap 软件，文件保存格式为 .shp 格式。采用矢量化方法主要图层配置见表 3-2。

表 3-2　采用矢量化方法主要图层配置

序号	图层名称	图层属性	连接属性表
1	土地利用现状图	多边形	土地利用现状属性数据
2	行政区划图	线层	行政区划代码表
3	土壤图	多边形	土种属性数据表
4	土壤采样点位图	点层	土壤样品分析化验结果数据表

三、空间数据库与属性数据库的连接

ArcGis 系统采用不同的数据模型分别对属性数据和空间数据进行存储管理，属性数据采用关系模型，空间数据采用网状模型。两种数据的连接非常重要。在一个图幅工作单元 Coverage 中，每个图形单元由一个标识码来唯一确定。同时，一个 Coverage 中可以有若干个关系数据库文件即要素属性表，用以完成对 Coverage 的地理要素的属性描述。图形单元标识码是要素属性表中的一个关键字段，空间数据与属性数据以此字段形成关联，完成对地图的模拟。这种关联使 ArcGis 的两种数据模型连成一体，可以方便地从空间数据检索属性数据或者从属性数据检索空间数据。

对属性数据与空间数据的连接有 4 种不同的途径：一是用数字化仪数字化多边形标识

点，记录标识码与要素属性，建立多边形编码表，用关系数据库软件 ACESS 输入多边形属性；二是用屏幕鼠标采取屏幕地图对照的方式实现上述步骤；三是利用 ArcInfo 的编辑模块对同种要素一次添加标识点再同时输入属性编码；四是自动生成标识点，对照地图输入属性。

第六节　图件编制

一、耕地地力评价单元图斑的生成

耕地地力评价单元图斑是在矢量化土壤图、土地利用现状图的基础上，在 ArcMap 中利用矢量图的叠加分析功能，将以上 2 个图件叠加，生成评价单元图斑。

二、采样点位图的生成

采样点位的坐标用 GPS 进行野外采集，在 ArcInfo 中将采集的点位坐标转换成与矢量图一致的北京 1954 坐标系。将转换后的点位图转换成可以与 ArcView 进行交换的 .shp格式。

三、专题图的编制

采样点位图在 ArcMap 中利用地理统计分析子模块中的克立格插值法进行空间插值，完成各种养分的空间分布图。其中包括有机质、有效磷，速效钾、有效锌、耕层厚度、全氮、pH 等专题图。坡度、坡向图由地形图的等高线转换成 .shp 文件，再插值生成栅格文件，土壤图、土地利用图和行政区划图都是矢量化以后生成专题图。

四、耕地地力等级图的编制

利用 ArcMap 的空间分析子模块的区域统计方法，将生成的专题图件与评价单元图挂接。在耕地资源管理信息系统中根据专家打分、层次分析模型与隶属函数模型进行耕地生产潜力评价，生成耕地地力等级图。

第四章 耕地土壤属性

土壤属性是耕地地力调查的核心，对农业生产、管理和规划起着指导作用。包括土壤化学性状、物理性状、土壤微生物作用等。

本次调查共采集土壤耕层（0～40 厘米）有效土样 1 079 个，分析了土壤 pH、有机质、全氮、全磷、全钾、碱解氮、有效磷、速效钾、有效铁、有效锰、有效锌、有效铜和土壤容重土壤理化性状 13 项，分析数据 14 027 个，评价耕地面积 48 592.63 公顷。数据整理分析如下：

第一节　土壤养分状况

土壤养分主要指由（通过）土壤所提供的植物生长所必需的营养元素，是土壤肥力的重要物质基础。植物体内已知的化学元素达 40 余种，按照植物体内的化学元素含量多少，分为大量元素、中量元素和微量元素 2 类。目前，已知的大量元素有碳（C）、氢（H）、氧（O）、氮（N）、磷（P）、钾（K），中量元素有钙（Ca）、镁（Mg）、硫（S）等，微量元素有铁（Fe）、锰（Mn）、硼（B）、钼（Mo）、铜（Cu）、锌（Zn）等。植物体内铁（Fe）含量较其他微量元素多（100 毫克/千克左右），所以也有人把它归于大量元素。

受自然因素和人为因素的综合影响，土壤在不停地发展和变化着。作为基本特性的土壤肥力，也随之发展和变化。

根据土壤养分丰缺情况评价耕地土壤养分，我国各地也有不同的标准。参照黑龙江省耕地土壤养分分级标准，结合东宁市实际情况制定了本次耕地地力评价的养分分级标准。黑龙江省耕地土壤养分分级标准见表 4-1，东宁市耕地土壤养分分级标准见表 4-2。

表 4-1　黑龙江省耕地土壤养分分级标准

项　　目	一级	二级	三级	四级	五级	六级
碱解氮（毫克/千克）	>250	180～250	150～180	150～120	80～120	≤80
有效磷（毫克/千克）	>100	40～100	20～40	10～20	5～10	≤5
速效钾（毫克/千克）	>200	150～120	100～150	50～100	30～50	≤30
有机质（克/千克）	>60	40～60	30～40	20～30	10～20	≤10
全氮（克/千克）	>2.5	2.0～2.5	1.5～2.0	1.0～1.5	≤1.0	—
全磷（克/千克）	>2.0	1.5～2.0	1.0～1.5	0.5～1.0	≤0.5	—
全钾（克/千克）	>30	25～30	20～25	10～20	≤10	—
有效铜（毫克/千克）	>1.8	1.0～1.8	0.2～1.0	0.1～0.2	≤0.1	—

（续）

项　目	一级	二级	三级	四级	五级	六级
有效铁（毫克/千克）	>4.5	3.0～4.5	2.0～3.0	≤2.0	—	—
有效锰（毫克/千克）	>15	10～15	7.5～10.0	5.0～7.5	≤5.0	—
有效锌（毫克/千克）	>2.0	1.5～2.0	1.0～1.5	0.5～1.0	≤0.5	—
有效硫（毫克/千克）	>40	24～40	12～24	≤12	—	—
有效硼（毫克/千克）	>1.2	0.8～1.2	0.4～0.8	≤0.4	—	—

表 4-2　东宁市耕地土壤养分分级标准

项　目	一级	二级	三级	四级	五级	六级
碱解氮（毫克/千克）	>250	180～250	150～180	120～150	80～120	≤80
有效磷（毫克/千克）	>60	40～60	20～40	10～20	5～10	≤5
速效钾（毫克/千克）	>200	150～200	100～150	50～100	30～50	≤30
有机质（克/千克）	>60	40～60	30～40	20～30	10～20	≤10
全氮（克/千克）	>2.5	2.0～2.5	1.5～2.0	1.0～1.5	≤1.0	—
全磷（克/千克）	>2.0	1.5～2.0	1.0～1.5	0.5～1.0	≤0.5	—
全钾（克/千克）	>30	25～30	20～25	15～20	10～15	≤10
有效铜（毫克/千克）	>1.8	1.0～1.8	0.4～1.0	0.2～0.4	0.1～0.2	≤0.1
有效铁（毫克/千克）	>4.5	3.0～4.5	2.0～3.0	≤2.0	—	—
有效锰（毫克/千克）	>15	10～15	7.5～10	5.0～7.5	≤5.0	—
有效锌（毫克/千克）	>2.0	1.5～2.0	1.0～1.5	0.5～1.0	≤0.5	—

一、土壤有机质

　　土壤有机质是植物养分的主要来源。土壤有机质的含量与土壤肥力水平是密切相关的。在一定含量范围内，有机质的含量与土壤肥力水平呈正相关。

　　土壤有机质中含有大量的植物营养元素，如氮（N）、磷（P）、钾（K）、钙（Ca）、镁（Mg）、硫（S）、铁（Fe）等重要元素及一些微量元素。土壤有机质经矿质化过程释放大量的营养元素，为植物生长提供养分；土壤有机质还是土壤氮、磷最重要的营养库，是植物速效性氮、磷的主要来源。土壤全氮的 92%～98% 都是储藏在土壤中的有机氮，且有机氮主要集中在腐殖质中。

　　土壤有机质是土壤微生物生命活动所需养分和能量的主要来源。土壤微生物的种群、数量和活性随有机质含量增加而增加，具有极显著的正相关。富含有机质的土壤其肥力平稳而持久，不易造成植物的徒长和脱肥现象。

（一）各乡（镇）土壤有机质变化情况

　　本次耕地地力评价土壤化验分析发现，东宁市有机质含量最高值是 124.9 克/千克，最小值是 2.7 克/千克，全市平均值是 40.6 克/千克，比第二次土壤普查时的全市平均含量 45.7 克/千克降低了 5.1 克/千克。见表 4－3。

表 4－3　土壤有机质含量统计

单位：克/千克

乡（镇）	本次地力评价			第二次土壤普查			对比（±）
	最大值	最小值	平均值	最大值	最小值	平均值	
老黑山镇	91.5	19.0	44.2	—	—	—	—
道河镇	124.9	5.3	43.0	—	—	—	—
绥阳镇	124.3	22.5	53.3	—	—	—	—
大肚川镇	113.6	9.0	38.9	—	—	—	—
东宁镇	110.8	11.7	32.7	—	—	—	—
三岔口镇	70.4	2.7	30.7	—	—	—	—
全市	124.9	2.7	40.6	312.9	26.9	45.7	－5.1

（二）各土壤类型有机质变化情况

本次耕地地力评价土壤化验分析结果表明，东宁市各土壤类型有机质含量除白浆土略有上升外，其他土类均呈降低趋势。其中，暗棕壤下降了 28.9 克/千克，草甸土下降了 16.9 克/千克，新积土下降了 1. 克/千克，水稻土下降了 14.8 克/千克，白浆土上升了 0.3 克/千克。有机质含量之所以下降，其主要原因是与水土流失、耕作制度及耕作方法有密切的关系。掠夺性粗放耕作是有机质下降的主要的原因之一，而白浆土有机质的提升，是土壤改良和耕作方法改进的结果，说明多年来改土措施是有效的。见表 4－4。

表 4－4　耕地土壤有机质含量统计

单位：克/千克

土壤类型	本次耕地地力评价			各地力等级养分平均值					第二次土壤普查		
	最大值	最小值	平均值	一级地	二级地	三级地	四级地	五级地	最大值	最小值	平均值
一、暗棕壤	124.9	2.7	42.8	35.5	40.2	39.3	43.5	53.5	312.9	15.8	71.7
（1）暗矿质暗棕壤	124.9	2.7	44.0	—	42.3	39.2	43.5	53.2	203.2	77.2	112.3
（2）亚暗矿质白浆化暗棕壤	110.8	8.1	44.8	35.5	43.5	45.5	46.2	62.9	312.9	25.0	92.4
（3）沙砾质暗棕壤	83.6	11.0	42.7	—	45.8	40.5	41.1	49.7	118.3	29.2	59.7
（4）沙砾质白浆化暗棕壤	72.3	11.1	36.6	—	35.2	34.9	43.2	62.9	171.3	15.8	46.5
（5）灰泥质暗棕壤	91.4	16.7	41.8	—	34.9	34.0	48.3	64.9	29.6	20.3	26.7
二、白浆土	124.3	2.7	38.7	33.2	33.7	47.1	59.5	—	117.1	12.7	38.4
（1）薄层黄土质白浆土	89.8	12.9	37.6	31.8	38.7	46.9	46.9	—	47.7	12.7	30.6
（2）中层黄土质白浆土	124.3	9.0	41.2	34.0	29.7	38.5	60.7	—	74.2	16.0	27.3
（3）厚层沙底草甸白浆土	110.8	2.7	34.2	28.6	28.7	56.4	59.0	—	86.5	13.5	39.4
（4）厚层黄土质白浆土	89.8	5.3	39.1	36.6	43.9	45.1	49.4	—	58.6	14.8	31.7
（5）中层沙底草甸白浆土	68.8	23.2	41.0	34.0	32.7	56.0	57.0	—	117.1	25.2	63.2

（续）

土壤类型	本次耕地地力评价			各地力等级养分平均值					第二次土壤普查		
	最大值	最小值	平均值	一级地	二级地	三级地	四级地	五级地	最大值	最小值	平均值
三、草甸土	118.3	8.2	45.3	43.0	41.8	45.8	54.0	56.1	212.5	11.4	62.2
（1）暗棕壤型草甸土	118.3	8.2	46.9	41.0	36.8	47.2	53.6	56.1	120.0	11.4	49.0
（2）石质草甸土	91.5	15.5	44.5	51.6	42.7	43.7	54.0	—	212.5	23.8	73.1
（3）厚层砾底草甸土	83.6	16.8	46.1	—	44.8	45.3	55.8	—	81.8	18.6	58.6
（4）薄层黏壤质潜育草甸土	113.6	13.1	46.0	40.2	48.2	49.1	—	—	54.7	36.1	42.4
（5）中层黏壤质潜育草甸土	65.8	16.3	31.6	29.9	24.4	44.4	—	—	124.2	35.1	60.9
（6）厚层黏壤质潜育草甸土	49.6	40.5	46.0	44.2	46.2	—	—	—	122.2	42.5	89.1
四、新积土	75.2	2.7	29.4	—	—	27.2	25.5	42.4	43.7	12.1	30.6
（1）薄层砾质冲积土	67.6	8.4	28.3	—	—	26.6	27.6	35.1	43.7	12.1	29.2
（2）薄层沙质冲积土	75.2	2.7	30.7	—	—	29.2	23.2	47.5	41.0	12.1	32.0
五、水稻土	67.6	12.3	29.6	31.9	24.9	41.0	26.6	25.8	152.3	19.6	44.4
（1）中层草甸土型淹育水稻土	67.6	12.3	30.6	31.3	27.2	—	—	—	91.8	21.8	42.2
（2）中层冲积土型淹育水稻土	47.0	14.6	27.1	—	—	41.0	26.6	25.8	63.4	19.6	35.5
（3）白浆土型淹育水稻土	47.0	20.3	32.2	33.9	23.9	—	—	—	28.7	19.6	24.5
（4）厚层沼泽土型潜育水稻土	28.8	14.6	20.5	—	20.5	—	—	—	152.3	24.0	75.4
六、沼泽土	91.5	21.9	54.9	—	56.4	57.2	51.8	54.8	—	—	—
（1）厚层黏质草甸沼泽土	91.5	21.9	52.6	—	—	31.8	51.5	54.8	—	—	—
（2）薄层泥炭腐殖质沼泽土	89.8	36.5	60.7	—	59.6	66.2	45.4	—	—	—	—
（3）薄层泥炭沼泽土	68.8	38.5	51.8	—	47.8	48.6	63.0	—	—	—	—
合　计	124.9	2.7	40.6	33.7	37.9	40.2	40.7	51.3	312.9	11.4	45.7

（三）土壤有机质分级面积情况

本次耕地地力评价调查分析，按照黑龙江省耕地有机质养分分级标准（东宁市标准与此相同），有机质养分一级地面积为 4 608.07 公顷，占总耕地面积的 9.48%；有机质养分二级地面积为 14 578.83 公顷，占总耕地面积的 30.0%；有机质养分三级地面积为 14 596.62 公顷，占总耕地面积的 30.04%；有机质养分四级地面积为 10 714.66 公顷，占总耕地面积的 22.05%；有机质养分五级地面积为 3 700.32 公顷，占总耕地面积的 7.61%；有机质养分六级耕地面积为 394.13 公顷，占总耕地面积的 0.81%。

东宁市耕地有机质养分含量主要集中在二级、三级、四级水平（20~60 克/千克），占总耕地面积的 82.09%。有机质养分一级、二级耕地面积主要分布在绥阳、道河、老黑山 3 个镇，这 3 个镇之所以有机质养分含量高，因地处高海拔山区，土壤类型多以暗棕壤为主，积温较低，作物生长量小，消耗也少。耕层土壤有机质频率分布比较见图 4-1，东宁市各乡（镇）耕地土壤有机质分级面积统计见表 4-5。

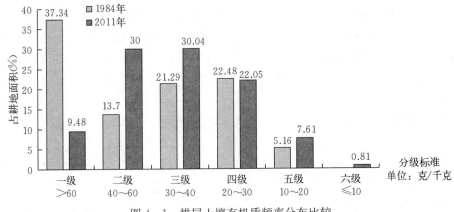

图 4-1 耕层土壤有机质频率分布比较

表 4-5 东宁市各乡（镇）耕地土壤有机质分级面积统计

乡（镇）	面积（公顷）	一级地		二级地		三级地		四级地		五级地		六级地	
		面积（公顷）	占总面积（%）	面积（公顷）	占总面积（%）	面积（公顷）	占总面积（%）	面积（公顷）	占总面积（%）	面积（公顷）	占总面积（%）	面积（公顷）	占总面积（%）
老黑山镇	6 548.52	760.53	11.6	2 661.40	40.60	2 604.30	39.80	492.43	7.50	29.86	0.50	0	0
道河镇	8 944.25	937.85	10.5	3 393.80	37.90	2 781.90	31.10	1 533.70	17.10	252.14	2.80	44.86	0.50
绥阳镇	8 750.38	2 405.40	27.5	4 493.10	51.3	1 287.62	14.70	564.23	6.40	0	0	0	0
大肚川镇	9 314.40	235.04	2.5	2 349.60	25.2	3 000.80	32.20	2 283.90	24.50	1 442.90	15.50	2.15	0
东宁镇	7 283.92	207.46	2.8	741.03	10.2	2 699.30	37.10	3 153.50	43.30	482.63	6.60	0	0
三岔口镇	7 751.16	61.77	0.8	939.90	12.1	2 222.70	28.70	2 686.90	34.70	1 492.80	19.30	347.12	4.50
合 计	48 592.63	4 608.07	9.48	14 578.83	30.00	14 596.62	30.04	10 714.66	22.05	3 700.32	7.61	394.13	0.81

（四）不同土类耕地有机质分级面积情况

按照有机质养分分级标准，各土类有机质养分含量情况如下：

1. 暗棕壤类 有机质养分一级地面积为 2 099.70 公顷，占该土类耕地面积的 9.35%；有机质养分二级地面积为 8 705.34 公顷，占该土类耕地面积的 38.76%；有机质养分三级地面积为 5 608.80 公顷，占该土类耕地面积的 24.97%；有机质养分四级地面积为 4 664.11 公顷，占该土类耕地面积的 20.77%；有机质养分五级地面积为 1 270.96 公顷，占该土类耕地面积的 5.66%；有机质养分六级地面积为 111.46 公顷，占该土类耕地面积的 0.50%。

2. 白浆土类 有机质养分一级地面积为 884.05 公顷，占该土类耕地面积的 7.06%；有机质养分二级地面积为 2 736.95 公顷，占该土类耕地面积的 21.87%；有机质养分三级地面积为 5 371.81 公顷，占该土类耕地面积的 42.92%；有机质养分四级地面积为 3 097.56 公顷，占该土类耕地面积的 24.75%；有机质养分五级地面积为 341.83 公顷，占该土类耕地面积的 2.73%；有机质养分六级地面积为 84.89 公顷，占该土类耕地面积的 0.68%。

3. 草甸土类 有机质养分一级地面积为 934.30 公顷，占该土类耕地面积的 17.39%；有机质养分二级地面积为 1 829.04 公顷，占该土类耕地面积的 34.05%；有机质养分三级地面积为 1 518.71 公顷，占该土类耕地面积的 28.27%；有机质养分四级地面积为 726.18 公顷，占该土类耕地面积的 13.52%；有机质养分五级地面积为 362.50 公顷，占该土类耕地面积的 6.75%；有机质养分六级地面积 0.77 公顷，占该土类耕地面积的 0.01%。

4. 沼泽土类 有机质养分一级地面积为 438.88 公顷，占该土类耕地面积的 45.48%；有机质养分二级地面积为 445.83 公顷，占该土类耕地面积的 46.20%；有机质养分三级地面积为 69.74 公顷，占该土类耕地面积的 7.23%；有机质养分四级地面积为 10.56 公顷，占该土类耕地面积的 1.09%；有机质养分 5 级和 6 级地无分布。

5. 新积土类 有机质养分一级地面积为 250.47 公顷，占该土类耕地面积的 5.22%；有机质养分二级地面积为 656.23 公顷，占该土类耕地面积的 13.68%；有机质养分三级地面积为 1 032.62 公顷，占该土类耕地面积的 21.52%；有机质养分四级地面积为 1 172.36 公顷，占该土类耕地面积的 24.43%；有机质养分五级地面积为 1 489.80 公顷，占该土类耕地面积的 31.05%；有机质养分六级地面积为 197.01 公顷，占该土类耕地面积的 4.11%。

6. 水稻土类 有机质养分一级地面积为 0.67 公顷，占该土类耕地面积的 0.03%；有机质养分二级地面积为 205.44 公顷，占该土类耕地面积的 8.28%；有机质养分三级地面积为 994.94 公顷，占该土类耕地面积的 40.12%；有机质养分四级地面积为 1 043.89 公顷，占该土类耕地面积的 42.09%；有机质养分五级地面积为 235.23 公顷，占该土类耕地面积的 9.48%；有机质养分 6 级地无分布。

耕地土壤有机质分级面积统计见表 4-6。

表 4-6 耕地土壤有机质分级面积统计

土 种	面积（公顷）	一级地		二级地		三级地		四级地		五级地		六级地	
		面积（公顷）	占总面积（%）	面积（公顷）	占总面积（%）	面积（公顷）	占总面积（%）	面积（公顷）	占总面积（%）	面积（公顷）	占总面积（%）	面积（公顷）	占总面积（%）
一、暗棕壤类	22 460.37	2 099.70	9.35	8 705.34	38.76	5 608.80	24.97	4 664.11	20.77	1 270.96	5.66	111.46	0.50
(1) 暗矿质暗棕壤	9 541.92	1 412.32	14.80	4 602.13	48.23	1 640.10	17.19	1 370.04	14.36	406.81	4.26	110.52	1.16
(2) 亚暗矿质白浆化暗棕壤	4 988.35	349.57	7.01	1 936.48	38.82	1 410.80	28.28	1 209.90	24.25	80.66	1.62	0.94	0.02
(3) 沙砾质暗棕壤	1 784.64	167.32	9.38	632.62	35.45	612.19	34.30	351.29	19.68	21.22	1.19	0	0
(4) 沙砾质白浆化暗棕壤	5 157.16	73.62	1.43	1 443.78	28.00	1 614.89	31.31	1 286.59	24.95	738.28	14.32	0	0
(5) 灰泥质暗棕壤	988.30	96.87	9.80	90.33	9.14	330.82	33.47	446.29	45.16	23.99	2.43	0	0

（续）

土　种	面积（公顷）	一级地		二级地		三级地		四级地		五级地		六级地	
		面积（公顷）	占总面积（%）	面积（公顷）	占总面积（%）	面积（公顷）	占总面积（%）	面积（公顷）	占总面积（%）	面积（公顷）	占总面积（%）	面积（公顷）	占总面积（%）
二、白浆土类	12 517.09	884.05	7.06	2 736.95	21.87	5 371.81	42.92	3 097.56	24.75	341.83	2.73	84.89	0.68
(1) 薄层黄土质白浆土	2 712.06	54.67	2.02	347.40	12.81	1 464.33	53.99	799.03	29.46	46.63	1.72	0	0
(2) 中层黄土质白浆土	4 324.13	688.96	15.93	772.77	17.87	1 341.92	31.03	1 316.81	30.45	201.52	4.66	2.15	0.05
(3) 厚层沙底草甸白浆土	1 105.61	22.22	2.01	250.29	22.64	517.38	46.80	195.70	17.70	82.14	7.43	37.88	3.43
(4) 厚层黄土质白浆土	3 933.91	77.19	1.96	1 223.39	31.10	1 856.74	47.20	720.19	18.31	11.54	0.29	44.86	1.14
(5) 中层沙底草甸白浆土	441.38	41.01	9.29	143.10	32.42	191.44	43.37	65.83	14.91	0	0	0	0
三、草甸土类	5 371.50	934.30	17.39	1 829.04	34.05	1 518.71	28.27	726.18	13.52	362.50	6.75	0.77	0.01
(1) 暗棕壤型草甸土	2 304.58	456.79	19.82	735.67	31.92	529.56	22.98	418.27	18.15	163.52	7.10	0.77	0.03
(2) 厚层砾底草甸土	935.30	118.71	12.69	466.89	49.92	158.04	16.90	152.92	16.35	38.74	4.14	0	0
(3) 薄层黏壤质潜育草甸土	622.79	197.99	31.79	166.39	26.72	107.05	17.19	53.29	8.56	98.07	15.75	0	0
(4) 中层黏壤质潜育草甸土	263.72	7.70	2.92	8.22	3.12	168.67	63.96	25.75	9.76	53.38	20.24	0	0
(5) 厚层黏壤质潜育草甸土	120.88	0	0	120.88	100	0	0	0	0	0	0	0	0
(6) 石质草甸土	1 124.23	153.11	13.62	330.99	29.44	555.39	49.40	75.95	6.76	8.79	0.78	0	0
四、新积土类	4 798.49	250.47	5.22	656.23	13.68	1 032.62	21.52	1 172.36	24.43	1 489.80	31.05	197.01	4.11
(1) 薄层砾质冲积土	2 416.71	37.60	1.56	277.07	11.46	661.90	27.39	529.92	21.93	780.40	32.29	129.82	5.37
(2) 薄层沙质冲积土	2 381.78	212.87	8.94	379.16	15.92	370.72	15.56	642.44	26.97	709.40	29.78	67.19	2.82
五、水稻土类	2 480.17	0.67	0.03	205.44	8.28	994.94	40.12	1 043.89	42.09	235.23	9.48	0	0
(1) 中层草甸土型淹育水稻土	1 498.22	0.67	0.04	137.32	9.17	623.24	41.60	552.23	36.86	184.76	12.33	0	0
(2) 中层冲积土型淹育水稻土	704.85	0	0	14.44	2.05	275.46	39.08	382.91	54.33	32.04	4.55	0	0

（续）

土 种	面积 （公顷）	一级地		二级地		三级地		四级地		五级地		六级地	
		面积 （公顷）	占总面积（%）	面积 （公顷）	占总面积（%）	面积 （公顷）	占总面积（%）	面积 （公顷）	占总面积（%）	面积 （公顷）	占总面积（%）	面积 （公顷）	占总面积（%）
（3）白浆土型淹育水稻土	233.61	0	0	53.68	22.98	96.24	41.20	83.69	35.82	0	0	0	0
（4）厚层沼泽土型潜育水稻土	43.49	0	0	0	0	0	0	25.06	57.62	18.43	42.38	0	0
六、沼泽土类	965.01	438.88	45.48	445.83	46.20	69.74	7.23	10.56	1.09	0	0	0	0
（1）厚层黏质草甸沼泽土	538.03	235.36	43.74	245.43	45.62	46.68	8.68	10.56	1.96	0	0	0	0
（2）薄层泥炭腐殖质沼泽土	302.04	181.35	60.04	107.74	35.67	12.95	4.29	0	0	0	0	0	0
（3）薄层泥炭沼泽土	124.94	22.17	17.74	92.66	74.16	10.11	8.09	0	0	0	0	0	0
合 计	48 592.63	4 608.07	9.48	14 578.83	30.00	14 596.62	30.04	10 714.66	22.05	3 700.32	7.61	394.13	0.81

分析东宁市各土类的有机质养分含量，其平均含量由高到低依次为：沼泽土（54.9克/千克）、草甸土（45.3克/千克）、暗棕壤（42.8克/千克）、白浆土（38.7克/千克）、水稻土（29.6克/千克）、新积土（29.4克/千克）；东宁市耕地有机质养分含量主要集中在二级、三级、四级水平（20～60克/千克），占总耕地面积的82.09%。说明东宁市土壤有机质含量属于中等水平，应加强有机肥投入，提高土壤有机质，增强土壤地力。

二、土壤全氮

土壤全氮包括有机氮和无机氮，是土壤肥力的一项重要指标。土壤全氮含量与土壤有机质含量成正相关，有机质含量高，全氮含量也高。

（一）各乡（镇）土壤全氮情况

本次耕地地力评价调查土壤化验分析发现，全氮最大值为4.866克/千克，最小值是为0.326克/千克，平均值为1.703克/千克。地力等级与全氮含量不存在相关性，如大肚川镇一级地的全氮含量为1.580克/千克，而五级地的全氮含量为3.011克/千克。见表4-7。

表4-7 土壤全氮含量统计

单位：克/千克

乡（镇）	最大值	最小值	平均值	地力等级				
				一级地	二级地	三级地	四级地	五级地
老黑山镇	3.850	0.894	1.741	—	1.743	1.675	1.751	1.818
道河镇	3.740	0.353	1.760	1.244	1.721	1.775	1.778	1.820
绥阳镇	3.431	0.327	1.671	—	1.530	1.699	1.650	1.695

（续）

乡（镇）	最大值	最小值	平均值	地力等级				
				一级地	二级地	三级地	四级地	五级地
大肚川镇	4.866	0.473	1.887	1.580	1.892	1.931	1.944	3.011
东宁镇	4.460	0.556	1.326	1.321	1.193	1.429	1.298	1.664
三岔口镇	2.588	0.688	1.739	1.677	1.937	1.794	1.451	1.770
全　市	4.866	0.327	1.703	1.496	1.738	1.756	1.665	1.734

（二）各土壤类型全氮变化情况

东宁市不同土类全氮含量本次耕地地力评价与第二次土壤普查结果相比，呈下降趋势，全氮含量平均值下降了0.414克/千克。其中，暗棕壤土类和草甸土土类下降幅度比较大，分别下降了1.487克/千克和0.948克/千克，水稻土土类下降了0.386克/千克，白浆土下降了0.271克/千克，新积土土类上升了0.040克/千克。见表4-8。

表4-8　耕地土壤全氮含量统计

单位：克/千克

土壤类型	本次耕地地力评价			各地力等级养分平均值					第二次土壤普查		
	最大值	最小值	平均值	一级地	二级地	三级地	四级地	五级地	最大值	最小值	平均值
一、暗棕壤类	4.866	0.327	1.783	1.251	1.810	1.811	1.759	1.750	11.340	0.500	3.270
（1）暗矿质暗棕壤	4.866	0.327	1.790	—	1.870	1.832	1.779	1.736	11.340	3.370	5.806
（2）亚暗矿质白浆化暗棕壤	4.460	0.353	1.880	1.251	1.825	1.966	1.964	2.086	11.160	1.050	3.792
（3）沙砾质暗棕壤	3.627	0.340	1.718	—	1.884	1.962	1.526	1.587	4.950	0.950	2.626
（4）沙砾质白浆化暗棕壤	3.058	0.553	1.715		1.790	1.619	1.852	1.947	7.410	0.500	2.250
（5）灰泥质暗棕壤	3.007	0.740	1.609	—	1.561	1.434	1.545	2.605	1.690	0.800	1.034
二、白浆土类	4.460	0.360	1.618	1.415	1.604	1.846	1.844	—	4.870	0.065	1.889
（1）薄层黄土质白浆土	3.086	0.807	1.688	1.347	1.853	1.519	2.083	—	2.040	1.050	1.420
（2）中层黄土质白浆土	3.173	0.360	1.557	1.444	1.378	1.891	1.816	—	3.840	0.065	1.898
（3）厚层沙底草甸白浆土	4.460	0.741	1.650	1.406	1.591	2.300	1.891	—	4.200	0.920	1.826
（4）厚层黄土质白浆土	3.526	0.579	1.606	1.493	1.564	1.731	1.946	—	2.840	0.500	1.500
（5）中层沙底草甸白浆土	2.776	0.837	1.648	1.307	1.485	2.568	1.956	—	4.870	1.100	2.800
三、草甸土类	4.866	0.327	1.822	1.796	1.884	1.742	1.937	1.780	8.870	0.720	2.770
（1）暗棕壤型草甸土	4.235	0.327	1.733	1.800	1.568	1.688	1.997	1.780	5.460	1.330	2.381
（2）石质草甸土	3.328	0.604	1.855	1.958	1.950	1.749	1.890	—	8.870	1.160	3.304
（3）厚层砾底草甸土	3.011	0.353	1.914	—	2.023	1.836	1.778		4.040	0.720	2.817
（4）薄层黏壤质潜育草甸土	4.866	0.948	2.004	1.741	2.255	1.789	—		2.580	0.810	1.710
（5）中层黏壤质潜育草甸土	2.036	0.556	1.222	1.097	1.026	1.580	—		4.840	1.690	2.580
（6）厚层黏壤质潜育草甸土	2.232	1.994	2.123	2.224	2.112		—		5.990	1.320	3.830

（续）

土壤类型	本次耕地地力评价			各地力等级养分平均值					第二次土壤普查		
	最大值	最小值	平均值	一级地	二级地	三级地	四级地	五级地	最大值	最小值	平均值
四、新积土类	3.431	0.556	1.395	—	—	1.345	1.302	1.707	2.380	0.060	1.355
（1）薄层砾质冲积土	3.431	0.556	1.385			1.378	1.325	1.604	2.380	0.480	1.280
（2）薄层沙质冲积土	2.570	0.556	1.407			1.238	1.277	1.779	2.240	0.060	1.355
五、水稻土类	2.526	0.556	1.494	1.543	1.384	1.554	1.444	1.573	5.210	0.860	1.880
（1）中层草甸土型淹育水稻土	2.476	0.769	1.542	1.551	1.502	—	—	—	3.350	1.030	1.820
（2）中层冲积土型淹育水稻土	1.714	0.556	1.451			1.554	1.444	1.573	2.540	0.860	1.510
（3）白浆土型淹育水稻土	2.526	0.837	1.545	1.519	1.673				—		
（4）厚层沼泽土型潜育水稻土	1.925	0.584	0.928	—	0.928				5.210	1.740	2.990
六、沼泽土类	3.173	0.360	1.795	—	1.625	1.873	1.974	1.658	—		
（1）厚层黏质草甸沼泽土	3.094	0.360	1.808			1.989	2.131	1.658			
（2）薄层泥炭腐殖质沼泽土	3.173	0.385	1.750		1.604	1.855	1.629				
（3）薄层泥炭沼泽土	2.756	1.249	1.836		1.680	1.872	1.863				
全　市	4.866	0.327	1.703	1.496	1.738	1.756	1.665	1.734	11.340	0.060	2.117

（三）土壤全氮分级面积情况

东宁市按照黑龙江省耕地全氮养分分级标准，全氮养分一级地面积为 4 043.58 公顷，占总耕地的 8.32%；全氮养分二级地面积为 7 098.68 公顷，占总耕地面积的 14.61%；全氮养分三级地面积为 16 771.04 公顷，占总耕地面积的 34.51%；全氮养分四级地面积为 16 277.58 公顷，占总耕地面积的 33.50%；全氮养分五级地面积为 4 401.75 公顷，占总耕地面积的 9.06%。各乡（镇）分级情况见表 4-9。

表 4-9　各乡（镇）耕地土壤全氮分级面积统计

乡（镇）	面积（公顷）	一级地		二级地		三级地		四级地		五级地	
		面积（公顷）	占总面积（%）	面积（公顷）	占总面积（%）	面积（公顷）	占总面积（%）	面积（公顷）	占总面积（%）	面积（公顷）	占总面积（%）
老黑山镇	6 548.52	594.43	9.08	1 020.55	15.58	2 892.84	44.18	1 970.16	30.09	70.54	1.07
道河镇	8 944.25	782.03	8.74	2 324.51	25.99	2 405.02	26.89	2 571.29	28.75	861.40	9.63
绥阳镇	8 750.38	791.99	9.05	1 810.78	20.69	3 479.95	39.77	1 748.29	19.98	919.37	10.51
大肚川镇	9 314.40	1 115.84	11.98	835.21	8.97	3 161.19	33.94	3 863.33	41.48	338.83	3.63
东宁镇	7 283.92	228.58	3.14	147.46	2.02	1 160.50	15.93	4 031.40	55.35	1 715.98	23.56
三岔口镇	7 751.16	530.71	6.85	960.17	12.39	3 671.54	47.37	2 093.11	27.00	495.63	6.39
合计	48 592.63	4 043.58	8.32	7 098.68	14.61	16 771.04	34.51	16 277.58	33.50	4 401.75	9.06

分析土壤全氮含量水平，基本处于二级至四级水平（1.0～2.5 克/千克），集中于三级至四级，占总耕地面积的 68%，全氮含量属于中等偏下水平。耕层土壤全氮频率分布比较见图 4-2。

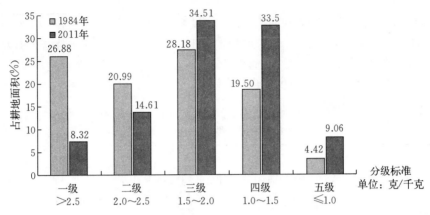

图 4-2　耕层土壤全氮频率分布比较

（四）不同土类耕地全氮分级面积情况

按照黑龙江省耕地全氮分级标准，各种土类分级情况如下：

1. 暗棕壤类　全氮养分一级地面积为 2 492.79 公顷，占该土类耕地面积的 11.10%；全氮养分二级地面积为 4 117.33 公顷，占该土类耕地面积的 18.33%；全氮养分三级地面积为 6 978.35 公顷，占该土类耕地面积的 31.07%；全氮养分四级地面积为 6 867.41 公顷，占该土类耕地面积的 30.58%；全氮养分五级地面积为 2 004.49 公顷，占该土类耕地面积的 8.92%。

2. 白浆土类　全氮养分一级地面积为 530.51 公顷，占该土类耕地面积的 4.24%；全氮养分二级地面积为 1 390.08 公顷，占该土类耕地面积的 11.11%；全氮养分三级地面积为 4 607.00 公顷，占该土类耕地面积的 36.81%；全氮养分四级地面积为 5 075.59 公顷，占该土类耕地面积的 40.55%；全氮养分五级地面积为 913.91 公顷，占该土类耕地面积的 7.30%。

3. 草甸土类　全氮养分一级地面积为 782.55 公顷，占该土类耕地面积的 14.57%；全氮养分二级地面积为 969.92 公顷，占该土类耕地面积的 18.06%；全氮养分三级地面积为 1 790.99 公顷，占该土类耕地面积的 33.34%；全氮养分四级地面积为 1 460.01 公顷，占该土类耕地面积的 27.18%；全氮养分五级地面积为 368.03 公顷，占该土类耕地面积的 6.85%。

4. 沼泽土类　全氮养分一级地面积为 170.83 公顷，占该土类耕地面积的 17.70%；全氮养分二级地面积为 213.28 公顷，占该土类耕地面积的 22.10%；全氮养分三级地面积为 402.25 公顷，占该土类耕地面积的 41.68%；全氮养分四级地面积为 128.11 公顷，占该土类耕地面积的 13.28%；全氮养分五级地面积为 50.54 公顷，占该土类耕地面积的 5.24%。

5. 新积土类　全氮养分一级地面积为 64.95 公顷，占该土类耕地面积的 1.35%；全氮养分二级地面积为 328.25 公顷，占该土类耕地面积的 6.84%；全氮养分三级地面积为 1 582.08 公顷，占该土类耕地面积的 32.97%；全氮养分四级地面积为 1 844.72 公顷，占该土类耕地面积的 38.44%；全氮养分五级地面积为 978.49 公顷，占该土类耕地面积的 20.39%。

6. 水稻土类 全氮养分一级地面积为 1.95 公顷，占该土类耕地面积的 0.08%；全氮养分二级地面积为 79.82 公顷，占该土类耕地面积的 3.22%；全氮养分三级地面积为 1 410.37 公顷，占该土类耕地面积的 56.87%；全氮养分四级地面积为 901.74 公顷，占该土类耕地面积的 36.36%；全氮养分五级地面积为 86.29 公顷，占该土类耕地面积的 3.48%。

耕地土类全氮分级面积统计见表 4-10。

表 4-10 耕地土类全氮分级面积统计

土　种	面积（公顷）	一级地		二级地		三级地		四级地		五级地	
		面积（公顷）	占总面积（%）	面积（公顷）	占总面积（%）	面积（公顷）	占总面积（%）	面积（公顷）	占总面积（%）	面积（公顷）	占总面积（%）
一、暗棕壤类	22 460.37	2 492.79	11.10	4 117.33	18.33	6 978.35	31.07	6 867.41	30.58	2 004.49	8.92
（1）暗矿质暗棕壤	9 541.92	977.81	10.25	2 102.63	22.04	3 228.40	33.83	2 527.24	26.49	705.84	7.40
（2）亚暗矿质白浆化暗棕壤	4 988.35	575.09	11.53	676.63	13.56	1 889.82	37.88	1 407.11	28.21	439.70	8.81
（3）沙砾质暗棕壤	1 784.64	67.46	3.78	502.78	28.17	594.27	33.30	404.66	22.67	215.47	12.07
（4）沙砾质白浆化暗棕壤	5 157.16	772.54	14.98	819.16	15.88	1 177.30	22.83	2 032.10	39.40	356.06	6.90
（5）灰泥质暗棕壤	988.30	99.89	10.11	16.13	1.63	88.56	8.96	496.30	50.22	287.42	29.08
二、白浆土类	12 517.09	530.51	4.24	1 390.08	11.11	4 607.00	36.81	5 075.59	40.55	913.91	7.30
（1）薄层黄土质白浆土	2 712.06	96.11	3.54	257.22	9.48	814.26	30.02	1 466.39	54.07	78.08	2.88
（2）中层黄土质白浆土	4 324.13	283.82	6.56	415.22	9.61	1 358.81	31.42	1 828.31	42.28	437.87	10.13
（3）厚层沙底草甸白浆土	1 105.61	15.53	1.40	274.28	24.81	514.15	46.50	238.67	21.59	62.98	5.70
（4）厚层黄土质白浆土	3 933.91	121.95	3.10	411.77	10.47	1 687.98	42.91	1 414.82	35.96	297.39	7.56
（5）中层沙底草甸白浆土	441.38	13.10	2.97	31.29	7.09	231.80	52.52	127.60	28.91	37.59	8.52
三、草甸土类	5 371.50	782.55	14.57	969.92	18.06	1 790.99	33.34	1 460.01	27.18	368.03	6.85
（1）暗棕壤型草甸土	2 304.58	291.22	12.64	369.79	16.05	773.59	33.57	603.60	26.19	266.38	11.56
（2）石质草甸土	1 124.23	83.43	7.42	273.90	24.36	545.54	48.53	220.88	19.65	0.48	0.04
（3）厚层砾底草甸土	935.30	209.91	22.44	141.32	15.11	213.88	22.87	329.32	35.21	40.89	4.37
（4）薄层黏壤质潜育草甸土	622.79	197.99	31.79	72.88	11.70	145.85	23.42	199.17	31.98	6.90	1.11
（5）中层黏壤质潜育草甸土	263.72	0	0	4.23	1.60	99.07	37.57	107.04	40.59	53.38	20.24
（6）厚层黏壤质潜育草甸土	120.88	0	0	107.82	89.20	13.06	10.80	0	0	0	0
四、新积土类	4 798.49	64.95	1.35	328.25	6.84	1 582.08	32.97	1 844.72	38.44	978.49	20.39
（1）薄层砾质冲积土	2 416.71	43.51	1.80	125.81	5.21	623.55	25.80	1 084.62	44.88	539.22	22.31
（2）薄层沙质冲积土	2 381.78	21.44	0.90	202.44	8.50	958.53	40.24	760.10	31.91	439.27	18.44
五、水稻土类	2 480.17	1.95	0.08	79.82	3.22	1 410.37	56.87	901.74	36.36	86.29	3.48
（1）中层草甸土型淹育水稻土	1 498.22	0	0	58.38	3.90	874.12	58.34	518.60	34.61	47.12	3.15
（2）中层冲积土型淹育水稻土	704.85	0	0	0	0	474.60	67.33	204.17	28.97	26.08	3.70
（3）白浆土型淹育水稻土	233.61	1.95	0.83	21.44	9.18	50.55	21.64	158.77	67.96	0.90	0.39
（4）厚层沼泽土型潜育水稻土	43.49	0	0	0	0	11.10	25.52	20.20	46.45	12.19	28.03
六、沼泽土类	965.01	170.83	17.70	213.28	22.10	402.25	41.68	128.11	13.28	50.54	5.24
（1）厚层黏质草甸沼泽土	538.03	102.84	19.11	196.47	36.52	144.16	26.79	47.16	8.77	47.40	8.81
（2）薄层泥炭腐殖质沼泽土	302.04	61.67	20.42	15.29	5.06	143.73	47.59	78.21	25.89	3.14	1.04
（3）薄层泥炭沼泽土	124.94	6.32	5.06	1.52	1.22	114.36	91.53	2.74	2.19	0	0
合　计	48 592.63	4 043.58	8.32	7 098.68	14.61	16 771.40	34.51	16 277.58	33.50	4 401.75	9.06

分析东宁市各土类的全氮养分含量，平均含量由高到低依次为：草甸土（1.822克/千克）、沼泽土（1.795克/千克）、暗棕壤（1.783克/千克）、白浆土（1.618克/千克）、水稻土（1.494克/千克）、新积土（1.395克/千克），基本处于二级至四级水平（1.0～2.5克/千克），集中于三级至四级，占总耕地面积的68%，全氮含量属于中等偏下水平。

三、土壤碱解氮

土壤碱解氮是反映土壤供氮水平的一种较为稳定的指标，一般认为土壤中碱解氮含量小于50毫克/千克为供应较低，含量为50～100毫克/千克为供应中等，含量大于100毫克/千克为供应较高。

（一）各乡（镇）土壤碱解氮变化情况

本次耕地地力评价采样化验分析，东宁市土壤碱解氮最大值为381.0毫克/千克，最小值为47.0毫克/千克，平均值为180.1毫克/千克。见表4-11。

表4-11　土壤碱解氮含量统计

单位：毫克/千克

乡（镇）	最大值	最小值	平均值	地力等级				
				一级地	二级地	三级地	四级地	五级地
老黑山镇	381.0	86.2	195.0	—	184.6	179.4	197.7	218.7
道河镇	352.8	47.0	177.5	152.0	175.3	183.4	173.6	174.5
绥阳镇	380.2	86.2	229.7	—	213.4	222.4	223.2	240.7
大肚川镇	360.6	62.7	175.1	156.0	169.6	182.1	179.9	164.6
东宁镇	376.3	47.0	147.7	141.7	136.2	153.0	158.5	205.6
三岔口镇	248.2	65.4	149.2	150.6	151.2	148.0	146.7	154.0
全市	381.0	47.0	180.1	148.2	162.7	176.6	186.8	228.8

（二）各土壤类型碱解氮变化情况

本次耕地地力评价，东宁市不同土壤碱解氮平均含量分别为：沼泽土248.7毫克/千克，草甸土192.5毫克/千克，暗棕壤185.0毫克/千克，白浆土173.8毫克/千克，新积土153.0毫克/千克，水稻土141.5毫克/千克。与第二次土壤普查相比呈上升趋势，全市碱解氮平均值上升43.4毫克/千克。其中，暗棕壤土类上升46.2毫克/千克，草甸土土类上升42.8毫克/千克，新积土土类上升40.7毫克/千克，白浆土土类上升27.2毫克/千克，水稻土土类上升21.2毫克/千克。分析碱解氮上升原因，主要是因为暗棕壤、草甸土等土壤集中分布于绥阳、道河、老黑山等高海拔山区，有效积温较低，作物生长量小，然而，由于化肥的大量投入，使土壤氮素消耗相对少，有利于土壤碱解氮的上升。见表4-12。

表 4 – 12　耕地土壤碱解氮含量统计

单位：毫克/千克

土壤类型	本次耕地地力评价			各地力等级养分平均值					第二次土壤普查		
	最大值	最小值	平均值	一级地	二级地	三级地	四级地	五级地	最大值	最小值	平均值
一、暗棕壤	381.0	47.0	185.0	132.0	159.8	172.7	189.7	233.1	342.1	33.3	138.8
（1）暗矿质暗棕壤	381.0	47.0	193.2	—	149.5	173.0	191.5	233.7	153.0	91.1	119.3
（2）亚暗矿质白浆化暗棕壤	361.6	78.4	181.2	132.0	171.2	187.8	194.9	278.2	342.1	70.0	179.6
（3）沙砾质暗棕壤	347.6	94.1	182.5	—	155.1	177.3	175.6	209.5	198.3	33.3	117.7
（4）沙砾质白浆化暗棕壤	321.4	62.7	160.7	—	145.2	163.2	188.9	243.1	321.0	60.0	141.8
（5）灰泥质暗棕壤	381.0	86.9	173.4	—	154.1	145.7	187.2	277.2	141.0	60.0	94.7
二、白浆土	376.3	47.0	173.8	151.3	155.1	194.0	270.0	—	530.0	20.0	146.6
（1）薄层黄土质白浆土	327.1	47.0	171.0	157.2	175.3	178.1	243.5	—	185.0	20.0	107.7
（2）中层黄土质白浆土	376.3	75.8	189.5	156.8	143.1	189.1	272.1	—	530.0	50.0	117.6
（3）厚层沙底草甸白浆土	329.3	86.2	159.7	133.2	141.5	230.1	288.2	—	162.9	60.0	133.8
（4）厚层黄土质白浆土	284.9	70.6	164.2	154.6	154.1	181.8	232.5	—	270.0	64.9	139.9
（5）中层沙底草甸白浆土	294.0	101.9	184.3	143.3	154.3	264.3	258.1	—	507.0	60.0	233.7
三、草甸土	376.3	62.7	192.5	163.0	179.0	194.7	232.5	247.3	502.0	46.1	149.7
（1）暗棕壤型草甸土	376.3	67.6	198.4	152.9	156.5	194.4	234.8	247.3	502.0	46.1	148.2
（2）石质草甸土	346.9	94.1	194.2	162.5	182.7	199.9	242.3	—	290.0	50.0	186.7
（3）厚层砾底草甸土	281.8	100.0	190.2	—	191.4	184.6	212.6	—	313.0	95.0	160.8
（4）薄层黏壤质潜育草甸土	360.6	62.7	186.8	164.3	190.5	209.0	—	—	134.0	70.0	101.8
（5）中层黏壤质潜育草甸土	294.0	90.2	164.8	153.6	148.8	194.2	—	—	404.0	47.4	187.5
（6）厚层黏壤质潜育草甸土	211.7	164.6	189.1	172.5	190.9	—	—	—	475.0	105.5	113.0
四、新积土	368.5	47.0	153.0	—	—	138.3	141.6	202.8	231.0	10.0	112.3
（1）薄层砾质冲积土	368.5	47.0	148.1	—	—	139.5	144.4	183.9	231.0	30.0	126.2
（2）薄层沙质冲积土	347.6	47.0	159.1	—	—	134.2	138.8	214.6	150.0	10.0	98.3
五、水稻土	235.2	70.7	141.5	141.4	135.5	159.4	145.7	150.0	380.0	60.0	120.3
（1）中层草甸土型淹育水稻土	196.0	101.9	142.2	142.7	140.0	—	—	—	144.3	220.0	62.0
（2）中层冲积土型淹育水稻土	190.8	70.7	146.4	—	—	159.4	145.7	150.0	180.0	60.0	115.8
（3）白浆土型淹育水稻土	235.2	101.9	140.2	137.2	155.0	—	—	—	—	—	—
（4）厚层沼泽土型潜育水稻土	144.1	78.4	112.4	—	112.4	—	—	—	380.0	100.0	203.3
六、沼泽土	381.0	129.9	248.7	—	243.4	251.1	244.7	250.7	—	—	—
（1）厚层黏质草甸沼泽土	381.0	129.9	240.7	—	172.2	229.8	250.8	—	—	—
（2）薄层泥炭腐殖质沼泽土	376.3	143.7	268.5	—	247.1	279.6	260.1	—	—	—	—
（3）薄层泥炭沼泽土	299.7	178.4	239.0	—	234.9	223.4	281.3	—	—	—	—
全　市	381.0	47.0	180.1	148.2	162.7	176.6	186.8	228.8	530.0	10.0	136.7

（三）土壤碱解氮分级面积情况

按照黑龙江省土壤碱解氮分级标准，东宁市碱解氮一级地面积为 5 531.24 公顷，占总耕地面积的 11.38%；碱解氮二级地面积为 12 268.29 公顷，占总耕地面积的 25.25%；碱解氮三级地面积为 11 171.42 公顷，占总耕地面积的 22.99%；碱解氮四级地面积为 12 423.12 公顷，占总耕地面积的 25.57%；碱解氮五级地面积为 6 537.17 公顷，占总耕地面积的 13.45%；碱解氮六级地面积为 661.39 公顷，占总耕地面积的 1.36%。东宁市耕地碱解氮含量集中分布在二级至四级（250～120 毫克/千克），占总耕地面积的 73.81%，碱解氮含量属中等偏上水平。耕层土壤碱解氮频率分布比较见图 4-3，见表 4-13。

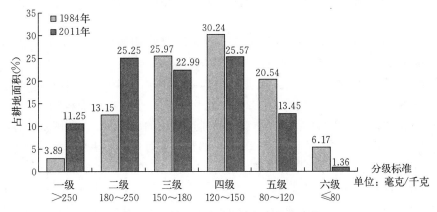

图 4-3　耕层土壤碱解氮频率分布比较

表 4-13　各乡（镇）耕地土壤碱解氮分级面积统计

乡（镇）	面积（公顷）	一级地		二级地		三级地		四级地		五级地		六级地	
		面积（公顷）	占总面积（%）	面积（公顷）	占总面积（%）	面积（公顷）	占总面积（%）	面积（公顷）	占总面积（%）	面积（公顷）	占总面积（%）	面积（公顷）	占总面积（%）
老黑山镇	6 548.52	752.21	11.49	2 658.42	40.60	1 186.96	18.13	1 529.19	23.35	421.74	6.44	0	0
道河镇镇	8 944.25	570.66	6.38	3 187.86	35.64	2 675.38	29.91	1 998.29	22.34	361.90	4.05	150.16	1.68
绥阳镇	8 750.38	3 461.56	39.56	3 217.19	36.77	1 030.86	11.78	630.14	7.20	410.63	4.69	0	0
大肚川镇	9 314.40	410.74	4.41	1 726.39	18.53	2 713.03	29.13	2 210.44	23.73	2 199.26	23.61	54.54	0.59
东宁镇	7 283.92	336.07	4.61	780.75	10.72	1 025.90	14.08	2 688.12	36.90	2 037.53	27.97	415.55	5.71
三岔口镇	7 751.16	0	0	697.68	9.00	2 539.29	32.76	3 366.94	43.44	1 106.11	14.27	41.14	0.53
合　计	48 592.63	5 531.24	11.38	12 268.29	25.25	11 171.42	22.99	12 423.12	25.57	6 537.17	13.45	661.39	1.36

（四）不同土类耕地碱解氮分级面积情况

按照黑龙江省耕地土壤碱解氮分级标准，东宁市各类土壤碱解氮分级如下：

1. 暗棕壤类　碱解氮养分一级地面积为 2 482.89 公顷，占该土类耕地面积的 11.05%；碱解氮养分二级地面积为 6 933.36 公顷，占该土类耕地面积的 30.87%；碱解氮养分三级地面积为 4 962.24 公顷，占该土类耕地面积的 22.09%；碱解氮养分四级地面积为 5 198.12 公顷，占该土类耕地面积的 23.14%；碱解氮养分五级地面积为 2 797.94 公顷，占该土类耕地面积的 12.46%；碱解氮养分六级地面积为 85.82 公顷，占该土类耕地面积的 0.38%。

暗棕壤类土壤碱解氮水平集中分布在二级、三级和四级，占该土类总耕地面积的 76.1%，碱解氮含量属中等偏上水平。

2. 白浆土类 碱解氮养分一级地面积为 1 220.27 公顷，占该土类耕地面积的 9.75%；碱解氮养分二级地面积为 2 451.06 公顷，占该土类耕地面积的 19.58%；碱解氮养分三级地面积为 3 239.95 公顷，占该土类耕地面积的 25.88%；碱解氮养分四级地面积为 3 565.32 公顷，占该土类耕地面积的 28.48%；碱解氮养分五级地面积为 1 889.84 公顷，占该土类耕地面积的 15.10%；碱解氮养分六级地面积为 150.65 公顷，占该土类耕地面积的 1.20%。

白浆土类土壤碱解氮水平集中分布在二级、三级和四级，占该土类总耕地面积的 73.94%，碱解氮含量属中等偏上水平。

3. 草甸土类 碱解氮养分一级地面积为 1 088.45 公顷，占该土类耕地面积的 20.26%；碱解氮养分二级地面积为 1 624.20 公顷，占该土类耕地面积的 30.24%；碱解氮养分三级地面积为 1 045.44 公顷，占该土类耕地面积的 19.46%；碱解氮养分四级耕地面积为 987.95 公顷，占该土类耕地面积的 18.39%；碱解氮养分五级地面积为 590.13 公顷，占该土类耕地面积的 10.99%；碱解氮养分六级地面积为 35.33 公顷，占该土类耕地面积的 0.66%。

草甸土类土壤碱解氮水平集中分布在一级、二级、三级和四级，占该土类总耕地面积的 88.35%，碱解氮含量属高水平。

4. 沼泽土类 碱解氮养分一级地面积为 467.44 公顷，占该土类耕地面积的 48.44%；碱解氮养分二级地面积为 380.25 公顷，占该土类耕地面积的 39.40%；碱解氮养分三级地面积为 38.06 公顷，占该土类耕地面积的 3.94%；碱解氮养分四级地面积为 79.26 公顷，占该土类耕地面积的 8.21%；碱解氮养分五级、六级地无分布。

沼泽土类土壤碱解氮水平集中分布在一级和二级，占该土类总耕地面积的 87.84%，碱解氮含量属高水平。

5. 新积土类 碱解氮养分一级地面积为 272.19 公顷，占该土类耕地面积的 5.67%；碱解氮养分二级地面积为 760.69 公顷，占该土类耕地面积的 15.85%；碱解氮养分三级地面积为 666.38 公顷，占该土类耕地面积的 13.89%；碱解氮养分四级地面积为 1 689.01 公顷，占该土类耕地面积的 35.20%；碱解氮养分五级耕地面积为 1 028.80 公顷，占该土类耕地面积的 21.44%；碱解氮养分六级地面积为 381.42 公顷，占该土类耕地面积的 7.95%。

新积土类土壤碱解氮水平集中分布在三级、四级和五级，占该土类总耕地面积的 70.53%，碱解氮含量属中等偏下水平。

6. 水稻土类 碱解氮养分一级地无分布；碱解氮养分二级地面积为 118.73 公顷，占该土类耕地面积的 4.79%；碱解氮养分三级地面积为 1 219.35 公顷，占该土类耕地面积的 49.16%；碱解氮养分四级地面积为 903.46 公顷，占该土类耕地面积的 36.43%；碱解氮养分五级地面积为 230.46 公顷，占该土类耕地面积的 9.29%；碱解氮养分六级耕地面积为 8.17 公顷，占该土类耕地面积的 0.33%。

水稻土类土壤碱解氮水平集中分布在三级、四级和五级，占该土类总耕地面积的 94.88%，碱解氮含量属中等水平。

分析东宁市各土类的碱解氮含量，平均含量由高到低依次为：沼泽土（248.7 毫克/千克）、草甸土（192.5 毫克/千克）、暗棕壤（185.0 毫克/千克）、白浆土（173.8 毫克/千克）、新积土（153.0 毫克/千克）、水稻土（141.5 毫克/千克）。基本处于二级至四级水平（120~250 毫克/千克），占总耕地面积的 73.8%，碱解氮含量属于中等偏上水平。碱解氮含量之所以较高，是因为东宁市土壤类型主要为暗棕壤和白浆土类，占全市总耕地面积的 71.98%，这两种土类碱解氮含量均属于中等偏上水平。耕地土壤碱解氮分级面积统计见表 4-14。

表 4-14　耕地土壤碱解氮分级面积统计

土　种	面积（公顷）	一级地		二级地		三级地		四级地		五级地		六级地	
		面积（公顷）	占总面积（%）	面积（公顷）	占总面积（%）	面积（公顷）	占总面积（%）	面积（公顷）	占总面积（%）	面积（公顷）	占总面积（%）	面积（公顷）	占总面积（%）
一、暗棕壤	22 460.37	2 482.89	11.05	6 933.36	30.87	4 962.24	22.09	5 198.12	23.14	2 797.94	12.46	85.82	0.38
（1）暗矿质暗棕壤	9 541.92	1 687.96	17.69	3 815.29	39.98	1 455.69	15.26	1 801.46	18.88	700.62	7.34	80.90	0.85
（2）亚暗矿质白浆化暗棕壤	4 988.35	268.55	5.38	1 450.16	29.07	1 251.36	25.09	1 592.82	31.93	423.54	8.49	1.92	0.04
（3）沙砾质暗棕壤	1 784.64	205.00	11.49	465.11	26.06	391.48	21.94	469.55	26.31	253.50	14.20	0	0
（4）沙砾质白浆化暗棕壤	5 157.16	223.79	4.34	1 118.56	21.69	1 575.57	30.55	1 091.87	21.17	1 144.37	22.19	3.00	0.06
（5）灰泥质暗棕壤	988.30	97.59	9.87	84.24	8.52	288.14	29.16	242.42	24.53	275.91	27.92	0	0
二、白浆土	12 517.09	1 220.27	9.75	2 451.06	19.58	3 239.95	25.88	3 565.32	28.48	1 889.84	15.10	150.65	1.20
（1）薄层黄土质白浆土	2 712.06	115.11	4.24	611.20	22.54	1 041.05	38.39	821.02	30.27	79.47	2.93	44.21	1.63
（2）中层黄土质白浆土	4 324.13	714.61	16.53	857.63	19.83	744.23	17.21	1 169.60	27.05	781.24	18.07	56.82	1.31
（3）厚层沙底草甸白浆土	1 105.61	108.08	9.78	162.92	14.74	245.49	22.20	276.52	25.01	312.60	28.27	0	0
（4）厚层黄土质白浆土	3 933.91	205.97	5.24	797.25	20.27	979.93	24.91	1 222.20	31.07	678.94	17.26	49.62	1.26
（5）中层沙底草甸白浆土	441.38	76.50	17.33	22.06	5.00	229.25	51.94	75.98	17.21	37.59	8.52	0	0

（续）

土 种	面积（公顷）	一级地		二级地		三级地		四级地		五级地		六级地	
		面积（公顷）	占总面积（%）	面积（公顷）	占总面积（%）	面积（公顷）	占总面积（%）	面积（公顷）	占总面积（%）	面积（公顷）	占总面积（%）	面积（公顷）	占总面积（%）
三、草甸土	5 371.50	1 088.45	20.26	1 624.20	30.24	1 045.44	19.46	987.95	18.39	590.13	10.99	35.33	0.66
（1）暗棕壤型草甸土	2 304.58	514.15	22.31	749.76	32.53	346.96	15.06	306.22	13.29	355.07	15.41	32.42	1.41
（2）石质草甸土	1 124.23	211.35	18.80	308.81	27.47	351.13	31.23	211.39	18.80	41.55	3.70	0	0
（3）厚层砾底草甸土	935.30	129.04	13.80	377.63	40.38	127.60	13.64	266.97	28.54	34.06	3.64	0	0
（4）薄层黏壤质潜育草甸土	622.79	226.21	36.32	62.53	10.04	109.99	17.66	81.39	13.07	139.76	22.44	2.91	0.47
（5）中层黏壤质潜育草甸土	263.72	7.70	2.92	41.01	15.55	73.34	27.81	121.98	46.25	19.69	7.47	0	0
（6）厚层黏壤质潜育草甸土	120.88	0	0	84.46	69.87	36.42	30.13	0	0	0	0	0	0
四、新积土	4 798.49	272.19	5.67	760.69	15.85	666.38	13.89	1 689.01	35.20	1 028.80	21.44	381.42	7.95
（1）薄层砾质冲积土	2 416.71	25.61	1.06	344.98	14.27	413.42	17.11	816.71	33.79	635.29	26.29	180.70	7.48
（2）薄层沙质冲积土	2 381.78	246.58	10.35	415.71	17.45	252.96	10.62	872.30	36.62	393.51	16.52	200.72	8.43
五、水稻土	2 480.17	0	0	118.73	4.79	1 219.35	49.16	903.46	36.43	230.46	9.29	8.17	0.33
（1）中层草甸土型淹育水稻土	1 498.22	0	0	2.00	0.13	800.04	53.40	569.65	38.02	126.53	8.45	0	0
（2）中层冲积土型淹育水稻土	704.85	0	0	95.29	13.52	346.84	49.21	229.30	32.53	27.58	3.91	5.84	0.83
（3）白浆土型淹育水稻土	233.61	0	0	21.44	9.18	72.47	31.02	78.94	33.79	60.76	26.01	0	0
（4）厚层沼泽土型潜育水稻土	43.49	0	0	0	0	0	0	25.57	58.80	15.59	35.85	2.33	5.36
六、沼泽土	965.01	467.44	48.44	380.25	39.40	38.06	3.94	79.26	8.21	0	0	0	0
（1）厚层黏质草甸沼泽土	538.03	243.85	45.32	209.92	39.02	22.23	4.13	62.03	11.53	0	0	0	0
（2）薄层泥炭腐殖质沼泽土	302.04	192.36	63.69	84.01	27.81	8.44	2.79	17.23	5.70	0	0	0	0
（3）薄层泥炭沼泽土	124.94	31.23	25.00	86.32	69.09	7.39	5.91	0	0	0	0	0	0
合 计	48 592.63	5 531.24	11.38	12 268.29	25.25	11 171.42	22.99	12 423.12	25.57	6 537.17	13.45	661.39	1.36

（五）氮素养分供应强度

速效养分占全量养分的百分比，称为养分供应强度。从两次土壤化验结果对比看，本次调查的养分供应强度最低为 8.91%，最高 15.34%，平均 10.89%。而第二次土壤普查时养分供应强度最低为 2.05%，最高 9.86%，平均为 6.61%。说明目前耕地的氮素供应强度有所增强。见表 4-15。

表 4-15　氮素养分供应强度对比

土　种	1984 年第二次土壤普查			本次地力评价调查		
	全氮 （克/千克）	碱解氮 （毫克/千克）	供应 强度（%）	全氮 （克/千克）	碱解氮 （毫克/千克）	供应 强度（%）
暗矿质暗棕壤	5.806	119.3	2.05	1.790	193.2	10.79
亚暗矿质白浆化暗棕壤	3.792	179.6	4.74	1.880	181.2	9.64
沙砾质暗棕壤	2.626	117.7	4.48	1.718	182.5	10.62
沙砾质白浆化暗棕壤	2.250	141.8	6.30	1.715	160.7	9.37
灰泥质暗棕壤	1.034	94.7	9.16	1.609	173.4	10.78
薄层黄土质白浆土	1.420	107.7	7.59	1.688	171.0	10.13
中层黄土质白浆土	1.898	117.6	6.20	1.557	189.5	12.17
厚层沙底草甸白浆土	1.826	133.8	7.33	1.650	159.7	9.68
厚层黄土质白浆土	1.500	139.9	9.33	1.606	164.3	10.22
中层沙底草甸白浆土	2.800	233.7	8.35	1.648	184.3	11.18
暗棕壤型草甸土	2.381	148.2	6.23	1.733	198.4	11.45
厚层砾底草甸土	2.817	160.8	5.71	1.914	190.2	9.94
石质草甸土	3.304	186.7	5.65	1.855	194.2	10.47
薄层黏壤质潜育草甸土	1.710	101.8	5.95	2.004	186.8	9.32
中层黏壤质潜育草甸土	2.580	187.5	7.27	1.222	164.8	13.49
厚层黏壤质潜育草甸土	3.830	113.0	2.95	2.123	189.1	8.91
薄层砾质冲积土	1.280	126.2	9.86	1.385	148.1	10.69
薄层沙质冲积土	1.355	98.3	7.25	1.407	159.1	11.31
中层草甸土型淹育水稻土	1.820	144.3	7.93	1.542	142.2	9.22
厚层沼泽土型潜育水稻土	2.990	203.3	6.80	0.928	112.4	12.11
中层冲积土型淹育水稻土	1.510	115.8	7.67	1.451	146.4	10.09
白浆土型淹育水稻土	—	—	—	1.545	140.2	9.07
厚层黏质草甸沼泽土	—	—	—	1.808	240.7	13.31
薄层泥炭腐殖质沼泽土	—	—	—	1.750	268.5	15.34
薄层泥炭沼泽土	—	—	—	1.836	239.0	13.02

分析氮素养分供应强度提高原因，主要是因为耕作方式的改变，氮素化肥大量的投入，加之暗棕壤、草甸土等土壤集中分布于绥阳、道河、老黑山等高海拔山区，积温较低，作物生长量小，土壤氮素消耗相对少，有利于土壤碱解氮含量的上升，使土壤氮素养

分供应强度提高。

四、土壤全磷

土壤全磷量即磷的总储量,包括有机磷和无机磷两大类。土壤中的磷素大部分是以迟效性状态存在,因此土壤全磷含量并不能作为土壤磷素供应的指标,全磷含量高时并不意味着磷素供应充足,而全磷含量低于某一水平时,却可能意味着磷素供应不足。

(一)各乡(镇)土壤全磷变化情况

本次采样化验分析得出,东宁市土壤全磷最大值为1.740克/千克,最小值为0.123克/千克,平均值为0.680克/千克。其中,绥阳、道河、老黑山3个镇的土壤全磷含量相对较高。见表4-16。

表4-16 土壤全磷含量统计

单位:克/千克

乡(镇)	最大值	最小值	平均值	地力等级				
				一级地	二级地	三级地	四级地	五级地
老黑山镇	1.449	0.326	0.763	—	0.761	0.753	0.769	0.762
道河镇	1.349	0.371	0.775	0.709	0.783	0.783	0.765	0.762
绥阳镇	1.335	0.300	0.788	—	0.802	0.814	0.777	0.785
大肚川镇	1.740	0.123	0.626	0.589	0.598	0.655	0.631	0.624
东宁镇	1.731	0.202	0.613	0.581	0.594	0.647	0.622	0.631
三岔口镇	0.955	0.182	0.535	0.529	0.503	0.560	0.549	0.565
全 市	1.740	0.123	0.680	0.569	0.619	0.691	0.710	0.767

(二)各土壤类型全磷变化情况

本次耕地地力调查东宁市土壤耕地土壤全磷最大值是1.740克/千克,最小值是0.123克/千克,平均值是0.680克/千克。而第二次土壤普查时全磷最大值是8.800克/千克,最小值是0.750克/千克,平均值是1.967克/千克。最大值下降幅度很大,平均值下降1.287克/千克。见表4-17。

表4-17 耕地土壤全磷含量统计

单位:克/千克

土 类	本次耕地地力评价			各地力等级养分平均值					第二次土壤普查 (1984年)		
	最大值	最小值	平均值	一级地	二级地	三级地	四级地	五级地	最大值	最小值	平均值
一、暗棕壤	1.731	0.159	0.696	0.509	0.567	0.677	0.744	0.775	—	—	—
(1)暗矿质暗棕壤	1.349	0.159	0.723		0.493	0.688	0.739	0.762	—	—	1.340
(2)亚暗矿质白浆化暗棕壤	1.731	0.202	0.673	0.509	0.618	0.712	0.796	0.909	—	—	1.420
(3)沙砾质暗棕壤	1.162	0.413	0.728		0.532	0.703	0.745	0.770	—	—	3.450

（续）

土 类	本次耕地地力评价			各地力等级养分平均值					第二次土壤普查（1984 年）		
	最大值	最小值	平均值	一级地	二级地	三级地	四级地	五级地	最大值	最小值	平均值
（4）沙砾质白浆化暗棕壤	1.162	0.159	0.595	—	0.503	0.626	0.736	0.869	—	—	—
（5）灰泥质暗棕壤	1.324	0.368	0.682	—	0.646	0.555	0.775	1.032	—	—	—
二、白浆土	1.449	0.123	0.649	0.580	0.627	0.735	0.775	—			
（1）薄层黄土质白浆土	1.422	0.159	0.667	0.562	0.704	0.711	0.814	—	—	—	0.650
（2）中层黄土质白浆土	1.335	0.315	0.667	0.615	0.610	0.680	0.773	—	—	—	0.930
（3）厚层沙底草甸白浆土	1.289	0.182	0.584	0.525	0.548	0.790	0.726	—	—	—	3.200
（4）厚层黄土质白浆土	1.449	0.123	0.653	0.608	0.619	0.726	0.809	—	—	—	1.165
（5）中层沙底草甸白浆土	0.879	0.395	0.643	0.540	0.588	0.822	0.813	—	—	—	1.150
三、草甸土	1.740	0.159	0.719	0.578	0.675	0.749	0.806	0.807	—		
（1）暗棕壤型草甸土	1.731	0.159	0.738	0.782	0.631	0.750	0.796	0.807	—	—	1.830
（2）石质草甸土	1.740	0.341	0.723	0.455	0.694	0.759	0.850	—	—	—	2.680
（3）厚层砾底草甸土	1.112	0.228	0.695	—	0.656	0.714	0.790	—	—	—	1.465
（4）薄层黏壤质潜育草甸土	1.066	0.203	0.682	0.595	0.687	0.791	—	—	—	—	1.475
（5）中层黏壤质潜育草甸土	0.954	0.483	0.663	0.635	0.594	0.785	—	—	—	—	1.520
（6）厚层黏壤质潜育草甸土	1.085	0.782	0.921	0.782	0.936	—	—	—	—	—	4.420
四、新积土	1.256	0.159	0.638			0.620	0.608	0.741	—		
（1）薄层砾质冲积土	1.256	0.159	0.624			0.610	0.612	0.700	—	—	1.190
（2）薄层沙质冲积土	1.098	0.341	0.655			0.652	0.603	0.769	—	—	1.052
五、水稻土	0.922	0.243	0.555	0.557	0.625	0.372	0.505	0.524	—		
（1）中层草甸土型淹育水稻土	0.922	0.243	0.564	0.556	0.600	—	—	—	—	—	1.250
（2）中层冲积土型淹育水稻土	0.766	0.300	0.500	—	—	0.372	0.505	0.524	—	—	—
（3）白浆土型淹育水稻土	0.828	0.326	0.599	0.560	0.786	—	—	—	—	—	0.620
（4）厚层沼泽土型潜育水稻土	0.646	0.532	0.573	—	0.573	—	—	—	—	—	1.965
六、沼泽土	1.335	0.297	0.782	—	0.832	0.823	0.752	0.755	—		
（1）厚层黏质草甸沼泽土	1.335	0.297	0.772	—	—	0.595	0.845	0.755	—	—	2.815
（2）薄层泥炭腐殖质沼泽土	1.001	0.329	0.776	—	—	0.826	0.862	0.453	—	—	3.440
（3）薄层泥炭沼泽土	1.150	0.557	0.828	—	—	0.849	0.822	0.825	—	—	4.860
全 市	1.740	0.123	0.680	0.569	0.619	0.691	0.710	0.767	8.800	0.750	1.967

（三）土壤全磷分级面积情况

本次耕地地力调查按照黑龙江省土壤养分分级标准，全磷养分分级面积如下：

东宁市没有土壤全磷养分一级地无分布；全磷养分二级地面积为 35.53 公顷，占总耕地面积的 0.07%；全磷养分三级地面积为 2 442.36 公顷，占总耕地面积的 5.03%；全磷养分四级地面积为 37 091.21 公顷，占总耕地面积的 76.33%；全磷养分五级地面积为

9 023.53公顷，占总耕地面积的18.57％。主要耕地集中在四级（0.5～1.0克/千克，土壤全磷含量较低。见表4-18。

表4-18　各乡（镇）耕地土壤全磷分级面积统计

乡（镇）	面积（公顷）	一级地		二级地		三级地		四级地		五级地	
		面积（公顷）	占总面积（％）	面积（公顷）	占总面积（％）	面积（公顷）	占总面积（％）	面积（公顷）	占总面积（％）	面积（公顷）	占总面积（％）
老黑山镇	6 548.52	0	0	0	0	755.08	11.53	5 661.68	86.46	131.76	2.01
道河镇	8 944.25	0	0	0	0	645.00	7.21	8 150.01	91.12	149.24	1.67
绥阳镇	8 750.38	0	0	0	0	750.26	8.57	7 385.61	84.40	614.51	7.02
大肚川镇	9 314.4	0	0	12.99	0.14	85.15	0.91	6 650.02	71.40	2 566.24	27.55
东宁镇	7 283.92	0	0	22.54	0.31	206.87	2.84	5 605.31	76.95	1 449.20	19.90
三岔口镇	7 751.16	0	0	0	0	0	0	3 638.58	46.94	4 112.58	53.06
合　计	48 592.63	0	0	35.53	0.07	2 442.36	5.03	37 091.21	76.33	9 023.53	18.57

（四）不同土类耕地全磷分级面积情况

东宁市耕地土壤全磷养分标准共有5级，各土类全磷分级面积统计如下：

1. 暗棕壤类　全磷养分一级地无分布；全磷养分二级地面积为7.51公顷，占该土类耕地面积的0.03％；全磷养分三级地面积为1 417.42公顷，占该土类耕地面积的6.31％；全磷养分四级地面积为17 193.46公顷，占该土类耕地面积的76.55％；全磷养分五级地面积为3 841.98公顷，占该土类耕地面积的17.11％。

2. 白浆土类　全磷养分一级和二级地无分布；全磷养分三级地面积为163.23公顷，占该土类耕地面积的1.30％；全磷养分四级地面积为9 771.11公顷，占该土类耕地面积的78.06％；全磷养分五级地面积为2 582.75公顷，占该土类耕地面积的20.63％。

3. 草甸土类　全磷养分一级地无分布；全磷养分二级地面积为28.02公顷，占该土类耕地面积的0.52％；全磷养分三级地面积为548.47公顷，占该耕地面积的10.21％；全磷养分四级地面积为4 127.5公顷，占该土类耕地面积的76.84％；全磷养分五级耕地面积为667.51公顷，占该土类耕地面积的12.43％。

4. 沼泽土类　全磷养分一级和二级地无分布；全磷养分三级地面积为268.02公顷，占该土类耕地面积的27.77％；全磷养分四级地面积为534.57公顷，占该土类耕地面积的55.40％；全磷养分五级地面积为162.42公顷，占该土类耕地面积的16.83％。

5. 新积土类　全磷养分一级和二级地无分布；全磷养分三级地面积为45.22公顷，占该土类耕地面积的0.94％；全磷养分四级地面积为4 020.54公顷，占该土类耕地面积的83.79％；全磷养分五级地面积为732.73公顷，占该土类耕地面积的15.27％。

6. 水稻土类　全磷养分一级、二级和三级地无分布；全磷养分四级地面积为1 444.03公顷，占该土类耕地面积的58.22％；全磷养分五级地面积为1 036.14公顷，占该土类耕地面积的41.78％。

耕地土壤全磷分级面积统计见表4-19。

表 4-19　耕地土壤全磷分级面积统计

土　种	面积（公顷）	一级地		二级地		三级地		四级地		五级地	
		面积（公顷）	占总面积（%）	面积（公顷）	占总面积（%）	面积（公顷）	占总面积（%）	面积（公顷）	占总面积（%）	面积（公顷）	占总面积（%）
一、暗棕壤	22 460.37	0	0	7.51	0.033	1 417.42	6.31	17 193.46	76.55	3 841.98	17.11
（1）暗矿质暗棕壤	9 541.92	0	0	0	0	738.82	7.74	7 880.89	82.59	922.21	9.66
（2）亚暗矿质白浆化暗棕壤	4 988.35	0	0	7.51	0.15	295.62	5.93	3 710.42	74.38	974.80	19.54
（3）沙砾质暗棕壤	1 784.64	0	0	0	0	135.85	7.61	1 460.89	81.86	187.9	10.53
（4）沙砾质白浆化暗棕壤	5 157.16	0	0	0	0	156.4	3.03	3 527.2	68.39	1 473.56	28.57
（5）灰泥质暗棕壤	988.3	0	0	0	0	90.73	9.18	614.06	62.13	283.51	28.69
二、白浆土	12 517.09	0	0	0	0	163.23	1.30	9 771.11	78.06	2 582.75	20.63
（1）薄层黄土质白浆土	2 712.06	0	0	0	0	27.26	1.01	2 066.55	76.20	618.25	22.80
（2）中层黄土质白浆土	4 324.13	0	0	0	0	109.41	2.53	3 066.67	70.92	1 148.05	26.55
（3）厚层沙底草甸白浆土	1 105.61	0	0	0	0	13	1.18	762.35	68.95	330.26	29.87
（4）厚层黄土质白浆土	3 933.91	0	0	0	0	13.56	0.34	3 475.61	88.35	444.74	11.31
（5）中层沙底草甸白浆土	441.38	0	0	0	0	0	0	399.93	90.61	41.45	9.39
三、草甸土	5 371.5	0	0	28.02	0.522	548.47	10.21	4 127.5	76.84	667.51	12.43
（1）暗棕壤型草甸土	2 304.58	0	0	15.03	0.652	168.5	7.31	1 803.8	78.27	317.25	13.77
（2）石质草甸土	1 124.23	0	0	12.99	1.155	104.9	9.33	895.79	79.68	110.55	9.83
（3）厚层砾底草甸土	935.3	0	0	0	0	43.00	4.60	869.36	92.95	22.94	2.45
（4）薄层黏壤质潜育草甸土	622.79	0	0	0	0	219.01	35.17	204.36	32.81	199.42	32.02
（5）中层黏壤质潜育草甸土	263.72	0	0	0	0	0	0	246.37	93.42	17.35	6.58
（6）厚层黏壤质潜育草甸土	120.88	0	0	0	0	13.06	10.80	107.82	89.20	0	0
四、新积土	4 798.49	0	0	0	0	45.22	0.94	4 020.54	83.79	732.73	15.27
（1）薄层砾质冲积土	2 416.71	0	0	0	0	26.63	1.10	1 956.55	80.96	433.53	17.94
（2）薄层沙质冲积土	2 381.78	0	0	0	0	18.59	0.78	2 063.99	86.66	299.20	12.56
五、水稻土	2 480.17	0	0	0	0	0	0	1 444.03	58.22	1 036.14	41.78
（1）中层草甸土型淹育水稻土	1 498.22	0	0	0	0	0	0	1 041.97	69.55	456.25	30.45
（2）中层冲积土型淹育水稻土	704.85	0	0	0	0	0	0	203.42	28.86	501.43	71.14
（3）白浆土型淹育水稻土	233.61	0	0	0	0	0	0	155.15	66.41	78.46	33.59
（4）厚层沼泽土型潜育水稻土	43.49	0	0	0	0	0	0	43.49	100.00	0	0
六、沼泽土	965.01	0	0	0	0	268.02	27.77	534.57	55.40	162.42	16.83
（1）厚层黏质草甸沼泽土	538.03	0	0	0	0	199.34	37.05	226.88	42.17	111.81	20.78
（2）薄层泥炭腐殖质沼泽土	302.04	0	0	0	0	61.67	20.42	189.76	62.83	50.61	16.76
（3）薄层泥炭沼泽土	124.94	0	0	0	0	7.01	5.61	117.93	94.39	0	0
合　计	48 592.63	0	0	35.53	0.001	2 442.36	0.05	37 091.21	0.76	9 023.53	0.19

分析东宁市各土类的全磷养分含量，平均含量由高到低依次为：沼泽土（0.782克/千克），草甸土（0.719克/千克），暗棕壤（0.696克/千克），白浆土（0.649克/千克），新积土（0.638克/千克），水稻土（0.555克/千克）。全磷养分含量主要集中在四级地（0.5～1.0克/千克），全市平均含量为0.680克/千克，低于土壤全磷含量在磷素供应上的0.8～1.07克/千克的界限值下线，整体土壤全磷含量较低。

五、土壤有效磷

土壤有效磷是土壤中可被植物吸收的磷组分，包括全部水溶性磷、部分吸附态磷及有机态磷。土壤中有效磷含量与全磷含量之间虽不是直线相关，但当土壤全磷含量低于0.3克/千克时，土壤往往表现缺少有效磷。土壤有效磷是土壤磷素养分供应水平高低的指标，土壤磷素含量的高低在一定程度反映了土壤中磷素的储量和供应能力。土壤有效磷含量状态指能被当季作物吸收的量。了解土壤中有效磷的供应状况，对于施肥有着直接的意义。

（一）各乡（镇）土壤有效磷变化情况

本次采样化验分析，东宁市土壤有效磷含量最大值为102.9毫克/千克，最小值为2.4毫克/千克，平均值为23.0毫克/千克。见表4-20。

表4-20 土壤有效磷含量统计

单位：毫克/千克

乡（镇）	最大值	最小值	平均值	地力等级				
				一级地	二级地	三级地	四级地	五级地
老黑山镇	102.9	5.2	20.1	—	24.7	20.2	19.4	18.8
道河镇	73.1	2.4	27.2	29.6	29.9	27.2	25.6	25.3
绥阳镇	70.7	5.1	23.1	—	30.2	24.3	22.7	22.2
大肚川镇	95.0	3.6	19.9	25.9	19.6	19.7	17.3	14.1
东宁镇	95.1	6.2	23.9	23.8	26.5	25.6	18.3	15.9
三岔口镇	95.0	6.2	24.6	28.2	23.6	23.3	25.5	23.8
全　市	102.9	2.4	23.0	25.8	24.1	23.0	22.1	21.3

（二）各土壤类型有效磷变化情况

本次耕地地力评价，东宁市不同土壤有效磷平均含量由高到低依次为：新积土25.0毫克/千克，白浆土24.3毫克/千克，沼泽土23.8毫克/千克，草甸土22.8毫克/千克，暗棕壤22.4毫克/千克，水稻土21.6毫克/千克。与第二次土壤普查相比呈上升趋势，全市有效磷含量平均值上升15.4毫克/千克。其中，白浆土土类上升18.5毫克/千克、新积土土类上升17.5毫克/千克、水稻土土类上升16.2毫克/千克、暗棕壤土类上升11.6毫克/千克、草甸土土类上升11.2毫克/千克。分析有效磷含量水平上升原因，主要是近几年大量施用化学磷肥，基本满足了作物生长需要，土壤中有效磷的消耗相对减少的结果。耕地土壤有效磷含量统计见表4-21。

表 4-21 耕地土壤有效磷含量统计

单位：毫克/千克

土壤类型	本次耕地地力评价			各地力等级养分平均值					第二次土壤普查		
	最大值	最小值	平均值	一级地	二级地	三级地	四级地	五级地	最大值	最小值	平均值
一、暗棕壤	95.1	3.6	22.4	30.1	25.0	22.6	21.2	21.5	39.2	0.5	10.8
(1) 暗矿质暗棕壤	95.1	5.1	22.3	—	32.9	23.6	21.3	21.5	36.2	4.1	19.4
(2) 亚暗矿质白浆化暗棕壤	72.8	5.1	24.2	30.1	25.7	22.6	20.6	25.3	39.15	1.6	13.1
(3) 沙砾质暗棕壤	52.2	3.6	20.9	—	42.4	20.5	19.6	21.0	24.9	2.4	8.9
(4) 沙砾质白浆化暗棕壤	95.1	5.1	21.0	—	21.9	20.1	21.8	17.7	25.2	0.5	6.6
(5) 灰泥质暗棕壤	58.8	7.9	25.7	—	43.0	24.4	23.5	22.9	28.7	0.5	4.0
二、白浆土	102.9	6.7	24.3	26.3	24.2	21.9	22.9	—	39.6	0.8	5.8
(1) 薄层黄土质白浆土	95.0	7.1	27.2	33.1	25.6	21.6	17.8	—	8.2	1.0	4.1
(2) 中层黄土质白浆土	95.0	10.7	24.7	27.9	23.3	25.5	23.7	—	14.2	2.0	5.1
(3) 厚层沙底草甸白浆土	102.9	7.9	25.1	23.0	27.1	22.2	22.6	—	17.7	1.0	5.6
(4) 厚层黄土质白浆土	50.6	6.7	22.2	24.2	22.1	20.7	20.6	—	39.6	0.8	7.1
(5) 中层沙底草甸白浆土	36.9	8.0	18.7	16.3	17.6	27.9	18.8	—	11.1	3.0	7.1
三、草甸土	102.9	5.1	22.8	30.7	23.5	21.3	22.5	22.2	50.6	0.1	11.6
(1) 暗棕壤型草甸土	70.7	5.2	25.5	46.3	32.3	23.2	23.6	22.2	27.8	0.1	11.0
(2) 石质草甸土	102.9	5.1	22.9	37.3	24.8	20.1	19.2	—	50.6	2.9	10.1
(3) 厚层砾底草甸土	38.2	5.1	19.0	—	17.5	19.9	22.2	—	26.4	1.3	9.5
(4) 薄层黏壤质潜育草甸土	70.7	8.6	22.4	27.9	19.8	20.9	—	—	21.8	5.0	13.1
(5) 中层黏壤质潜育草甸土	30.5	7.0	16.3	8.6	14.4	20.7	—	—	33.4	2.1	12.5
(6) 厚层黏壤质潜育草甸土	48.4	19.6	33.6	21.0	35.0	—	—	—	15.5	11.7	13.5
四、新积土	102.9	2.4	25.0	—	—	29.3	24.6	20.2	30.2	0.4	7.5
(1) 薄层砾质冲积土	102.9	5.9	25.7	—	—	30.5	23.9	20.4	21.8	0.4	8.3
(2) 薄层沙质冲积土	73.1	2.4	24.0	—	—	25.5	25.5	20.0	30.2	1.0	6.6
五、水稻土	76.2	7.0	21.6	23.6	19.0	12.3	18.6	16.7	23.2	0.5	5.4
(1) 中层草甸土型淹育水稻土	76.2	8.0	25.0	25.3	23.9	—	—	—	11.4	4.5
(2) 中层冲积土型淹育水稻土	51.3	7.0	18.3	—	—	12.3	18.6	16.7	5.8	0.5	2.5
(3) 白浆土型淹育水稻土	31.6	7.9	17.8	18.5	14.3	—	—	—	—	—	—
(4) 厚层沼泽土型潜育水稻土	17.0	7.8	11.1	—	11.1	—	—	—	1.5	1.0	1.5
六、沼泽土	35.9	9.4	23.8	—	26.2	25.0	23.2	22.4	—	—	—
(1) 厚层黏质草甸沼泽土	34.8	9.4	22.0	—	—	20.1	21.4	22.4	—	—	—
(2) 薄层泥炭腐殖质沼泽土	35.9	17.4	27.3	—	27.9	26.4	29.0	—	—	—	—
(3) 薄层泥炭沼泽土	34.3	15.7	23.0	—	21.5	23.9	22.0	—	—	—	—
全 市	102.9	2.4	23.0	25.8	24.1	23.0	22.1	21.3	50.6	0.1	7.6

（三）土壤有效磷分级面积情况

按照黑龙江省土壤有效磷养分分级标准，东宁市有效磷养分一级地面积为 749.01 公顷，占总耕地面积的 1.54%；有效磷养分二级地面积为 3 114.56 公顷，占总耕地面积的 6.41%；有效磷养分三级地面积 23 558.03 公顷，占总耕地面积的 48.48%；有效磷养分四级地面积为 19 210.93 公顷，占总耕地面积的 39.53%；有效磷养分五级地面积为 1 941.34 公顷，占总耕地面积的 4.00%；有效磷养分六级地面积为 18.76 公顷，仅占总耕地面积的 0.04%。东宁市耕地有效磷含量集中分布在三级至四级（10～40 毫克/千克），占总耕地面积的 88.01%，有效磷含量属中等水平。各乡（镇）耕地土壤有效磷分级面积统计见表 4-22，耕层土壤有效磷频率分布比较见图 4-4。

表 4-22 各乡（镇）耕地土壤有效磷分级面积统计

乡（镇）	面积（公顷）	一级地		二级地		三级地		四级地		五级地		六级地	
		面积（公顷）	占总面积（%）	面积（公顷）	占总面积（%）	面积（公顷）	占总面积（%）	面积（公顷）	占总面积（%）	面积（公顷）	占总面积（%）	面积（公顷）	占总面积（%）
老黑山镇	6 548.52	68.42	1.04	285.65	4.36	1 791.74	27.36	4 170.24	63.68	232.47	3.55	0	0
道河镇	8 944.25	63.56	0.71	823.27	9.20	6 226.07	69.61	1 651.76	18.47	163.33	1.83	16.26	0.18
绥阳镇	8 750.38	61.91	0.71	198.25	2.27	5 139.19	58.73	3 316.73	37.90	34.30	0.39	0	0
大肚川镇	9 314.40	205.42	2.21	447.22	4.80	3 127.01	33.57	5 162.83	55.43	369.42	3.97	2.50	0.03
东宁镇	7 283.92	92.76	1.27	891.57	12.24	3 924.24	53.88	1 901.57	26.11	473.78	6.50	0	0
三岔口镇	7 751.16	256.94	3.31	468.60	6.05	3 349.78	43.22	3 007.80	38.80	668.04	8.62	0	0
合 计	48 592.63	749.01	1.54	3 114.56	6.41	23 558.03	48.48	19 210.93	39.53	1 941.34	4.00	18.76	0.04

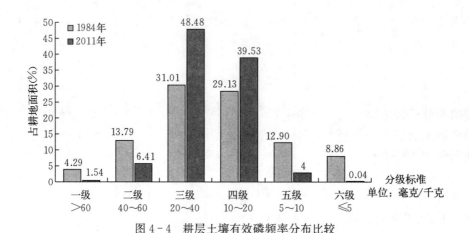

图 4-4 耕层土壤有效磷频率分布比较

（四）不同土类耕地有效磷分级面积情况

按照黑龙江省耕地土壤有效磷分级标准，东宁市各类土壤有效磷分级如下：

1. 暗棕壤类 土壤有效磷养分一级地面积为 136.10 公顷，占该土类耕地面积的 0.61%；土壤有效磷养分二级地面积为 1 266.51 公顷，占该土类耕地面积的 5.64%；有效磷养分三级地面积为 11 088.70 公顷，占该土类耕地面积的 49.37％；有效磷养分四级地面积为 9 160.46 公顷，占该土类耕地面积的 40.78％；有效磷养分五级地面积为 806.10 公顷，占该土类耕地面积的 3.59％；有效磷养分六级地面积为 2.50 公顷，仅占该土类耕地面积的 0.01％。

2. 白浆土类　土壤有效磷养分一级地面积为 208.43 公顷，占该土类耕地面积的 1.67％；有效磷养分二级地面积为 934.70 公顷，占该土类耕地面积的 7.47％；有效磷养分三级地面积为 6 462.39 公顷，占该土类耕地面积的 51.63％；有效磷养分四级地面积为 4 484.45 公顷，占该土类耕地面积的 35.83％；有效磷养分五级地面积为 427.12 公顷，占该土类耕地面积的 3.41％；有效磷养分六级地全市无分布。

3. 草甸土类　土壤有效磷养分一级地面积为 144.1 公顷，占该土类的耕地面积的 2.68％；土壤养分二级地面积为 448.03 公顷，占该土类耕地面积的 8.34％；土壤有效磷养分三级地面积为 2 526.78 公顷，占该土类耕地面积的 47.04％；土壤有效磷养分四级地面积为 2 034.88 公顷，占该土类耕地面积的 37.88％；土壤有效磷养分五级地面积为 217.71 公顷，占该土类耕地面积的 4.05％；有效磷养分六级地全市无分布。

4. 沼泽土类　土壤有效磷养分一级和二级地全市无分布；土壤有效磷养分三级地面积为 703.0 公顷，占该土类耕地面积的 72.85％；土壤有效磷养分四级地面积为 241.06 公顷，占该土类耕地面积的 24.98％；土壤有效磷养分五级地面积为 20.95 公顷，占该土类耕地面积的 2.17％；有效磷养分六级地全市无分布。

5. 新积土类　土壤有效磷养分一级地面积为 172.75 公顷，占该土类耕地面积的 3.60％；土壤有效磷养分二级地面积为 440.0 公顷，占该土类耕地面积的 9.17％；土壤有效磷养分三级地面积为 2 199.01 公顷，占该土类耕地面积的 45.83％；土壤有效磷养分四级地面积为 1 693.60 公顷，占该土类耕地面积的 35.29％；土壤有效磷养分五级地面积为 276.87 公顷，占该土类耕地面积的 5.77％；土壤有效磷养分六级地面积为 16.26 公顷，占该土类耕地面积的 0.34％。

6. 水稻土类　土壤有效磷养分一级地面积为 87.63 公顷，占该土类耕地面积的 3.53％；土壤有效磷养分二级地面积为 25.32 公顷，占该土类耕地面积的 1.02％；土壤有效磷养分三级地面积为 578.15 公顷，占该土类耕地面积的 23.31％；土壤有效磷养分四级耕地面积为 1 596.48 公顷，占该土类耕地面积的 64.37％；土壤有效磷养分五级地面积为 192.59 公顷，占该土类耕地面积的 7.77％；有效磷养分六级地全市无分布。

分析东宁市各土类的有效磷含量，其平均含量由高到低依次为：新积土 25.0 毫克/千克、白浆土 24.3 毫克/千克、沼泽土 23.8 毫克/千克、草甸土 22.8 毫克/千克、暗棕壤 22.4 毫克/千克、水稻土 21.6 毫克/千克。东宁市耕地有效磷含量集中分布在三级至四级（10～40 毫克/千克），占总耕地面积的 88.01％，总体看，东宁市有效磷含量处于中等水平。有效磷含量之所以较高，是因为东宁市土壤类型主要为暗棕壤和白浆土类，占全市总耕地面积的 71.98％，该两种土类有效磷含量均属于中等水平。耕地土壤有效磷分级面积统计见表 4 - 23。

表 4 - 23　耕地土壤有效磷分级面积统计

土　种	面积（公顷）	一级地		二级地		三级地		四级地		五级地		六级地	
		面积（公顷）	占总面积（%）	面积（公顷）	占总面积（%）	面积（公顷）	占总面积（%）	面积（公顷）	占总面积（%）	面积（公顷）	占总面积（%）	面积（公顷）	占总面积（%）
一、暗棕壤	22 460.37	136.10	0.61	1 266.51	5.64	11 088.70	49.37	9 160.46	40.78	806.10	3.59	2.50	0.01
（1）暗矿质暗棕壤	9 541.92	98.16	1.03	236.76	2.48	4 832.02	50.64	4 258.35	44.63	116.63	1.22	0	0
（2）亚暗矿质白浆化暗棕壤	4 988.35	19.90	0.40	544.87	10.92	2 498.02	50.08	1 917.57	38.44	7.99	0.16	0	0
（3）沙砾质暗棕壤	1 784.64	0	0	111.28	6.24	868.4	48.66	781.89	43.81	20.57	1.15	2.50	0.14
（4）沙砾质白浆化暗棕壤	5 157.16	18.04	0.35	207.54	4.02	2 218.26	43.01	2 125.14	41.21	588.18	11.41	0	0
（5）灰泥质暗棕壤	988.30	0	0	166.06	16.80	672	68.00	77.51	7.84	72.73	7.36	0	0
二、白浆土	12 517.09	208.43	1.67	934.7	7.47	6 462.39	51.63	4 484.45	35.83	427.12	3.41	0	0
（1）薄层黄土质白浆土	2 712.06	163.76	6.04	79.34	2.93	1 409.71	51.98	954.3	35.19	104.95	3.87	0	0
（2）中层黄土质白浆土	4 324.13	1.4	0.03	442.33	10.23	2 341.76	54.16	1 538.64	35.58	0	0	0	0
（3）厚层沙底草甸白浆土	1 105.61	43.27	3.91	111.32	10.07	765.41	69.23	155.07	14.03	30.54	2.76	0	0
（4）厚层黄土质白浆土	3 933.91	0	0	301.71	7.67	1 740.85	44.25	1 642.26	41.75	249.09	6.33	0	0
（5）中层沙底草甸白浆土	441.38	0	0	0	0	204.66	46.37	194.18	43.99	42.54	9.64	0	0
三、草甸土	5 371.50	144.1	2.68	448.03	8.34	2 526.78	47.04	2 034.88	37.88	217.71	4.05	0	0
（1）暗棕壤型草甸土	2 304.58	67.75	2.94	184.1	7.99	1 405.72	61.00	612.36	26.57	34.65	1.50	0	0
（2）石质草甸土	1 124.23	68.36	6.08	28.03	2.49	503.51	44.79	463.68	41.24	60.65	5.39	0	0
（3）厚层砾底草甸土	935.30	0	0	0	0	313.21	33.49	565.91	60.51	56.18	6.01	0	0
（4）薄层黏壤质潜育草甸土	622.79	7.99	1.28	196.53	31.56	120.82	19.40	276.38	44.38	21.07	3.38	0	0
（5）中层黏壤质潜育草甸土	263.72	0	0	0	0	135.5	51.38	83.06	31.50	45.16	17.12	0	0

（续）

土　种	面积（公顷）	一级地 面积（公顷）	占总面积（%）	二级地 面积（公顷）	占总面积（%）	三级地 面积（公顷）	占总面积（%）	四级地 面积（公顷）	占总面积（%）	五级地 面积（公顷）	占总面积（%）	六级地 面积（公顷）	占总面积（%）
（6）厚层黏壤质潜育草甸土	120.88	0	0	39.37	32.57	48.02	39.73	33.49	27.71	0	0	0	0
四、新积土	4 798.49	172.75	3.60	440.00	9.17	2 199.01	45.83	1 693.60	35.29	276.87	5.77	16.26	0.34
（1）薄层砾质冲积土	2 416.71	106.19	4.39	402.99	16.68	946.96	39.18	728.26	30.13	232.31	9.61	0	0
（2）薄层沙质冲积土	2 381.78	66.56	2.79	37.01	1.55	1 252.05	52.57	965.34	40.53	44.56	1.87	16.26	0.68
五、水稻土	2 480.17	87.63	3.53	25.32	1.02	578.15	23.31	1 596.48	64.37	192.59	7.77	0	0
（1）中层草甸土型淹育水稻土	1 498.22	87.63	5.85	13.33	0.89	432.93	28.90	856.95	57.20	107.38	7.17	0	0
（2）中层冲积土型淹育水稻土	704.85	0	0	11.99	1.70	64.9	9.21	613.17	86.99	14.79	2.10	0	0
（3）白浆土型淹育水稻土	233.61	0	0	0	0	80.32	34.38	95.66	40.95	57.63	24.67	0	0
（4）厚层沼泽土型潜育水稻土	43.49	0	0	0	0	0	0	30.7	70.59	12.79	29.41	0	0
六、沼泽土	965.01	0	0	0	0	703	72.85	241.06	24.98	20.95	2.17	0	0
（1）厚层黏质草甸沼泽土	538.03	0	0	0	0	307.53	57.16	209.55	38.95	20.95	3.89	0	0
（2）薄层泥炭腐殖质沼泽土	302.04	0	0	0	0	293.33	97.12	8.71	2.88	0	0	0	0
（3）薄层泥炭沼泽土	124.94	0	0	0	0	102.14	81.75	22.8	18.25	0	0	0	0
合　计	48 592.63	749.01	1.54	3 114.56	6.41	23 558.03	48.48	19 210.93	39.53	1 941.34	4.00	18.76	0.04

六、土壤全钾

钾是植物重要的营养元素。土壤供钾能力与土壤全钾含量密切相关。一般情况下，土壤全钾含量和速效钾含量作为土壤供钾的丰缺指标。因此，了解土壤含钾状况，对合理施用钾肥有重要的意义。

（一）各乡（镇）土壤全钾养分含量情况

本次耕地地力调查，东宁市耕地土壤全钾最大值 60.1 克/千克，最小值 8.6 克/千克，平均值 21.4 克/千克。见表 4-24。

表 4 - 24　土壤全钾含量统计

单位：克/千克

乡（镇）	最大值	最小值	平均值	地力等级分级				
				一级地	二级地	三级地	四级地	五级地
老黑山镇	29.5	8.8	16.5	—	17.2	16.6	16.2	16.9
道河镇	60.1	12.3	25.2	27.5	26.5	25.1	24.4	24.0
绥阳镇	35.6	15.0	21.8	—	25.3	21.8	21.3	21.8
大肚川镇	57.7	9.9	23.2	22.4	22.6	24.7	20.4	15.6
东宁镇	30.7	13.6	21.1	20.2	20.7	22.0	21.3	22.3
三岔口镇	52.6	8.6	20.0	18.5	20.6	19.8	20.1	21.6
全　县	60.1	8.6	21.4	20.3	22.0	22.2	20.5	20.7

（二）各土壤类型全钾养分含量情况

本次耕地地力调查，东宁市耕地土壤全钾养分含量如下：沼泽土土类平均 21.8 克/千克，白浆土土类平均 21.8 克/千克，暗棕壤土类平均 21.7 克/千克，草甸土土类平均 20.9 克/千克，新积土土类平均 20.8 克/千克，水稻土土类平均 18.6 克/千克。见表 4 - 25。

表 4 - 25　耕地土壤全钾含量统计

单位：克/千克

土壤类型	最大值	最小值	平均值	各地力等级养分平均值				
				一级	二级	三级	四级	五级
一、暗棕壤	60.1	8.6	21.7	22.3	23.0	20.4	20.8	18.7
（1）暗矿质暗棕壤	52.8	8.6	21.8	—	28.2	23.7	20.5	20.9
（2）亚暗矿质白浆化暗棕壤	52.6	8.8	21.3	18.7	22.7	20.9	16.8	18.8
（3）沙砾质暗棕壤	60.1	9.5	21.7	—	17.3	22.7	20.7	22.2
（4）沙砾质白浆化暗棕壤	57.7	10.7	22.2	—	21.5	23.3	21.4	16.0
（5）灰泥质暗棕壤	35.0	11.6	20.6	—	20.7	21.8	20.6	15.4
二、白浆土	60.1	9.8	21.8	21.2	22.5	20.8	21.7	—
（1）薄层黄土质白浆土	60.1	13.7	24.0	23.6	24.6	21.2	20.6	—
（2）中层黄土质白浆土	32.1	10.8	21.2	20.5	21.0	20.7	22.0	—
（3）厚层沙底草甸白浆土	30.7	12.5	21.2	21.1	21.3	22.8	18.9	—
（4）厚层黄土质白浆土	40.5	9.8	21.2	20.4	22.8	19.7	17.8	—
（5）中层沙底草甸白浆土	26.7	17.5	21.7	19.7	21.5	25.0	24.0	—
三、草甸土	57.7	8.8	20.9	20.8	21.3	20.2	20.9	22.7
（1）暗棕壤型草甸土	48.6	10.7	22.7	24.2	22.9	22.7	22.4	22.7
（2）石质草甸土	33.0	8.8	18.2	21.8	18.6	18.0	15.4	—
（3）厚层砾底草甸土	40.5	10.6	21.9	—	23.4	20.4	22.2	—
（4）薄层黏壤质潜育草甸土	57.7	9.8	20.5	19.9	22.8	15.9	—	—

（续）

土壤类型	最大值	最小值	平均值	各地力等级养分平均值				
				一级	二级	三级	四级	五级
（5）中层黏壤质潜育草甸土	22.6	10.7	18.9	19.6	19.1	18.5	—	—
（6）厚层黏壤质潜育草甸土	27.4	20.5	22.5	24.2	22.3	—	—	—
四、新积土	47.8	9.4	20.8	—	—	21.9	20.8	19.5
（1）薄层砾质冲积土	47.8	9.4	20.6	—	—	22.2	19.8	19.3
（2）薄层沙质冲积土	47.5	13.5	21.2	—	—	21.1	21.9	19.6
五、水稻土	31.3	9.2	18.6	19.2	16.9	13.5	18.5	19.2
（1）中层草甸土型淹育水稻土	31.3	9.2	18.8	19.1	17.2	—	—	—
（2）中层冲积土型淹育水稻土	28.1	9.2	18.3	—	—	13.5	18.5	19.2
（3）白浆土型淹育水稻土	25.1	10.9	18.3	19.4	13.3	—	—	—
（4）厚层沼泽土型潜育水稻土	28.1	13.2	18.8	—	18.8	—	—	—
六、沼泽土	34.2	13.9	21.8	—	25.3	21.4	19.7	22.7
（1）厚层黏质草甸沼泽土	33.0	13.9	21.6	—	—	21.6	19.1	22.7
（2）薄层泥炭腐殖质沼泽土	34.2	17.5	22.8	—	26.6	21.8	20.9	—
（3）薄层泥炭沼泽土	26.9	16.7	20.7	—	—	21.7	20.6	20.3
全　市	60.1	8.6	21.4	20.3	22.0	22.2	20.5	20.7

（三）土壤全钾分级面积情况

按照黑龙江省土壤养分分级标准，东宁市耕地面积为 48 592.63 公顷。其中，全钾养分一级地面积为 4 358.71 公顷，占总耕地面积的 8.97%；全钾养分二级地面积为 4 610.54 公顷，占总耕地面积的 9.49%；养分三级地面积为 19 696.91 公顷，占总耕地面积的 40.53%；养分四级地面积为 16 892.95 公顷，占总耕地面积的 34.76%；养分五级地面积为 2 699.12 公顷，占总耕地面积的 5.55%；养分六级地面积为 334.40 公顷，占总耕地面积的 0.69%。东宁市耕地全钾含量集中分布在三级至四级（15～25 克/千克）范围，占总耕地面积的 75.29%，全钾含量属中等偏上水平。各乡（镇）耕地土壤全钾分级面积统计见表 4 - 26。

表 4 - 26　各乡（镇）耕地土壤全钾分级面积统计

乡（镇）	面积（公顷）	一级地		二级地		三级地		四级地		五级地		六级地	
		面积（公顷）	占总面积（%）	面积（公顷）	占总面积（%）	面积（公顷）	占总面积（%）	面积（公顷）	占总面积（%）	面积（公顷）	占总面积（%）	面积（公顷）	占总面积（%）
老黑山镇	6 548.52	0	0	178.81	2.73	1 374.13	20.98	3 443.25	52.58	1 280.86	19.56	271.47	4.15
道河镇	8 944.25	2 039.92	22.81	1 177.42	13.16	5 024.85	56.18	681.84	7.62	20.22	0.23	0	0
绥阳镇	8 750.38	449.83	5.14	703.57	8.04	4 633.24	52.95	2 900.76	33.15	62.98	0.72	0	0
大肚川镇	9 314.40	1 657.28	17.79	1 132.37	12.16	2 374.28	25.49	3 453.65	37.08	692.66	7.44	4.16	0.04
东宁镇	7 283.92	14.20	0.19	609.34	8.37	3 797.91	52.14	2 860.96	39.28	1.51	0.02	0	0
三岔口镇	7 751.16	197.48	2.55	809.03	10.44	2 492.50	32.16	3 552.49	45.83	640.89	8.27	58.77	0.76
合　计	48 592.63	4 358.71	8.97	4 610.54	9.49	19 696.91	40.53	16 892.95	34.76	2 699.12	5.55	334.40	0.69

(四) 耕地土类全钾分级面积情况

按照黑龙江省耕地土壤全钾分级标准，东宁市各类土壤全钾分级如下：

1. 暗棕壤类 土壤全钾养分一级地面积为 2 582.78 公顷，占该土类耕地面积的 11.50%；土壤全钾养分二级地面积为 2 037.56 公顷，占该土类耕地面积的 9.07%；全钾养分三级地面积为 8 197.75 公顷，占该土类耕地面积的 36.50%；全钾养分四级地面积为 7 764.35 公顷，占该土类耕地面积的 34.57%；全钾养分五级地面积为 1 632.51 公顷，占该土类耕地面积的 7.27%；全钾养分六级地面积为 245.42 公顷，占该土类耕地面积的 1.09%。

2. 白浆土类 土壤全钾养分一级地面积为 1 030.87 公顷，占该土类耕地面积的 8.24%；全钾养分二级地面积为 1 077.20 公顷，占该土类耕地面积的 8.61%；全钾养分三级地面积为 6 509.39 公顷，占该土类耕地面积的 52.0%；全钾养分四级地面积为 3 722.64 公顷，占该土类耕地面积的 29.74%；全钾养分五级地面积为 164.15 公顷，占该土类耕地面积的 1.31%；全钾养分六级耕地面积为 12.84 公顷，仅占该土类耕地面积的 0.10%。

3. 草甸土类 土壤全钾养分一级地面积为 406.75 公顷，占该土类耕地面积的 7.57%；土壤全钾养分二级地面积为 569.39 公顷，占该土类耕地面积的 10.60%；土壤全钾养分三级地面积为 1 982.89 公顷，占该土类耕地面积的 36.92%；土壤全钾养分四级地面积为 2 044.56 公顷，占该土类耕地面积的 38.06%；土壤全钾养分五级地面积为 360.96 公顷，占该土类耕地面积的 6.72%；土壤全钾养分六级地面积为 6.95 公顷，仅占该土类耕地面积的 0.13%。

4. 沼泽土类 土壤全钾养分一级地面积为 86.16 公顷，占该土类耕地面积的 8.93%；土壤全钾养分二级地面积为 55.12 公顷，占该土类耕地面积的 5.71%；土壤全钾养分三级地面积为 532.87 公顷，占该土类耕地面积的 55.22%；土壤全钾养分四级地面积为 231.83 公顷，占该土类耕地面积的 24.02%；土壤全钾养分五级地面积为 59.03 公顷，占该土类耕地面积的 6.12%；全钾养分六级地全市无分布。

5. 新积土类 土壤全钾养分一级地面积为 223.19 公顷，占该土类耕地面积的 4.65%；土壤全钾养分二级地面积为 453.70 公顷，占该土类耕地面积的 9.46%；土壤全钾养分三级地面积为 1 872.38 公顷，占该土类耕地面积的 39.02%；土壤全钾养分四级地面积为 1 885.38 公顷，占该土类耕地面积的 39.29%；土壤全钾养分五级地面积为 339.66 公顷，占该土类耕地面积的 7.08%；土壤全钾养分六级地面积为 24.18 公顷，占该土类耕地面积的 0.50%。

6. 水稻土类 土壤全钾养分一级地面积为 28.96 公顷，占该土类耕地面积的 1.17%；土壤全钾养分二级地面积为 417.57 公顷，占该土类耕地面积的 16.84%；土壤全钾养分三级地面积为 601.63 公顷，占该土类耕地面积的 24.26%；土壤全钾养分四级地面积为 1 244.19 公顷，占该土类耕地面积的 50.17%；土壤全钾养分五级地面积为 142.81 公顷，占该土类耕地面积的 5.76%；土壤全钾养分六级地面积为 45.01 公顷，占该土类耕地面积的 1.81%。见表 4-27。

表 4 - 27　耕地土壤全钾分级面积统计

土　种	面积（公顷）	一级地		二级地		三级地		四级地		五级地		六级地	
		面积（公顷）	占总面积（%）	面积（公顷）	占总面积（%）	面积（公顷）	占总面积（%）	面积（公顷）	占总面积（%）	面积（公顷）	占总面积（%）	面积（公顷）	占总面积（%）
一、暗棕壤	22 460.37	2 582.78	11.50	2 037.56	9.07	8 197.75	36.50	7 764.35	34.57	1 632.51	7.27	245.42	1.09
（1）暗矿质暗棕壤	9 541.92	910.81	9.55	574.20	6.02	3 718.92	38.97	3 591.58	37.64	713.95	7.48	32.46	0.34
（2）亚暗矿质白浆化暗棕壤	4 988.35	199.69	4.00	660.73	13.25	1 963.78	39.37	1 714.68	34.37	239.38	4.80	210.09	4.21
（3）沙砾质暗棕壤	1 784.64	125.07	7.01	145.18	8.13	632.94	35.47	601.51	33.70	277.07	15.53	2.87	0.16
（4）沙砾质白浆化暗棕壤	5 157.16	1 341.57	26.01	589.05	11.42	1 171.58	22.72	1 691.07	32.79	363.89	7.06	0	0
（5）灰泥质暗棕壤	988.30	5.64	0.57	68.40	6.92	710.53	71.89	165.51	16.75	38.22	3.87	0	0
二、白浆土	12 517.09	1 030.87	8.24	1 077.20	8.61	6 509.39	52.00	3 722.64	29.74	164.15	1.31	12.84	0.10
（1）薄层黄土质白浆土	2 712.06	238.08	8.78	261.58	9.65	1 603.83	59.14	574.44	21.18	34.13	1.26	0	0
（2）中层黄土质白浆土	4 324.13	214.73	4.97	354.48	8.20	2 057.54	47.58	1 629.95	37.69	67.43	1.56	0	0
（3）厚层沙底草甸白浆土	1 105.61	22.27	2.01	207.04	18.73	461.08	41.70	414.68	37.51	0.54	0.05	0	0
（4）厚层黄土质白浆土	3 933.91	555.79	14.13	202.05	5.14	2 063.07	52.44	1 038.11	26.39	62.05	1.58	12.84	0.33
（5）中层沙底草甸白浆土	441.38	0	0	52.05	11.79	323.87	73.38	65.46	14.83	0	0	0	0
三、草甸土	5 371.50	406.75	7.57	569.39	10.60	1 982.89	36.92	2 044.56	38.06	360.96	6.72	6.95	0.13
（1）暗棕壤型草甸土	2 304.58	196.85	8.54	348.58	15.13	1 048.91	45.51	650.97	28.25	59.27	2.57	0	0
（2）厚层砾底草甸土	935.30	66.36	7.10	74.22	7.94	459.91	49.17	279.82	29.92	54.99	5.88	0	0
（3）薄层黏壤质潜育草甸土	622.79	135.32	21.73	50.84	8.16	83.11	13.34	284.02	45.60	66.13	10.62	3.37	0.54
（4）中层黏壤质潜育草甸土	263.72	0	0	0	0	126.31	47.90	131.38	49.82	6.03	2.29	0	0
（5）厚层黏壤质潜育草甸土	120.88	0	0	1.38	1.14	119.50	98.86	0	0	0	0	0	0

（续）

土 种	面积 （公顷）	一级地		二级地		三级地		四级地		五级地		六级地	
		面积 （公顷）	占总面 积（%）	面积 （公顷）	占总面 积（%）	面积 （公顷）	占总面 积（%）	面积 （公顷）	占总面 积（%）	面积 （公顷）	占总面 积（%）	面积 （公顷）	占总面 积（%）
（6）石质草甸土	1 124.23	8.22	0.73	94.37	8.39	145.15	12.91	698.37	62.12	174.54	15.53	3.58	0.32
四、新积土	4 798.49	223.19	4.65	453.70	9.46	1 872.38	39.02	1 885.38	39.29	339.66	7.08	24.18	0.50
（1）薄层砾质 冲积土	2 416.71	69.46	2.87	206.57	8.55	938.76	38.84	860.48	35.61	317.26	13.13	24.18	1.00
（2）薄层沙质 冲积土	2 381.78	153.73	6.45	247.13	10.38	933.62	39.20	1 024.90	43.03	22.40	0.94	0	0
五、水稻土	2 480.17	28.96	1.17	417.57	16.84	601.63	24.26	1 244.19	50.17	142.81	5.76	45.01	1.81
（1）白浆土型 淹育水稻土	233.61	0	0	38.60	16.52	86.97	37.23	81.33	34.81	26.71	11.43	0	0
（2）中层草甸土 型淹育水稻土	1 498.22	28.96	1.93	363.59	24.27	157.70	10.53	847.92	56.60	91.12	6.08	8.93	0.60
（3）中层冲积土 型淹育水稻土	704.85	0	0	6.12	0.87	356.96	50.64	291.81	41.40	13.88	1.97	36.08	5.12
（4）厚层沼泽土 型潜育水稻土	43.49	0	0	9.26	21.29	0	0	23.13	53.18	11.10	25.52	0	0
六、沼泽土	965.01	86.16	8.93	55.12	5.71	532.87	55.22	231.83	24.02	59.03	6.12	0	0
（1）厚层黏质草 甸沼泽土	538.03	63.50	11.80	35.69	6.63	241.79	44.94	138.02	25.65	59.03	10.97	0	0
（2）薄层泥炭腐 殖质沼泽土	302.04	22.66	7.50	6.95	2.30	195.47	64.72	76.96	25.48	0	0	0	0
（3）薄层泥炭 沼泽土	124.94	0	0	12.48	9.99	95.61	76.52	16.85	13.49	0	0	0	0
合 计	48 592.63	4 358.71	8.97	4 610.54	9.49	19 696.91	40.53	16 892.95	34.76	2 699.12	5.55	334.40	0.69

分析东宁市各土类的全钾养分含量，其平均含量由高到低依次为：沼泽土为21.8克/千克，白浆土为21.8克/千克，暗棕壤为21.7克/千克，草甸土为20.9克/千克，新积土为20.8克/千克，水稻土为18.6克/千克。东宁市耕地全钾含量集中分布在三级至四级（15～25克/千克）范围，占总耕地面积的75.29%，整体全钾含量处于中等偏上水平。

七、土壤速效钾

土壤速效钾是指吸附于土壤胶体表面的代换性钾和土壤溶液中的钾离子。植物主要是吸收土壤溶液中的钾离子，当季植物的钾营养水平主要决定于土壤速效钾的含量。一般速效性钾含量仅占全钾的 0.1%～2%，其含量除受耕作、施肥等影响外，还受土壤缓效性钾储量和转化速率的控制。

（一）各乡（镇）土壤速效钾变化情况

本次耕地地力评价调查采样化验分析，东宁市速效钾最大值 520 毫克/千克，最小值 45 毫克/千克，平均值 147 毫克/千克。见表 4-28。

表 4-28 土壤速效钾含量统计

单位：毫克/千克

乡（镇）	最大值	最小值	平均值	地力等级				
				一级地	二级地	三级地	四级地	五级地
老黑山镇	479	65	140	—	153	149	137	127
道河镇	386	51	159	237	152	165	155	137
绥阳镇	325	60	140	—	145	154	131	143
大肚川镇	520	65	174	168	165	190	153	130
东宁镇	302	45	131	146	138	128	113	91
三岔口镇	450	45	132	147	145	136	103	100
全 市	520	45	147	153	151	159	133	136

（二）各土壤类型速效钾变化情况

本次地力评价东宁市不同土壤速效钾平均含量分别为：草甸土 158 毫克/千克，暗棕壤 155 毫克/千克，沼泽土 143 毫克/千克，白浆土 140 毫克/千克，新积土 131 毫克/千克，水稻土 131 毫克/千克。与第二次土壤普查比呈下降趋势，东宁市速效钾平均值下降 79 毫克/千克。其中，暗棕壤土类和草甸土土类下降幅度比较大，分别下降 165 毫克/千克和 153 毫克/千克，白浆土土类下降 73 毫克/千克，新积土土类下降 20 毫克/千克，水稻土土类下降 10 毫克/千克。分析速效钾下降原因，主要是随着栽培技术的不断进步，作物产量随之提高，从土壤中吸取的养分含量不断加大，但氮、磷、钾肥投入比例失调，钾肥投入不足，土壤钾素长期得不到补充，土壤中速效钾的消耗增大的结果。耕地土壤速效钾含量统计见表 4-29。

表 4-29 耕地土壤速效钾含量统计

单位：毫克/千克

土壤类型	本次耕地地力评价			各地力等级养分平均值					第二次土壤普查		
	最大值	最小值	平均值	一级地	二级地	三级地	四级地	五级地	最大值	最小值	平均值
一、暗棕壤	520	48	155	147	157	166	139	135	960	75	320
（1）暗矿质暗棕壤	520	48	151	—	197	175	138	135	960	206	460
（2）亚暗矿质白浆化暗棕壤	338	63	155	147	154	155	163	147	914	137	354
（3）沙砾质暗棕壤	450	66	152	—	223	186	126	124	872	75	294
（4）沙砾质白浆化暗棕壤	325	60	142	—	153	134	143	124	530	79	223
（5）灰泥质暗棕壤	277	98	177	—	195	179	171	172	230	169	232

（续）

土壤类型	本次耕地地力评价			各地力等级养分平均值					第二次土壤普查		
	最大值	最小值	平均值	一级地	二级地	三级地	四级地	五级地	最大值	最小值	平均值
二、白浆土	479	51	140	150	139	142	125	—	805	61	213
（1）薄层黄土质白浆土	299	69	151	165	148	133	95	—	218	61	162
（2）中层黄土质白浆土	305	64	132	139	130	158	125	—	401	104	176
（3）厚层沙底草甸白浆土	248	64	144	157	130	177	147	—	805	118	302
（4）厚层黄土质白浆土	479	51	142	150	142	135	137	—	443	88	204
（5）中层沙底草甸白浆土	246	94	133	136	156	112	109	—	310	146	224
三、草甸土	396	53	158	203	169	147	143	140	738	82	311
（1）暗棕壤型草甸土	369	53	158	306	188	148	150	140	738	82	274
（2）石质草甸土	396	81	154	187	167	142	134	—	620	137	332
（3）厚层砾底草甸土	309	74	155	—	171	144	130	—	593	109	360
（4）薄层黏壤质潜育草甸土	325	98	175	193	166	170	—	—	544	187	303
（5）中层黏壤质潜育草甸土	209	70	127	124	117	146	—	—	237	106	185
（6）厚层黏壤质潜育草甸土	386	150	207	386	187	—	—	—	512	336	411
四、新积土	520	45	131	—	—	153	119	134	275	68	151
（1）薄层砾质冲积土	520	45	136	—	—	163	121	121	275	68	150
（2）薄层沙质冲积土	386	45	124	—	—	124	116	143	255	114	152
五、水稻土	254	52	131	146	109	127	111	115	462	104	141
（1）中层草甸土型淹育水稻土	254	60	145	150	120	—	—	—	462	115	169
（2）中层冲积土型淹育水稻土	147	52	112	—	—	127	111	115	193	65	129
（3）白浆土型淹育水稻土	170	82	136	132	93	—	—	—	—	—	—
（4）厚层沼泽土型潜育水稻土	128	78	94	—	94	—	—	—	148	110	128
六、沼泽土	253	77	143	—	134	142	149	143	—	—	—
（1）厚层黏质草甸沼泽土	253	77	146	—	—	152	151	143	—	—	—
（2）薄层泥炭腐殖质沼泽土	227	80	147	—	145	150	143	—	—	—	—
（3）薄层泥炭沼泽土	162	93	127	—	104	125	148	—	—	—	—
全　市	520	45	147	153	151	159	133	136	960	61	226

（三）土壤速效钾分级面积情况

按照黑龙江省土壤速效钾分级标准，东宁市速效钾一级地面积为 5 280.55 公顷，占总耕地面积的 10.87%；速效钾二级地面积为 13 226.83 公顷，占总耕地面积的 27.22%；速效钾三级地面积为 21 674.24 公顷，占总耕地面积的 44.60%；速效钾四级地面积为 8 217.18公顷，占总耕地面积的 16.91%；速效钾五级地面积为 193.83 公顷，占总耕地面积的 0.40%；速效钾六级地无分布。分析土壤速效钾含量水平，基本处于二级至四级水平（50～200 毫克/千克），集中于二级至三级，占总耕地面积的 71.82%，速效钾含量属于中等偏上水平。各乡（镇）耕地土壤速效钾分级面积统计见表 4 - 30，耕层土壤速效钾频率分布比较见图 4-5。

表 4-30 各乡(镇)耕地土壤速效钾分级面积统计

乡(镇)	面积(公顷)	一级地		二级地		三级地		四级地		五级地		六级地	
		面积(公顷)	占总面积(%)	面积(公顷)	占总面积(%)	面积(公顷)	占总面积(%)	面积(公顷)	占总面积(%)	面积(公顷)	占总面积(%)	面积(公顷)	占总面积(%)
老黑山镇	6 548.52	576.92	8.81	1 793.02	27.38	3 301.95	50.42	876.63	13.39	0	0	0	0
道河镇	8 944.25	1 627.67	18.20	3 082.88	34.47	3 349.81	37.45	883.89	9.88	0	0	0	0
绥阳镇	8 750.38	383.73	4.39	2 494.37	28.51	3 806.36	43.50	2 065.92	23.61	0	0	0	0
大肚川镇	9 314.40	2 013.31	21.62	2 715.01	29.15	3 357.85	36.05	1 228.23	13.19	0	0	0	0
东宁镇	7 283.92	456.09	6.26	1 805.90	24.79	3 532.47	48.50	1 337.43	18.36	152.03	2.09	0	0
三岔口镇	7 751.16	222.83	2.87	1 335.65	17.23	4 325.80	55.81	1 825.08	23.55	41.80	0.54	0	0
合 计	48 592.63	5 280.55	10.87	13 226.83	27.22	21 674.24	44.60	8 217.18	16.91	193.83	0.40	0	0

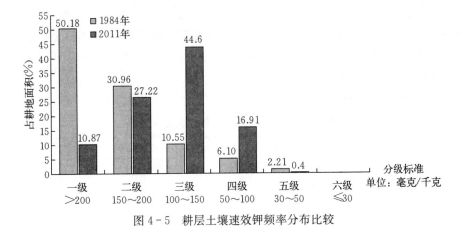

图 4-5 耕层土壤速效钾频率分布比较

(四)耕地土类速效钾分级面积情况

1. 暗棕壤类 土壤速效钾养分一级地面积为 2 534.75 公顷,占该土类耕地面积的 11.29%;土壤速效钾养分二级地面积为 7 236.40 公顷,占该土类耕地面积的 32.22%;速效钾养分三级地面积为 8 695.28 公顷,占该土类耕地面积的 38.71%;速效钾养分四级地面积为 3 960.10 公顷,占该土类耕地面积的 17.63%;速效钾养分五级地面积为 33.84 公顷,占该土类耕地面积的 0.15%;速效钾养分六级地全市无分布。

2. 白浆土类 土壤速效钾养分一级地面积为 1 263.49 公顷,占该土类耕地面积的 10.09%;速效钾养分二级地面积为 1 870.10 公顷,占该土类耕地面积的 14.94%;速效钾养分三级地面积为 7 510.61 公顷,占该土类耕地面积的 60.01%;速效钾养分四级地面积为 1 872.89 公顷,占该土类耕地面积的 14.96%;速效钾养分五级和六级地全市无分布。

3. 草甸土类 土壤速效钾养分一级地面积为 829.94 公顷,占该土类的耕地面积的 15.45%;土壤养分二级地面积为 1 976.32 公顷,占该土类耕地面积的 36.79%;土壤速效钾养分三级地面积为1 928.51公顷，占该土类耕地面积的35.90%；土壤速效钾养分四级地面积为636.73公顷，占该土类耕地面积的11.86%；速效钾养分五级和六级地全市无分布。

4. 沼泽土类 土壤速效钾养分一级地面积为167.02公顷，占该土类耕地面积的17.31%；土壤速效钾养分二级地面积为161.96公顷，占该土类耕地面积的16.78%；土壤速效钾养分三级地面积为589.94公顷，占该土类耕地面积的61.13%；土壤速效钾养分四级地面积为46.09公顷，占该土类耕地面积的4.78%；速效钾养分五级和六级地全市无分布。

5. 新积土类 土壤速效钾养分一级地面积为386.05公顷，占该土类耕地面积的8.05%；土壤速效钾养分二级地面积为1 169.91公顷，占该土类耕地面积的24.38%；土壤速效钾养分三级地面积为1 635.28公顷，占该土类耕地面积的34.08%；土壤速效钾养分四级地面积为1 447.26公顷，占该土类耕地面积的30.16%；土壤速效钾养分五级地面积为159.99公顷，占该土类耕地面积的3.33%；速效钾养分六级地全市无分布。

6. 水稻土类 土壤速效钾养分一级地面积为99.30公顷，占该土类耕地面积的4.0%；土壤速效钾养分二级地面积为812.14公顷，占该土类耕地面积的32.75%；土壤速效钾养分三级地面积为1 314.62公顷，占该土类耕地面积的53.0%；土壤速效钾养分四级地面积为254.11公顷，占该土类耕地面积的10.25%；速效钾养分五级和六级地全市无分布。

耕地土壤速效养分分级面积统计见表4-31。

表4-31 耕地土壤速效钾分级面积统计

土 种	面积（公顷）	一级地		二级地		三级地		四级地		五级地		六级地	
		面积（公顷）	占总面积（%）	面积（公顷）	占总面积（%）	面积（公顷）	占总面积（%）	面积（公顷）	占总面积（%）	面积（公顷）	占总面积（%）	面积（公顷）	占总面积（%）
一、暗棕壤	22 460.37	2 534.75	11.29	7 236.40	32.22	8 695.28	38.71	3 960.10	17.63	33.84	0.15	0	0
（1）暗矿质暗棕壤	9 541.92	1 057.95	11.09	3 171.26	33.24	3 402.92	35.66	1 875.95	19.66	33.84	0.35	0	0
（2）亚暗矿质白浆化暗棕壤	4 988.35	280.56	5.62	2 149.77	43.10	2 228.62	44.68	329.40	6.60	0	0	0	0
（3）沙砾质暗棕壤	1 784.64	188.60	10.57	492.64	27.60	614.43	34.43	488.97	27.40	0	0	0	0
（4）沙砾质白浆化暗棕壤	5 157.16	871.75	16.90	817.04	15.84	2 226.97	43.18	1 241.40	24.07	0	0	0	0
（5）灰泥质暗棕壤	988.30	135.89	13.75	605.69	61.29	222.34	22.50	24.38	2.47	0	0	0	0
二、白浆土	12 517.09	1 263.49	10.09	1 870.10	14.94	7 510.61	60.01	1 872.89	14.96	0	0	0	0
（1）薄层黄土质白浆土	2 712.06	362.50	13.37	526.74	19.42	1 387.43	51.16	435.39	16.05	0	0	0	0

（续）

土　种	面积（公顷）	一级地		二级地		三级地		四级地		五级地		六级地	
		面积（公顷）	占总面积（%）	面积（公顷）	占总面积（%）	面积（公顷）	占总面积（%）	面积（公顷）	占总面积（%）	面积（公顷）	占总面积（%）	面积（公顷）	占总面积（%）
（2）中层黄土质白浆土	4 324.13	200.37	4.63	686.21	15.87	2 680.82	62.00	756.73	17.50	0	0	0	0
（3）厚层砂底草甸白浆土	1 105.61	279.80	25.31	194.93	17.63	544.35	49.24	86.53	7.83	0	0	0	0
（4）厚层黄土质白浆土	3 933.91	286.84	7.29	396.29	10.07	2 734.08	69.50	516.70	13.13	0	0	0	0
（5）中层砂底草甸白浆土	441.38	133.98	30.35	65.93	14.94	163.93	37.14	77.54	17.57	0	0	0	0
三、草甸土	5 371.50	829.94	15.45	1 976.32	36.79	1 928.51	35.90	636.73	11.86	0	0	0	0
（1）暗棕壤型草甸土	2 304.58	371.66	16.13	918.37	39.85	595.58	25.84	418.97	18.18	0	0	0	0
（2）石质草甸土	1 124.23	135.43	12.05	278.74	24.79	537.00	47.77	173.06	15.39	0	0	0	0
（3）厚层砾底草甸土	935.30	129.30	13.82	392.97	42.02	386.59	41.33	26.44	2.83	0	0	0	0
（4）薄层黏壤质潜育草甸土	622.79	162.68	26.12	279.36	44.86	177.22	28.46	3.53	0.57	0	0	0	0
（5）中层黏壤质潜育草甸土	263.72	1.03	0.39	49.33	18.71	198.63	75.32	14.73	5.59	0	0	0	0
（6）厚层黏壤质潜育草甸土	120.88	29.84	24.69	57.55	47.61	33.49	27.71	0	0	0	0	0	0
四、新积土	4 798.49	386.05	8.05	1 169.91	24.38	1 635.28	34.08	1 447.26	30.16	159.99	3.33	0	0
（1）薄层砾质冲积土	2 416.71	336.45	13.92	546.76	22.62	770.27	31.87	642.21	26.57	121.02	5.01	0	0
（1）层沙质冲积土	2 381.78	49.60	2.08	623.15	26.16	865.01	36.32	805.05	33.80	38.97	1.64	0	0
五、水稻土	2 480.17	99.30	4.00	812.14	32.75	1 314.62	53.00	254.11	10.25	0	0	0	0
（1）中层草甸土型淹育水稻土	1 498.22	99.30	6.63	773.54	51.63	551.96	36.84	73.42	4.90	0	0	0	0
（2）中层冲积土型淹育水稻土	704.85	0	0	0	0	573.22	81.33	131.63	18.67	0	0	0	0
（3）白浆土型淹育水稻土	233.61	0	0	38.60	16.52	167.40	71.66	27.61	11.82	0	0	0	0
（4）厚层沼泽土型潜育水稻土	43.49	0	0	0	0	22.04	50.68	21.45	49.32	0	0	0	0

（续）

土　种	面积（公顷）	一级地		二级地		三级地		四级地		五级地		六级地	
		面积（公顷）	占总面积（%）	面积（公顷）	占总面积（%）	面积（公顷）	占总面积（%）	面积（公顷）	占总面积（%）	面积（公顷）	占总面积（%）	面积（公顷）	占总面积（%）
六、沼泽土	965.01	167.02	17.31	161.96	16.78	589.94	61.13	46.09	4.78	0	0	0	0
（1）厚层黏质草甸沼泽土	538.03	160.07	29.75	28.01	5.21	330.15	61.36	19.80	3.68	0	0	0	0
（2）薄层泥炭腐殖质沼泽土	302.04	6.95	2.30	124.64	41.27	153.22	50.73	17.23	5.70	0	0	0	0
（3）薄层泥炭沼泽土	124.94	0	0	9.31	7.45	106.57	85.30	9.06	7.25	0	0	0	0
合　计	48 592.63	5 280.55	10.87	13 226.83	27.22	21 674.24	44.60	8 217.18	16.91	193.83	0.40	0	0

分析东宁市各土类的速效钾含量，平均含量由高到低依次为：草甸土 158 毫克/千克，暗棕壤 155 毫克/千克，沼泽土 143 毫克/千克，白浆土 140 毫克/千克，水稻土 131 毫克/千克，新积土 131 毫克/千克。东宁市土壤速效钾含量水平，基本处于二级至四级水平（50～200 毫克/千克），集中于二级至三级，占总耕地面积的 71.82%，整体看东宁市速效钾含量处于中等偏上水平。

八、土壤酸碱度

土壤酸碱度用 pH 表示，土壤 pH 是反应土壤性质的重要指标之一，也是影响土壤肥力的重要因素之一。pH 的大小直接影响土壤微生物的活动、各种营养元素的释放和作物吸收。如中性土壤中磷的有效性大；碱性土壤中微量元素（锰、铜、锌等）有效性差。在农业生产中应该注意土壤的酸碱度，积极采取措施，加以调节。土壤酸碱度强度划分见表4-32。

表 4-32　土壤酸碱性强度划分

pH	<4.5	4.5～5.5	5.5～6.5	6.5～7.5	7.5～8.5	8.5～9.5	>9.5
土壤酸碱性	强酸性	酸性	弱酸性	中性	弱碱性	碱性	强碱性

（一）土壤类型 pH（酸碱度）变化情况

东宁市各类土壤 pH（酸碱度）测定结果为：最大 pH 为 7.37，最小 pH 为 5.06，高频度出现在 pH 5.31～6.96，居中性和酸性之间。多数为弱酸性土壤，有利于土壤养分的释放与吸收。

本次地力评价不同土类的 pH（酸碱度）测定结果如下：暗棕壤土类最大 pH 为 6.84，最小 pH 为 5.06，集中出现在 pH 5.33～6.49；白浆土土类最大 pH 为 6.81，最小 pH 为 5.26，集中出现在 pH 5.32～6.54；草甸土土类最大 pH 为 6.81，最小 pH 为 5.07，集中出现在 pH 5.31～6.68；沼泽土土类最大 pH 为 6.47，最小 pH 为 5.31，集中出现在 pH 为

5.31～6.47；新积土土类最大 pH 为 7.37，最小 pH 为 5.30，集中出现在 pH 5.39～6.96；
水稻土土类最大 pH 为 6.67，最小 pH 为 5.34，集中出现在 pH 为 5.51～6.63。见表 4 - 33。

表 4 - 33　土壤类型 pH 情况统计

土壤类型	最大值	最小值	集中范围	样本数
一、暗棕壤类	6.84	5.06	5.33～6.49	2 080
（1）暗矿质暗棕壤	6.84	5.06	5.57～6.33	1 194
（2）亚暗矿质白浆化暗棕壤	6.66	5.30	5.38～6.44	192
（3）沙砾质暗棕壤	6.59	5.30	5.46～6.47	189
（4）暗矿质白浆化暗棕壤	6.49	5.26	5.33～6.45	145
（5）沙砾质白浆化暗棕壤	6.66	5.26	5.37～6.49	306
（6）灰泥质暗棕壤	6.22	5.64	5.64～6.22	54
二、白浆土类	6.81	5.26	5.32～6.54	616
（1）薄层黄土质白浆土	6.55	5.32	5.37～6.54	133
（2）中层黄土质白浆土	6.55	5.26	5.32～6.48	187
（3）厚层沙底草甸白浆土	6.81	5.28	5.3～6.53	99
（4）厚层黄土质白浆土	6.56	5.3	5.39～6.36	160
（5）中层沙底草甸白浆土	6.10	5.54	5.54～6.10	37
三、草甸土类	6.81	5.07	5.31～6.68	533
（1）暗棕壤型草甸土	6.67	5.35	5.51～6.54	180
（2）厚层砾底草甸土	6.74	5.07	5.44～6.68	146
（3）石质草甸土	6.67	5.19	5.31～6.67	109
（4）薄层黏壤质潜育草甸土	6.81	5.3	5.44～6.22	65
（5）中层黏壤质潜育草甸土	6.40	5.48	5.48～6.44	23
（6）厚层黏壤质潜育草甸土	6.20	5.40	5.40～6.20	10
四、新积土类	7.37	5.30	5.39～6.96	470
（1）薄层砾质冲积土	7.37	5.34	5.47～6.96	217
（2）薄层沙质冲积土	6.96	5.30	5.39～6.96	253
五、水稻土类	6.67	5.34	5.51～6.63	203
（1）中层草甸土型淹育水稻土	6.63	5.38	5.51～6.63	111
（2）厚层沼泽土型淹育水稻土	6.28	5.6	5.60～6.28	9
（3）中层冲积土型淹育水稻土	6.67	5.34	5.35～6.63	48
（4）白浆土型淹育水稻土	6.03	5.54	5.54～6.02	23
（5）中层冲积土型潜育水稻土	5.93	5.51	5.51～5.93	12
六、沼泽土类	6.47	5.31	5.31～6.47	106
（1）厚层黏质草甸沼泽土	6.47	5.31	5.31～6.47	57
（2）薄层泥炭腐殖质沼泽土	6.47	5.41	5.41～6.47	32
（3）薄层泥炭沼泽土	6.47	5.72	5.72～6.47	17
全　市	7.37	5.06	5.31～6.96	4 008

（二）各乡（镇）土壤 pH（酸碱度）变化情况

本次调查东宁市耕地土壤 pH（酸碱度）结果表明，最大 pH 为 7.37，最小 pH 为 5.06，高频度出现范围在 pH 5.31～6.96。见表 4-34。

表 4-34　土壤 pH 统计

乡（镇）	最大值	最小值	集中范围	样本数
老黑山镇	7.28	5.30	5.48～6.41	584
道河镇	7.00	5.30	5.39～6.54	598
绥阳镇	6.66	5.41	5.48～6.47	746
大肚川镇	6.84	5.06	5.60～6.62	799
东宁镇	6.96	5.32	5.41～6.58	546
三岔口镇	7.37	5.26	5.30～6.40	735
全　县	7.37	5.06	5.31～6.96	4 008

（三）土壤 pH（酸碱度）分级面积情况

按照表 4-32 土壤 pH（酸碱度）划分标准，东宁市耕地土壤 pH（酸碱度）分布情况大致如下：碱性耕地全市无分布，弱碱性耕地面积为 72.45 公顷，占总耕地面积的 0.15%；中性耕地面积为 2 522.84 公顷，占总耕地面积的 5.19%；弱酸性耕地面积为 40 407.39 公顷，占总耕地面积的 83.16%；酸性耕地面积为 5 589.95 公顷，占总耕地面积的 11.50%。见表 4-35。

表 4-35　各乡（镇）耕地土壤 pH（酸碱度）分布面积统计

乡（镇）	面积（公顷）	碱性 面积（公顷）	碱性 占总面积（%）	弱碱性 面积（公顷）	弱碱性 占总面积（%）	中性 面积（公顷）	中性 占总面积（%）	弱酸性 面积（公顷）	弱酸性 占总面积（%）	酸性 面积（公顷）	酸性 占总面积（%）
老黑山镇	6 548.52	0	0	1.91	0.03	312.65	4.77	5 795.87	88.51	438.09	6.69
道河镇	8 944.25	0	0	63.56	0.71	760.45	8.50	7 054.76	78.87	1 065.48	11.91
绥阳镇	8 750.38	0	0	0	0	235.41	2.69	8 210.68	93.83	304.29	3.48
大肚川镇	9 314.4	0	0	6.98	0.07	709.76	7.62	8 309.19	89.21	288.47	3.10
东宁镇	7 283.92	0	0	0	0	331.98	4.56	5 485.19	75.31	1 466.75	20.14
三岔口镇	7 751.16	0	0	0	0	172.59	2.23	5 551.7	71.62	2 026.87	26.15
合　计	48 592.63	0	0	72.45	0.15	2 522.84	5.19	40 407.39	83.16	5 589.95	11.50

（四）不同土类耕地 pH（酸碱度）分布面积情况

本次评价各类土壤 pH（酸碱度）分布面积情况如下：

1. 暗棕壤类　碱性（pH＞8.5）耕地全市无分布；弱碱性（pH 7.5～8.5）耕地面积为 2.82 公顷，仅占该土类的耕地面积的 0.01%；中性（pH 6.5～7.5）耕地面积为 742.70 公顷，占该土类的耕地面积的 3.31%；弱酸性（pH 5.5～6.5）耕地面积为 19 956.73 公顷，占该土类的耕地面积的 88.85%；酸性（pH＜5.5）耕地面积为 1 758.12 公顷，占该土类耕地面积的 7.83%。

2. 白浆土类　碱性（pH＞8.5）耕地全市无分布；弱碱性（pH 7.5～8.5）耕地面积为 44.21 公顷，占该土类耕地面积的 0.35％；中性（pH 6.5～7.5）耕地面积为 576.35 公顷，占该土类耕地面积的 4.60％；弱酸性（pH 5.5～6.5）耕地面积为 9 389.93 公顷，占该土类耕地面积的 75.02％；酸性（pH＜5.5）耕地面积为 2 506.60 公顷，占该土类耕地面积的 20.03％。

3. 草甸土类　碱性（pH＞8.5）和弱碱性（pH 7.5～8.5）耕地全市无分布；中性（pH 6.5～7.5）耕地面积为 674.34 公顷，占该土类耕地面积的 12.55％；弱酸性（pH 5.5～6.5）耕地面积为 4 202.62 公顷，占该土类耕地面积的 78.24％；酸性（pH＜5.5）耕地面积为 494.54 公顷，占该土类耕地面积的 9.21％。

4. 沼泽土类　碱性、弱碱性和中性耕地全市无分布；弱酸性（pH 5.5～6.5）耕地面积为 889.75 公顷，占该土类耕地面积的 92.20％，酸性（pH＜5.5）耕地面积为 75.26 公顷，占该土类耕地面积的 7.80％。

5. 新积土类　碱性耕地全市无分布；弱碱性（pH 7.5～8.5）耕地面积为 18.44 公顷，占该土类耕地面积的 0.38％；中性（pH 6.5～7.5）耕地面积为 474.51 公顷，占该土类耕地面积的 9.89％；弱酸性（pH 5.5～6.5）耕地面积为 3 723.93 公顷，占该土类耕地面积的 77.61％；酸性（pH＜5.5）耕地面积为 581.61 公顷，占该土类耕地面积的 12.12％。

6. 水稻土类　碱性耕地全市无分布；弱碱性（pH 7.5～8.5）耕地面积为 6.98 公顷，占该土类耕地面积的 0.28％；中性（pH 6.5～7.5）耕地面积为 54.94 公顷，占该土类耕地面积的 2.22％；弱酸性（pH 5.5～6.5）耕地面积为 2 244.43 公顷，占该土类耕地面积的 90.50％；酸性（pH＜5.5）耕地面积为 173.82 公顷，占该土类耕地面积的 7.01％。

耕地土壤 pH（酸碱度）分布面积统计见表 4-36。

表 4-36　耕地土壤 pH（酸碱度）分布面积统计

土　　种	面积（公顷）	碱性		弱碱性		中性		弱酸性		酸性	
		面积（公顷）	占总面积（%）	面积（公顷）	占总面积（%）	面积（公顷）	占总面积（%）	面积（公顷）	占总面积（%）	面积（公顷）	占总面积（%）
一、暗棕壤类	22 460.37	0	0	2.82	0.01	742.70	3.31	19 956.73	88.85	1 758.12	7.83
（1）暗矿质暗棕壤	9 541.92	0	0	2.82	0.03	466.95	4.89	8 527.07	89.36	545.08	5.71
（2）亚暗矿质白浆化暗棕壤	4 988.35	0	0	0	0	50.27	1.01	4 304.05	86.26	634.03	12.71
（3）沙砾质暗棕壤	1 784.64	0	0	0	0	95.54	5.35	1 600.70	89.69	88.40	4.95
（4）沙砾质白浆化暗棕壤	5 157.16	0	0	0	0	128.13	2.48	4 558.72	88.40	470.31	9.12
（5）灰泥质暗棕壤	988.3	0	0	0	0	1.81	0.18	966.19	97.76	20.30	2.05
二、白浆土类	12 517.09	0	0	44.21	0.35	576.35	4.60	9 389.93	75.02	2 506.60	20.03
（1）薄层黄土质白浆土	2 712.06	0	0	44.21	1.63	144.03	5.31	2 153.88	79.42	369.94	13.64
（2）中层黄土质白浆土	4 324.13	0	0	0	0	136.52	3.16	2 934.51	67.86	1 253.10	28.98
（3）厚层沙底草甸白浆土	1 105.61	0	0	0	0	120.23	10.87	727.20	65.77	258.18	23.35
（4）厚层黄土质白浆土	3 933.91	0	0	0	0	175.57	4.46	3 132.96	79.64	625.38	15.90

（续）

土　　种	面积（公顷）	碱性		弱碱性		中性		弱酸性		酸性	
		面积（公顷）	占总面积（%）	面积（公顷）	占总面积（%）	面积（公顷）	占总面积（%）	面积（公顷）	占总面积（%）	面积（公顷）	占总面积（%）
（5）中层沙底草甸白浆土	441.38	0	0	0	0	0	0	441.38	100.00	0	0
三、草甸土类	5 371.5	0	0	0	0	674.34	12.55	4 202.62	78.24	494.54	9.21
（1）暗棕壤型草甸土	2 304.58	0	0	0	0	265.04	11.50	1 966.45	85.33	73.09	3.17
（2）石质草甸土	1 124.23	0	0	0	0	203.69	18.12	867.04	77.12	53.50	4.76
（3）厚层砾底草甸土	935.3	0	0	0	0	192.25	20.55	674.28	72.09	68.77	7.35
（4）薄层黏壤质潜育草甸土	622.79	0	0	0	0	13.36	2.15	422.51	67.84	186.92	30.01
（5）中层黏壤质潜育草甸土	263.72	0	0	0	0	0	0	184.95	70.13	78.77	29.87
（6）厚层黏壤质潜育草甸土	120.88	0	0	0	0	0	0	87.39	72.29	33.49	27.71
四、新积土类	4 798.49	0	0	18.44	0.38	474.51	9.89	3 723.93	77.61	581.61	12.12
（1）薄层砾质冲积土	2 416.71	0	0	0	0	412.40	17.06	1 826.98	75.60	177.33	7.34
（2）薄层沙质冲积土	2 381.78	0	0	18.44	0.77	62.11	2.61	1 896.95	79.64	404.28	16.97
五、水稻土类	2 480.17	0	0	6.98	0.28	54.94	2.22	2 244.43	90.50	173.82	7.01
（1）中层草甸土型淹育水稻土	1 498.22	0	0	0	0	37.75	2.52	1 430.30	95.47	30.17	2.01
（2）中层冲积土型淹育水稻土	704.85	0	0	6.98	0.99	17.19	2.44	551.76	78.28	128.92	18.29
（3）白浆土型淹育水稻土	233.61	0	0	0	0	0	0	218.88	93.69	14.73	6.31
（4）厚层沼泽土型潜育水稻土	43.49	0	0	0	0	0	0	43.49	100.00	0	0
六、沼泽土类	965.01	0	0	0	0	0	0	889.75	92.20	75.26	7.80
（1）厚层黏质草甸沼泽土	538.03	0	0	0	0	0	0	510.24	94.83	27.79	5.17
（2）薄层泥炭腐殖质沼泽土	302.04	0	0	0	0	0	0	254.57	84.28	47.47	15.72
（3）薄层泥炭沼泽土	124.94	0	0	0	0	0	0	124.94	100.00	0	0
合　计	48 592.63	0	0	72.45	0.15	2 522.84	5.19	40 407.39	83.16	5 589.95	11.50

本次地力评价结果表明，东宁市土壤有酸化趋势，酸性（pH<5.5）土壤耕地面积为5 590公顷，占总耕地面积的11.5%，所占比重较大，应引起足够重视。土壤之所以酸化与不施有机肥、过量施用化肥、土地用养脱节有着密切关系。应改变过去粗放的耕作方式，积极推广应用测土配方施肥新技术，解决好土壤用地和养地的矛盾。

九、土壤有效锌

（一）各乡（镇）土壤有效锌含量

本次调查化验分析了土壤有效锌含量情况，土壤有效锌最大值为34.04毫克/千克，最小值为0.49毫克/千克，平均值为4.38毫克/千克。平均值较高的有道河镇、绥阳镇和大肚川镇。见表4-37。

表4-37　土壤有效锌含量统计

单位：毫克/千克

乡（镇）	最大值	最小值	平均值	地力等级				
				一级地	二级地	三级地	四级地	五级地
老黑山镇	15.53	1.39	4.69	—	4.81	4.49	4.65	4.98
道河镇	11.79	2.16	5.78	5.99	5.86	5.92	5.60	5.57
绥阳镇	19.55	1.06	5.47	—	5.77	6.02	5.29	5.37
大肚川镇	34.04	0.59	5.28	5.15	5.08	5.45	5.35	4.43
东宁镇	28.78	1.04	4.54	4.39	4.66	4.64	4.20	5.55
三岔口镇	14.56	0.49	3.26	3.27	2.98	3.63	3.20	2.83
全　县	34.04	0.49	4.38	4.25	4.57	5.05	4.80	5.22

（二）各土壤类型有效锌统计

本次调查化验分析各土类土壤有效锌养分如下：暗棕壤土类有效锌平均值为5.02毫克/千克，白浆土土类有效锌平均值为4.42毫克/千克，草甸土土类有效锌平均值为5.43毫克/千克，沼泽土土类有效锌平均值为5.12毫克/千克，新积土土类有效锌平均值为4.55毫克/千克，水稻土土类有效锌平均值为3.08毫克/千克。见表4-38。

表4-38　耕地土壤有效锌含量统计

单位：毫克/千克

土壤类型	最大值	最小值	平均值	各地力等级养分平均值				
				一级地	二级地	三级地	四级地	五级地
一、暗棕壤类	28.78	0.56	5.02	5.45	4.71	5.05	5.12	5.07
（1）暗矿质暗棕壤	18.92	0.59	5.13	—	3.49	5.22	5.13	5.07
（2）亚暗矿质白浆化暗棕壤	28.78	1.52	4.96	5.45	5.01	5.00	4.70	4.27
（3）沙砾质暗棕壤	19.55	1.57	5.62	—	5.30	6.36	5.18	5.04
（4）沙砾质白浆化暗棕壤	19.55	0.56	4.41	—	4.39	4.25	5.31	3.62
（5）灰泥质暗棕壤	12.32	1.63	4.37	—	4.51	3.17	4.98	8.00
二、白浆土类	34.04	1.04	4.42	4.63	4.28	4.82	4.06	—
（1）薄层黄土质白浆土	34.04	1.65	4.71	3.75	5.26	3.90	2.28	—
（2）中层黄土质白浆土	18.39	1.33	4.19	4.62	4.07	4.96	3.90	—
（3）厚层沙底草甸白浆土	12.32	1.04	3.80	3.56	3.04	6.69	5.62	—
（4）厚层黄土质白浆土	15.53	1.19	4.76	6.28	4.29	4.31	4.61	—
（5）中层沙底草甸白浆土	9.07	1.83	4.65	4.53	4.18	7.04	3.90	—
三、草甸土类	28.78	0.59	5.43	5.95	5.07	5.54	6.26	4.50
（1）暗棕壤型草甸土	28.78	1.73	6.31	10.75	6.11	6.52	6.61	4.50
（2）石质草甸土	11.81	2.19	5.17	5.96	5.20	4.95	5.70	—
（3）厚层砾底草甸土	11.53	0.91	5.17		5.55	4.69	5.68	—

（续）

土壤类型	最大值	最小值	平均值	各地力等级养分平均值				
				一级地	二级地	三级地	四级地	五级地
（4）薄层黏壤质潜育草甸土	10.66	0.59	4.29	5.48	3.01	5.59	—	
（5）中层黏壤质潜育草甸土	9.14	2.25	3.92	3.16	3.26	5.15	—	
（6）厚层黏壤质潜育草甸土	8.25	6.51	7.24	8.07	7.15	—		
四、新积土类	12.95	1.39	4.55	—	—	4.55	4.11	5.69
（1）薄层砾质冲积土	12.95	1.39	4.51	—	—	4.56	4.27	5.17
（2）薄层沙质冲积土	12.68	1.71	4.59	—	—	4.53	3.93	6.05
五、水稻土类	8.70	0.49	3.08	3.23	2.79	2.65	2.94	2.16
（1）中层草甸土型淹育水稻土	4.56	1.15	2.60	2.77	1.76	—		
（2）中层冲积土型淹育水稻土	2.83	2.36	2.57		2.57	—		
（3）白浆土型淹育水稻土	4.95	1.71	2.92	—		2.65	2.94	2.16
（4）厚层沼泽土型潜育水稻土	8.70	0.49	3.35	3.38	3.20	—		
六、沼泽土类	12.32	2.06	5.12	—		4.45	4.48	5.42	5.64
（1）厚层黏质草甸沼泽土	12.32	2.06	5.77	—		3.93	6.40	5.64
（2）薄层泥炭腐殖质沼泽土	10.15	3.11	4.86			4.78	5.05	4.43
（3）薄层泥炭沼泽土	4.88	2.58	3.47			3.58	3.63	2.96
全 县	34.04	0.49	4.38	4.25	4.57	5.05	4.80	5.22

（三）土壤有效锌分级面积情况

按照黑龙江省土壤有效锌分级标准，东宁市有效锌养分一级地面积为 45 460.86 公顷，占总耕地面积的 93.56%；有效锌养分二级地面积为 2 580.52 公顷，占总耕地面积的 5.31%；有效锌养分三级地面积为 478.45 公顷，占总耕地面积的 0.98%；有效锌养分四级地面积为 45.29 公顷，占总耕地面积的 0.09%；有效锌养分五级地面积为 27.51 公顷，占总耕地面积的 0.06%。见表 4-39。

表 4-39　各乡（镇）耕地土壤有效锌分级面积统计

乡（镇）	面积（公顷）	一级地		二级地		三级地		四级地		五级地	
		面积（公顷）	占总面积（%）	面积（公顷）	占总面积（%）	面积（公顷）	占总面积（%）	面积（公顷）	占总面积（%）	面积（公顷）	占总面积（%）
老黑山镇	6 548.52	6 491.46	99.13	27.18	0.42	29.88	0.46	0	0	0	0
道河镇	8 944.25	8 944.25	100.00	0	0	0	0	0	0	0	0
绥阳镇	8 750.38	8 746.81	99.96	0	0	3.57	0.04	0	0	0	0
大肚川镇	9 314.40	8 742.54	93.86	516.78	5.55	35.23	0.38	19.85	0.21	0	0
东宁镇	7 283.92	6 722.89	92.30	546.51	7.50	14.52	0.20	0	0	0	0
三岔口镇	7 751.16	5 812.91	74.99	1 490.05	19.22	395.25	5.10	25.44	0.33	27.51	0.35
合　计	48 592.63	45 460.86	93.56	2 580.52	5.31	478.45	0.98	45.29	0.09	27.51	0.06

（四）耕地土类有效锌分级面积情况

本次地力评价调查各类土壤有效锌分级如下：

1. 暗棕壤类　有效锌养分一级地面积为 21 179.14 公顷，占该土类耕地面积的 94.30%；有效锌养分二级地面积为 1 198.46 公顷，占该土类耕地面积的 5.34%；有效锌养分三级地面积为 63.36 公顷，占该土类耕地面积的 0.28%；有效锌养分四级地面积为 19.41 公顷，占该土类耕地面积的 0.08%；有效锌养分五级地全市无分布。

2. 白浆土类　有效锌养分一级地面积为 11 326.85 公顷，占该土类耕地面积的 90.49%；有效锌养分二级地面积为 841.90 公顷，占该土类耕地面积的 6.73%；有效锌养分三级地面积为 348.34 公顷，占该土类耕地面积的 2.78%；有效锌养分四级和五级地全市无分布。

3. 草甸土类　有效锌养分一级地面积为 5 314.20 公顷，占该土类耕地面积的 98.93%；有效锌养分二级地面积为 28.51 公顷，占该土类耕地面积的 0.53%；有效锌养分三级地面积为 2.91 公顷，占该土类耕地面积的 0.05%；有效锌养分四级地面积为 25.88 公顷，占该土类耕地面积的 0.48%；有效锌养分五级地全市无分布。

4. 沼泽土类　有效锌养分一级地面积为 965.01 公顷，占该土类耕地面积的 100%；有效锌养分二级、三级、四级和五级地全市无分布。

5. 新积土类　有效锌养分一级地面积为 4 751.12 公顷，占该土类耕地面积的 99.01%；有效锌养分二级地面积为 45.92 公顷，占该土类耕地面积的 0.96%；有效锌养分三级地面积为 1.45 公顷，仅占该土类耕地面积的 0.03%；有效锌养分四级和五级地全市无分布。

6. 水稻土类　有效锌养分一级地面积为 1 924.54 公顷，占该土类耕地面积的 77.60%；有效锌养分二级地面积为 465.73 公顷，占该土类耕地面积的 18.78%；有效锌养分三级地面积为 62.39 公顷，占该土类耕地面积的 2.52%；有效锌养分四级地全市无分布；有效锌养分五级地面积为 27.51 公顷，占该土类耕地面积的 1.11%。

耕地土壤有效锌分级面积统计见表 4-40。

表 4-40　耕地土壤有效锌分级面积统计

土　种	面积（公顷）	一级地		二级地		三级地		四级地		五级地	
		面积（公顷）	占总面积（%）	面积（公顷）	占总面积（%）	面积（公顷）	占总面积（%）	面积（公顷）	占总面积（%）	面积（公顷）	占总面积（%）
一、暗棕壤类	22 460.37	21 179.14	94.30	1 198.46	5.34	63.36	0.28	19.41	0.09	0	0
（1）暗矿质暗棕壤	9 541.92	9 375.17	98.25	131.89	1.38	32.00	0.34	2.86	0.03	0	0
（2）亚暗矿质白浆化暗棕壤	4 988.35	4 827.63	96.78	160.72	3.22	0	0	0	0	0	0
（3）沙砾质暗棕壤	1 784.64	1 776.46	99.54	8.18	0.46	0	0	0	0	0	0
（4）沙砾质白浆化暗棕壤	5 157.16	4 475.24	86.78	634.01	12.29	31.36	0.61	16.55	0.32	0	0
（5）灰泥质暗棕壤	988.30	724.64	73.32	263.66	26.68	0	0	0	0	0	0

（续）

土　种	面积 （公顷）	一级地		二级地		三级地		四级地		五级地	
		面积 （公顷）	占总面 积（%）	面积 （公顷）	占总面 积（%）	面积 （公顷）	占总面 积（%）	面积 （公顷）	占总面 积（%）	面积 （公顷）	占总面 积（%）
二、白浆土类	12 517.09	11 326.85	90.49	841.90	6.73	348.34	2.78	0	0	0	0
（1）薄层黄土质白浆土	2 712.06	2 665.33	98.28	46.73	1.72	0	0	0	0	0	0
（2）中层黄土质白浆土	4 324.13	3 768.49	87.15	424.09	9.81	131.55	3.04	0	0	0	0
（3）厚层沙底草甸白浆土	1 105.61	743.33	67.23	224.10	20.27	138.18	12.50	0	0	0	0
（4）厚层黄土质白浆土	3 933.91	3 738.76	95.04	116.54	2.96	78.61	2.00	0	0	0	0
（5）中层沙底草甸白浆土	441.38	410.94	93.10	30.44	6.90	0	0	0	0	0	0
三、草甸土类	5 371.50	5 314.20	98.93	28.51	0.53	2.91	0.05	25.88	0.48	0	0
（1）暗棕壤型草甸土	2 304.58	2 282.97	99.06	21.61	0.94	0	0	0	0	0	0
（2）石质草甸土	1 124.23	1 124.23	100.00	0	0	0	0	0	0	0	0
（3）厚层砾底草甸土	935.30	926.41	99.05	0	0	0	0	8.89	0.95	0	0
（4）薄层黏壤质潜育草甸土	622.79	595.99	95.70	6.90	1.11	2.91	0.47	16.99	2.73	0	0
（5）中层黏壤质潜育草甸土	263.72	263.72	100.00	0	0	0	0	0	0	0	0
（6）厚层黏壤质潜育草甸土	120.88	120.88	100.00	0	0	0	0	0	0	0	0
四、新积土类	4 798.49	4 751.12	99.01	45.92	0.96	1.45	0.03	0	0	0	0
（1）薄层砾质冲积土	2 416.71	2 414.58	99.91	0.68	0.03	1.45	0.06	0	0	0	0
（2）薄层沙质冲积土	2 381.78	2 336.54	98.10	45.24	1.90	0	0	0	0	0	0
五、水稻土类	2 480.17	1 924.54	77.60	465.73	18.78	62.39	2.52	0	0	27.51	1.11
（1）白浆土型淹育水稻土	233.61	144.45	61.83	53.17	22.76	35.99	15.41	0	0	0	0
（2）中层草甸土型淹育水稻土	1 498.22	1 105.64	73.80	338.67	22.60	26.40	1.76	0	0	27.51	1.84
（3）中层冲积土型淹育水稻土	704.85	630.96	89.52	73.89	10.48	0	0	0	0	0	0
（4）厚层沼泽土型潜育水稻土	43.49	43.49	100.00	0	0	0	0	0	0	0	0
六、沼泽土类	965.01	965.01	100.00	0	0	0	0	0	0	0	0
（1）厚层黏质草甸沼泽土	538.03	538.03	100.00	0	0	0	0	0	0	0	0
（2）薄层泥炭腐殖质沼泽土	302.04	302.04	100.00	0	0	0	0	0	0	0	0
（3）薄层泥炭沼泽土	124.94	124.94	100.00	0	0	0	0	0	0	0	0
合　计	48 592.63	45 460.86	93.56	2 580.52	5.31	478.45	0.98	45.29	0.09	27.51	0.06

十、土壤有效铜

（一）各乡（镇）土壤有效铜含量

本次调查化验东宁市土壤有效铜养分最大值 25.66 毫克/千克，最小值 0.77 毫克/千克，平均值 3.87 毫克/千克。见表 4-41。

表4-41 土壤有效铜含量统计

单位：毫克/千克

乡（镇）	最大值	最小值	平均值	地力等级				
				一级地	二级地	三级地	四级地	五级地
老黑山镇	7.76	1.20	2.96	—	3.57	3.37	2.82	2.26
道河镇	6.89	1.32	3.22	2.85	3.32	3.28	3.14	2.86
绥阳镇	12.68	0.77	3.43	0.00	2.98	3.62	3.50	3.33
大肚川镇	25.66	0.90	3.77	4.96	3.85	3.59	3.30	4.91
东宁镇	25.58	1.54	5.02	6.46	5.23	4.08	4.34	4.58
三岔口镇	9.76	1.02	4.84	5.47	5.15	4.53	4.54	3.74
全 市	25.66	0.77	3.87	5.70	4.29	3.73	3.50	3.11

（二）各土壤类型有效铜统计

本次调查化验分析各土类土壤有效铜养分如下：暗棕壤土类有效铜平均值为3.54毫克/千克，白浆土土类有效铜平均值为4.21毫克/千克，草甸土土类有效铜含量平均值为3.90毫克/千克，沼泽土土类有效铜平均值为3.41毫克/千克，新积土土类有效铜含量平均值为4.15毫克/千克，水稻土土类有效铜平均值为5.83毫克/千克。见表4-42。

表4-42 耕地土壤有效铜含量统计

单位：毫克/千克

土壤类型	最大值	最小值	平均值	各地力等级养分平均值				
				一级地	二级地	三级地	四级地	五级地
一、暗棕壤类	25.58	0.77	3.54	5.18	4.71	3.69	3.06	2.94
（1）暗矿质暗棕壤	16.10	0.77	3.18	—	4.13	3.55	2.99	2.90
（2）亚暗矿质白浆化暗棕壤	25.58	1.54	3.78	5.18	4.18	3.21	3.30	3.91
（3）沙砾质暗棕壤	12.68	1.05	3.56	—	4.91	3.95	3.32	3.06
（4）沙砾质白浆化暗棕壤	12.68	1.02	4.55	—	5.49	4.13	3.37	2.37
（5）灰泥质暗棕壤	8.62	1.30	4.09	—	5.01	4.77	3.07	2.95
二、白浆土类	25.66	1.52	4.21	5.32	3.89	3.47	3.93	—
（1）薄层黄土质白浆土	25.66	1.84	3.74	4.39	3.51	3.45	3.08	—
（2）中层黄土质白浆土	14.64	1.61	4.29	5.13	4.17	3.10	3.91	—
（3）厚层沙底草甸白浆土	7.69	1.52	3.83	4.15	3.65	3.72	4.19	—
（4）厚层黄土质白浆土	13.94	1.58	4.61	7.00	4.14	3.53	3.62	—
（5）中层沙底草甸白浆土	8.27	2.46	4.84	6.00	4.51	2.91	4.18	—
三、草甸土类	25.58	0.90	3.90	6.13	4.22	3.49	3.31	3.29
（1）暗棕壤型草甸土	25.58	1.05	3.97	8.55	4.48	3.92	3.56	3.29
（2）石质草甸土	9.40	1.16	4.11	5.95	5.02	3.22	3.24	—
（3）厚层砾底草甸土	6.25	1.05	3.17	—	3.42	3.07	2.47	—

（续）

土壤类型	最大值	最小值	平均值	各地力等级养分平均值				
				一级地	二级地	三级地	四级地	五级地
（4）薄层黏壤质潜育草甸土	9.87	0.90	4.19	6.01	3.44	3.46	—	—
（5）中层黏壤质潜育草甸土	6.38	1.61	4.47	6.38	4.81	3.64	—	—
（6）厚层黏壤质潜育草甸土	4.82	3.07	3.96	4.82	3.87	—	—	—
四、新积土类	11.73	1.20	4.15	—	—	4.56	4.20	3.48
（1）薄层砾质冲积土	8.94	1.52	4.34	—	—	4.48	4.41	3.75
（2）薄层沙质冲积土	11.73	1.20	3.91	—	—	4.84	3.98	3.28
五、水稻土类	13.25	1.93	5.83	6.14	4.81	8.94	5.66	6.11
（1）中层草甸土型淹育水稻土	10.04	3.65	6.20	6.44	5.06	—	—	—
（2）厚层沼泽土型潜育水稻土	13.25	1.93	5.78	6.05	4.59	—	—	—
（3）中层冲积土型淹育水稻土	6.21	2.93	5.13	—	5.13	—	—	—
（4）白浆土型淹育水稻土	10.04	2.89	5.81	—	—	8.94	5.66	6.11
六、沼泽土类	6.37	1.41	3.41	—	2.92	3.59	3.38	3.44
（1）厚层黏质草甸沼泽土	6.37	1.41	3.32	—	—	2.84	3.11	3.44
（2）薄层泥炭腐殖质沼泽土	4.90	2.36	3.59	—	2.76	3.77	4.14	—
（3）薄层泥炭沼泽土	4.23	2.94	3.41	—	3.34	3.47	3.33	—
全　市	25.66	0.77	3.87	5.70	4.29	3.73	3.50	3.11

（三）土壤有效铜分级面积情况

按照黑龙江省土壤有效铜分级标准，东宁市有效铜养分一级地面积为 46 596.53 公顷，占总耕地面积的 95.89%；有效铜养分二级地面积为 1 972.68 公顷，占总耕地面积的 4.06%；有效铜养分三级地面积为 23.42 公顷，仅占总耕地面积的不足 0.05%；有效铜养分四级和五级地全市无分布。见表 4-43。

表 4-43　各乡（镇）耕地土壤有效铜分级面积统计

乡（镇）	面积（公顷）	一级地		二级地		三级地		四级地		五级地	
		面积（公顷）	占总面积（%）	面积（公顷）	占总面积（%）	面积（公顷）	占总面积（%）	面积（公顷）	占总面积（%）	面积（公顷）	占总面积（%）
老黑山镇	6 548.52	5 678.83	86.72	869.69	13.28	0	0	0	0	0	0
道河镇	8 944.25	8 819.18	98.60	125.07	1.40	0	0	0	0	0	0
绥阳镇	8 750.38	8 436.94	96.42	309.87	3.54	3.57	0.04	0	0	0	0
大肚川镇	9 314.40	9 034.75	97.00	259.80	2.79	19.85	0.21	0	0	0	0
东宁镇	7 283.92	6 989.92	95.96	294.00	4.04	0	0	0	0	0	0
三岔口镇	7 751.16	7 636.91	98.53	114.25	1.47	0	0	0	0	0	0
合　计	48 592.63	46 596.53	95.89	1 972.68	4.06	23.42	0.05	0	0	0	0

（四）耕地土类有效铜分级面积情况

本次地力评价调查各类土壤有效铜养分面积如下：

1. 暗棕壤类 有效铜养分一级地面积为 21 000.16 公顷，占该土类耕地面积的 93.50％；有效铜养分二级地面积为 1 453.78 公顷，占该土类耕地面积的 6.49％；有效铜养分三级地面积为 6.43 公顷，仅占该土类耕地面积的 0.01％；有效铜养分四级和五级地全市无分布。

2. 白浆土类 有效铜养分一级地面积为 12 421.34 公顷，占该土类耕地面积的 99.20％；有效铜养分二级地面积为 95.75 公顷，占该土类耕地面积的 0.80％；有效铜养分三级、四级和五级地全市无分布。

3. 草甸土类 有效铜养分一级地面积为 5 156.80 公顷，占该土类耕地面积的 96.00％；有效铜养分二级地面积为 197.71 公顷，占该土类耕地面积的 3.70％；有效铜养分三级地面积为 16.99 公顷，占该土类耕地面积的 0.30％；有效铜养分四级和五级地全市无分布。

4. 沼泽土类 有效铜养分一级地面积为 840.61 公顷，占该土类耕地面积的 87.10％；有效铜养分二级地面积为 124.40 公顷，占该土类耕地面积的 12.90％；有效铜养分三级、四级和五级地全市无分布。

5. 新积土类 有效铜养分一级地面积为 4 697.45 公顷，占该土类耕地面积的 97.90％；有效铜养分二级地面积为 101.04 公顷，占该土类耕地面积的 2.10％；有效铜养分四级和五级地全市无分布。

6. 水稻土类 有效铜养分一级地面积为 2 480.17 公顷，占该土类耕地面积的 100％；有效铜养分二级、三级、四级和五级地全市无分布。见表 4-44。

表 4-44 耕地土壤有效铜分级面积统计

土 种	面积（公顷）	一级地		二级地		三级地		四级地		五级地	
		面积（公顷）	占总面积（％）	面积（公顷）	占总面积（％）	面积（公顷）	占总面积（％）	面积（公顷）	占总面积（％）	面积（公顷）	占总面积（％）
一、暗棕壤类	22 460.37	2 100.16	93.50	1 453.78	6.47	6.43	0.03	0	0	0	0
(1) 暗矿质暗棕壤	9 541.92	8 762.64	91.83	772.85	8.10	6.43	0.07	0	0	0	0
(2) 亚暗矿质白浆化暗棕壤	4 988.35	4 746.26	95.15	242.09	4.85	0	0	0	0	0	0
(3) 沙砾质暗棕壤	1 784.64	1 712.15	95.94	72.49	4.06	0	0	0	0	0	0
(4) 沙砾质白浆化暗棕壤	5 157.16	4 880.32	94.63	276.84	5.37	0	0	0	0	0	0
(5) 灰泥质暗棕壤	988.30	898.79	90.94	89.51	9.06	0	0	0	0	0	0
二、白浆土类	12 517.09	12 421.34	99.24	95.75	0.76	0	0	0	0	0	0
(1) 薄层黄土质白浆土	2 712.06	2 712.06	100.00	0	0	0	0	0	0	0	0
(2) 中层黄土质白浆土	4 324.13	4 321.57	99.94	2.56	0.06	0	0	0	0	0	0
(3) 厚层沙底草甸白浆土	1 105.61	1 057.88	95.68	47.73	4.32	0	0	0	0	0	0
(4) 厚层黄土质白浆土	3 933.91	3 888.45	98.84	45.46	1.16	0	0	0	0	0	0
(5) 中层沙底草甸白浆土	441.38	441.38	100.00	0	0	0	0	0	0	0	0

（续）

土 种	面积（公顷）	一级地		二级地		三级地		四级地		五级地	
		面积（公顷）	占总面积（%）	面积（公顷）	占总面积（%）	面积（公顷）	占总面积（%）	面积（公顷）	占总面积（%）	面积（公顷）	占总面积（%）
三、草甸土类	5 371.50	5 156.80	96.00	197.71	3.68	16.99	0.32	0	0	0	0
(1) 暗棕壤型草甸土	2 304.58	2 162.90	93.85	141.68	6.15	0	0	0	0	0	0
(2) 石质草甸土	1 124.23	1 122.85	99.88	1.38	0.12	0	0	0	0	0	0
(3) 厚层砾底草甸土	935.30	907.11	96.99	28.19	3.01	0	0	0	0	0	0
(4) 薄层黏壤质潜育草甸土	622.79	594.07	95.39	11.73	1.88	16.99	2.73	0	0	0	0
(5) 中层黏壤质潜育草甸土	263.72	248.99	94.41	14.73	5.59	0	0	0	0	0	0
(6) 厚层黏壤质潜育草甸土	120.88	120.88	100.00	0	0	0	0	0	0	0	0
四、新积土类	4 798.49	4 697.45	97.89	101.04	2.11	0	0	0	0	0	0
(1) 薄层砾质冲积土	2 416.71	2 409.80	99.71	6.91	0.29	0	0	0	0	0	0
(2) 薄层沙质冲积土	2 381.78	2 287.65	96.05	94.13	3.95	0	0	0	0	0	0
五、水稻土类	2 480.17	2 480.17	100.00	0	0	0	0	0	0	0	0
(1) 白浆土型淹育水稻土	233.61	233.61	100.00	0	0	0	0	0	0	0	0
(2) 中层草甸土型淹育水稻土	1 498.22	1 498.22	100.00	0	0	0	0	0	0	0	0
(3) 厚层沼泽土型潜育水稻土	43.49	43.49	100.00	0	0	0	0	0	0	0	0
(4) 中层冲积土型淹育水稻土	704.85	704.85	100.00	0	0	0	0	0	0	0	0
六、沼泽土类	965.01	840.61	87.11	124.40	12.89	0	0	0	0	0	0
(1) 厚层黏质草甸沼泽土	538.03	413.63	76.88	124.40	23.12	0	0	0	0	0	0
(2) 薄层泥炭腐殖质沼泽土	302.04	302.04	100.00	0	0	0	0	0	0	0	0
(3) 薄层泥炭沼泽土	124.94	124.94	100.00	0	0	0	0	0	0	0	0
合 计	48 592.63	46 596.53	95.89	1 972.68	4.06	23.42	0.05	0	0	0	0

十一、土壤有效铁

（一）各乡（镇）土壤有效铁含量

本次评价调查东宁市土壤有效铁含量最大值 611.56 毫克/千克，最小值 33.84 毫克/千克，平均值 191.50 毫克/千克。见表 4-45。

表 4-45　土壤有效铁含量统计

单位：毫克/千克

乡（镇）	最大值	最小值	平均值	地力等级				
				一级地	二级地	三级地	四级地	五级地
老黑山镇	611.56	63.18	190.49	—	234.95	190.66	183.59	179.22
道河镇	359.73	56.85	153.73	97.71	154.04	155.52	153.56	152.53
绥阳镇	368.57	68.59	197.49	—	179.83	199.08	197.08	199.14
大肚川镇	433.85	52.08	167.85	172.66	169.20	167.08	163.46	205.41
东宁镇	457.20	33.84	190.72	210.29	167.52	166.02	227.85	264.18
三岔口镇	393.64	73.96	243.24	259.92	232.99	224.57	269.26	241.84
全 市	611.56	33.84	191.50	214.47	189.21	181.08	196.50	195.81

（二）各土壤类型有效铁统计

本次调查全县各土壤类型有效铁含量如下：暗棕壤土类有效铁平均值为175.8毫克/千克，白浆土土类有效铁平均值为178.6毫克/千克，草甸土土类有效铁平均值为204.8毫克/千克，沼泽土土类有效铁平均值为206.0毫克/千克，新积土土类有效铁平均值为215.5毫克/千克，水稻土土类有效铁平均值为292.9毫克/千克。见表4-46。

表4-46 耕地土壤有效铁含量统计

单位：毫克/千克

土壤类型	最大值	最小值	平均值	各地力等级养分平均值				
				一级地	二级地	三级地	四级地	五级地
一、暗棕壤类	433.9	52.1	175.8	150.7	178.4	171.4	172.9	191.7
（1）暗矿质暗棕壤	433.9	56.8	173.1	—	145.6	164.5	172.4	190.5
（2）亚暗矿质白浆化暗棕壤	386.8	86.2	168.0	150.7	162.4	171.6	174.8	219.6
（3）沙砾质暗棕壤	321.9	63.2	171.4		156.3	162.5	174.4	185.4
（4）沙砾质白浆化暗棕壤	391.2	52.1	194.9	—	204.9	193.1	166.4	194.9
（5）灰泥质暗棕壤	360.3	67.6	193.8	—	183.1	188.8	190.6	233.1
二、白浆土类	386.8	56.8	178.6	163.8	170.7	192.4	223.0	
（1）薄层黄土质白浆土	326.2	56.8	147.1	135.1	146.8	184.2	166.3	—
（2）中层黄土质白浆土	361.9	67.6	176.8	153.4	151.7	146.8	228.0	—
（3）厚层沙底草甸白浆土	361.9	83.4	212.6	179.9	221.0	243.0	216.1	—
（4）厚层黄土质白浆土	379.5	64.1	180.0	185.7	172.5	186.7	184.3	—
（5）中层沙底草甸白浆土	386.8	100.8	203.9	183.4	223.5	208.7	216.4	—
三、草甸土类	611.6	52.1	204.8	194.1	214.7	195.8	207.8	214.1
（1）暗棕壤型草甸土	500.0	74.0	189.1	173.1	149.5	192.9	213.8	214.1
（2）石质草甸土	611.6	63.2	224.8	172.7	253.4	209.6	200.1	—
（3）厚层砾底草甸土	374.6	86.2	189.2	—	193.2	184.0	195.1	
（4）薄层黏壤质潜育草甸土	375.0	52.1	209.0	206.0	219.8	188.5	—	—
（5）中层黏壤质潜育草甸土	426.7	129.5	276.4	311.7	318.5	198.2	—	—
（6）厚层黏壤质潜育草甸土	270.3	64.3	172.5	64.3	184.5	—	—	
四、新积土类	591.1	33.8	215.5	—	—	196.2	230.0	202.6
（1）薄层砾质冲积土	591.1	33.8	218.9	—		190.4	241.6	211.8
（2）薄层沙质冲积土	441.6	33.8	211.3			214.1	217.6	196.1
五、水稻土类	471.9	33.8	292.9	292.0	282.9	353.9	299.7	332.5
（1）中层草甸土型淹育水稻土	457.2	140.6	317.3	302.8	387.4	—	—	
（2）中层冲积土型淹育水稻土	413.4	114.5	273.1		273.1	—		
（3）白浆土型淹育水稻土	457.2	33.8	302.7	—		353.9	299.7	332.5
（4）厚层沼泽土型潜育水稻土	471.9	86.2	282.7	288.5	255.9	—		
六、沼泽土类	326.2	74.6	206.0	—	218.7	217.6	194.1	201.0
（1）厚层黏质草甸沼泽土	306.0	74.6	191.4	—		184.4	169.9	201.0
（2）薄层泥炭腐殖质沼泽土	326.2	143.2	229.0		220.2	229.9	237.8	—
（3）薄层泥炭沼泽土	261.5	167.5	211.7		214.5	205.5	225.0	—
全　市	611.6	33.8	191.5	214.5	189.2	181.1	196.5	195.8

（三）土壤有效铁分级面积

按照黑龙江省土壤有效铁分级标准，东宁市耕地土壤有效铁含量养分一级地面积为 48 592.63 公顷，占耕地总面积的 100％。有效铁养分二级、三级和四级地全市无分布。见表 4－47。

表 4－47　各乡（镇）耕地土壤有效铁分级面积统计

乡（镇）	面积（公顷）	一级地		二级地		三级地		四级地	
		面积（公顷）	占总面积（％）	面积（公顷）	占总面积（％）	面积（公顷）	占总面积（％）	面积（公顷）	占总面积（％）
老黑山镇	6 548.52	6 548.52	100.0	0	0	0	0	0	0
道河镇	8 944.25	8 944.25	100.0	0	0	0	0	0	0
绥阳镇	8 750.38	8 750.38	100.0	0	0	0	0	0	0
大肚川镇	9 314.4	9 314.4	100.0	0	0	0	0	0	0
东宁镇	7 283.92	7 283.92	100.0	0	0	0	0	0	0
三岔口镇	7 751.16	7 751.16	100.0	0	0	0	0	0	0
合　计	48 592.63	48 592.63	100.0	0	0	0	0	0	0

（四）耕地土类有效铁分级面积情况

本次地力评价调查各类土壤有效铁养分面积如下：

1. 暗棕壤类　有效铁养分一级地面积为 22 460.37 公顷，占该土类耕地面积的 100％；有效铁养分二级、三级和四级地全市无分布。

2. 白浆土类　有效铁养分一级地面积为 12 517.09 公顷，占该土类耕地面积的 100％；有效铁养分二级、三级和四级地全市无分布。

3. 草甸土类　有效铁养分一级地面积为 5 371.50 公顷，占该土类耕地面积的 100％；有效铁养分二级、三级和四级地全市无分布。

4. 沼泽土类　有效铁养分一级地面积为 965.01 公顷，占该土类耕地面积的 100％；有效铁养分二级、三级和四级地全市无分布。

5. 新积土类　有效铁养分一级地面积为 4 798.49 公顷，占该土类耕地面积的 100％；有效铁养分二级、三级和四级地全市无分布。

6. 水稻土类　有效铁养分一级地面积为 2 480.17 公顷，占该土类耕地面积的 100％；有效铁养分二级、三级和四级地全市无分布。

耕地土壤有效铁分级面积统计见表 4－48。

表 4－48　耕地土壤有效铁分级面积统计

土　种	面积（公顷）	一级地		二级地		三级地		四级地		五级地	
		面积（公顷）	占总面积（％）	面积（公顷）	占总面积（％）	面积（公顷）	占总面积（％）	面积（公顷）	占总面积（％）	面积（公顷）	占总面积（％）
一、暗棕壤类	22 460.37	22 460.37	100.00	0	0	0	0	0	0	0	0
（1）暗矿质暗棕壤	9 541.92	9 541.92	100.00	0	0	0	0	0	0	0	0

（续）

土　种	面积（公顷）	一级地		二级地		三级地		四级地		五级地	
		面积（公顷）	占总面积（%）	面积（公顷）	占总面积（%）	面积（公顷）	占总面积（%）	面积（公顷）	占总面积（%）	面积（公顷）	占总面积（%）
(2) 亚暗矿质白浆化暗棕壤	4 988.35	4 988.35	100.00	0	0	0	0	0	0	0	0
(3) 沙砾质暗棕壤	1 784.64	1 784.64	100.00	0	0	0	0	0	0	0	0
(4) 沙砾质白浆化暗棕壤	5 157.16	5 157.16	100.00	0	0	0	0	0	0	0	0
(5) 灰泥质暗棕壤	988.30	988.30	100.00	0	0	0	0	0	0	0	0
二、白浆土类	12 517.09	12 517.09	100.00	0	0	0	0	0	0	0	0
(1) 薄层黄土质白浆土	2 712.06	2 712.06	100.00	0	0	0	0	0	0	0	0
(2) 中层黄土质白浆土	4 324.13	4 324.13	100.00	0	0	0	0	0	0	0	0
(3) 厚层沙底草甸白浆土	1 105.61	1 105.61	100.00	0	0	0	0	0	0	0	0
(4) 厚层黄土质白浆土	3 933.91	3 933.91	100.00	0	0	0	0	0	0	0	0
(5) 中层沙底草甸白浆土	441.38	441.38	100.00	0	0	0	0	0	0	0	0
三、草甸土类	5 371.50	5 371.50	100.00	0	0	0	0	0	0	0	0
(1) 暗棕壤型草甸土	2 304.58	2 304.58	100.00	0	0	0	0	0	0	0	0
(2) 石质草甸土	1 124.23	1 124.23	100.00	0	0	0	0	0	0	0	0
(3) 厚层砾底草甸土	935.30	935.30	100.00	0	0	0	0	0	0	0	0
(4) 薄层黏壤质潜育草甸土	622.79	622.79	100.00	0	0	0	0	0	0	0	0
(5) 中层黏壤质潜育草甸土	263.72	263.72	100.00	0	0	0	0	0	0	0	0
(6) 厚层黏壤质潜育草甸土	120.88	120.88	100.00	0	0	0	0	0	0	0	0
四、新积土类	4 798.49	4 798.49	100.00	0	0	0	0	0	0	0	0
(1) 薄层砾质冲积土	2 416.71	2 416.71	100.00	0	0	0	0	0	0	0	0
(2) 薄层沙质冲积土	2 381.78	2 381.78	100.00	0	0	0	0	0	0	0	0
五、水稻土类	2 480.17	2 480.17	100.00	0	0	0	0	0	0	0	0
(1) 白浆土型淹育水稻土	233.61	233.61	100.00	0	0	0	0	0	0	0	0
(2) 中层草甸土型淹育水稻土	1 498.22	1 498.22	100.00	0	0	0	0	0	0	0	0
(3) 中层冲积土型淹育水稻土	704.85	704.85	100.00	0	0	0	0	0	0	0	0
(4) 厚层沼泽土型潜育水稻土	43.49	43.49	100.00	0	0	0	0	0	0	0	0
六、沼泽土类	965.01	965.01	100.00	0	0	0	0	0	0	0	0
(1) 厚层黏质草甸沼泽土	538.03	538.03	100.00	0	0	0	0	0	0	0	0
(2) 薄层泥炭腐殖质沼泽土	302.04	302.04	100.00	0	0	0	0	0	0	0	0
(3) 薄层泥炭沼泽土	124.94	124.94	100.00	0	0	0	0	0	0	0	0
合　计	48 592.63	48 592.63	100.00	0	0	0	0	0	0	0	0

十二、土壤有效锰

（一）各乡（镇）土壤有效锰含量

本次调查东宁市耕地土壤有效锰养分最大值为196.4毫克/千克，最小值为5.5毫克/千克，平均值为63.4毫克/千克。见表4-49。

表4-49 土壤有效锰含量统计

单位：毫克/千克

乡（镇）	最大值	最小值	平均值	地力等级				
				一级地	二级地	三级地	四级地	五级地
老黑山镇	162.2	17.1	65.5	—	68.7	63.5	65.1	67.4
道河镇	138.4	15.9	58.2	38.2	59.7	60.3	55.3	62.4
绥阳镇	140.6	5.5	58.9	—	59.7	59.3	58.6	58.9
大肚川镇	135.3	6.3	60.8	66.4	62.2	59.7	57.3	72.5
东宁镇	172.0	11.6	73.9	81.9	82.7	64.0	68.5	59.5
三岔口镇	196.4	14.0	65.5	70.4	69.9	64.1	59.3	58.8
全　市	196.4	5.5	63.4	73.5	67.7	61.6	60.2	61.1

（二）各土壤类型有效锰统计

东宁市耕地不同土壤类型有效锰养分含量如下：暗棕壤土类土壤有效锰平均值为63.1毫克/千克，白浆土土类土壤有效锰平均值为72.3毫克/千克，草甸土土类土壤有效锰平均值为62.9毫克/千克，沼泽土土类土壤有效锰平均值为63.0毫克/千克，新积土土类土壤有效锰平均值为52.1毫克/千克，水稻土土类土壤有效锰平均值为67.2毫克/千克。见表4-50。

表4-50 耕地土壤有效锰含量统计

单位：毫克/千克

土壤类型	最大值	最小值	平均值	各地力等级养分平均值				
				一级地	二级地	三级地	四级地	五级地
一、暗棕壤类	162.2	5.5	63.1	59.6	69.4	62.2	60.7	64.1
（1）暗矿质暗棕壤	140.6	5.5	62.4	—	61.2	61.5	61.6	65.9
（2）亚暗矿质白浆化暗棕壤	162.2	36.6	68.1	59.6	70.7	65.9	65.2	67.0
（3）沙砾质暗棕壤	134.1	12.9	55.0	—	57.8	54.0	55.7	55.3
（4）沙砾质白浆化暗棕壤	125.2	12.9	65.3	—	68.6	64.9	57.9	52.8
（5）灰泥质暗棕壤	125.0	22.7	61.1	—	74.6	65.2	53.3	52.5
二、白浆土类	196.4	15.9	72.3	78.9	71.2	68.1	67.2	—
（1）薄层黄土质白浆土	172.0	15.9	70.9	87.0	63.4	74.9	69.2	—
（2）中层黄土质白浆土	139.5	35.8	71.8	80.5	71.2	68.2	66.2	—
（3）厚层沙底草甸白浆土	196.4	30.8	71.7	74.0	71.1	70.5	70.0	—
（4）厚层黄土质白浆土	196.4	21.7	73.4	74.2	78.6	65.6	64.2	—
（5）中层沙底草甸白浆土	134.1	48.8	76.0	74.4	82.8	69.4	74.5	—

（续）

土壤类型	最大值	最小值	平均值	各地力等级养分平均值				
				一级地	二级地	三级地	四级地	五级地
三、草甸土类	160.0	6.3	62.9	57.2	60.9	64.9	67.4	55.0
（1）暗棕壤型草甸土	160.0	12.9	64.5	50.2	62.8	66.7	66.2	55.0
（2）石质草甸土	139.0	15.4	65.3	55.4	66.8	64.5	69.2	—
（3）厚层砾底草甸土	121.8	12.9	63.5	—	60.2	65.4	69.6	—
（4）薄层黏壤质潜育草甸土	140.7	6.3	49.1	58.8	42.9	50.1	—	—
（5）中层黏壤质潜育草甸土	139.4	35.8	76.7	81.0	79.3	71.6	—	—
（6）厚层黏壤质潜育草甸土	58.2	32.3	50.7	32.3	52.7	—	—	—
四、新积土类	135.3	11.2	52.1	—	—	47.2	54.3	52.7
（1）薄层砾质冲积土	124.4	11.2	53.1	—	—	50.4	55.5	51.9
（2）薄层沙质冲积土	135.3	11.6	50.8	—	—	37.3	53.0	53.3
五、水稻土类	154.5	11.6	67.2	71.4	63.5	45.0	60.2	48.3
（1）中层草甸土型淹育水稻土	154.5	21.9	70.3	71.0	66.9	—	—	—
（2）中层冲积土型淹育水稻土	95.3	11.6	59.3	—	—	45.0	60.2	48.3
（3）白浆土型淹育水稻土	140.7	30.8	66.3	72.6	35.5	—	—	—
（4）厚层沼泽土型潜育水稻土	92.6	32.2	74.5	—	74.5	—	—	—
六、沼泽土类	115.7	20.3	63.0	—	64.8	63.2	65.1	61.0
（1）厚层黏质草甸沼泽土	115.7	20.3	64.4	—	—	90.3	67.7	61.0
（2）薄层泥炭腐殖质沼泽土	89.7	40.7	60.2	—	63.3	60.7	54.4	—
（3）薄层泥炭沼泽土	79.3	43.4	63.8	—	68.8	59.6	70.6	—
全　市	196.4	5.5	63.4	73.5	67.7	61.6	60.2	61.1

（三）土壤有效锰分级面积

按照黑龙江省土壤有效锰分级标准，东宁市耕地土壤有效锰含量养分一级地面积为48 403.48公顷，占总耕地面积的99.61%；有效锰养分二级地面积为165.73公顷，占总耕地面积的0.34%；有效锰养分三级地全市无分布；有效锰养分四级地面积为23.42公顷，仅占总耕地面积的0.05%；有效锰养分五级地全市无分布。见表4-51。

表4-51　各乡（镇）耕地土壤有效锰分级面积统计

乡（镇）	面积（公顷）	一级地		二级地		三级地		四级地		五级地	
		面积（公顷）	占总面积（%）	面积（公顷）	占总面积（%）	面积（公顷）	占总面积（%）	面积（公顷）	占总面积（%）	面积（公顷）	占总面积（%）
老黑山镇	6 548.52	6 548.52	100.0	0	0	0	0	0	0.5	0	0
道河镇	8 944.25	8 944.25	100.0	0	0	0	0	0	1.0	0	0
绥阳镇	8 750.38	8 695.79	99.4	51.02	0.58	0	0	3.57	0.02	0	0
大肚川镇	9 314.40	9 294.55	99.8	0	0	0	0	19.85	0.20	0	0
东宁镇	7 283.92	7 185.76	98.7	98.16	1.3	0	0	0	0	0	0
三岔口镇	7 751.16	7 734.61	99.8	16.55	0.2	0	0	0	0	0	0
合　计	48 592.63	48 403.48	99.61	165.73	0.34	0	0	23.42	0.05	0	0

(四) 耕地土类有效锰分级面积情况

本次地力评价调查各类土壤有效锰养分面积如下：

1. 暗棕壤类 有效锰养分一级地面积为 22 405.35 公顷，占该土类耕地面积的 99.76%；有效锰养分二级地面积为 48.59 公顷，占该土类耕地面积的 0.22%；有效锰养分三级地全市无分布；有效锰养分四级地面积为 6.43 公顷，仅占该土类耕地面积的 0.02%；有效锰养分五级地全市无分布。

2. 白浆土类 有效锰养分一级地面积为 12 517.09 公顷，占该土类耕地面积的 100.0%；有效锰养分二级、三级、四级和五级地全市无分布。

3. 草甸土类 有效锰养分一级地面积为 5 340.82 公顷，占该土类耕地面积的 99.43%；有效锰养分二级地面积为 13.69 公顷，占该土类耕地面积的 0.25%；养分三级地全市无分布；有效锰养分四级地面积为 16.99 公顷，占该土类耕地面积的 0.32%；有效锰养分五级地全市无分布。

4. 沼泽土类 有效锰养分一级地面积为 965.01 公顷，占该土类耕地面积的 100%；有效锰养分二级、三级、四级和五级地全市无分布。

5. 新积土类 有效锰养分一级地面积为 4 713.11 公顷，占该土类耕地面积的 98.22%；有效锰养分二级地面积为 85.38 公顷，占该土类耕地面积的 1.78%；有效锰养分三级、四级和五级地全市无分布。

6. 水稻土类 有效锰养分一级地面积为 2 462.10 公顷，占该土类耕地面积的 99.27%；有效锰养分二级地面积为 18.07 公顷，仅占该土类耕地面积的 0.73%；有效锰养分三级、四级和五级地全市无分布。

耕地土壤有效锰分级面积统计见表 4-52。

表 4-52　耕地土壤有效锰分级面积统计

土　种	面积(公顷)	一级地		二级地		三级地		四级地		五级地	
		面积(公顷)	占总面积(%)	面积(公顷)	占总面积(%)	面积(公顷)	占总面积(%)	面积(公顷)	占总面积(%)	面积(公顷)	占总面积(%)
一、暗棕壤类	22 460.37	22 405.35	99.76	48.59	0.22	0	0	6.43	0.03	0	0
(1) 暗矿质暗棕壤	9 541.92	9 512.19	99.69	23.30	0.24	0	0	6.43	0.07	0	0
(2) 亚暗矿质白浆化暗棕壤	4 988.35	4 988.35	100.00	0	0	0	0	0	0	0	0
(3) 沙砾质暗棕壤	1 784.64	1 777.24	99.59	7.40	0.41	0	0	0	0	0	0
(4) 沙砾质白浆化暗棕壤	5 157.16	5 139.27	99.65	17.89	0.35	0	0	0	0	0	0
(5) 灰泥质暗棕壤	988.30	988.30	100.00	0	0	0	0	0	0	0	0
二、白浆土类	12 517.09	12 517.09	100.00	0	0	0	0	0	0	0	0
(1) 薄层黄土质白浆土	2 712.06	2 712.06	100.00	0	0	0	0	0	0	0	0
(2) 中层黄土质白浆土	4 324.13	4 324.13	100.00	0	0	0	0	0	0	0	0
(3) 厚层沙底草甸白浆土	1 105.61	1 105.61	100.00	0	0	0	0	0	0	0	0
(4) 厚层黄土质白浆土	3 933.91	3 933.91	100.00	0	0	0	0	0	0	0	0
(5) 中层沙底草甸白浆土	441.38	441.38	100.00	0	0	0	0	0	0	0	0

（续）

土　种	面积 （公顷）	一级地		二级地		三级地		四级地		五级地	
		面积 （公顷）	占总面 积（%）	面积 （公顷）	占总面 积（%）	面积 （公顷）	占总面 积（%）	面积 （公顷）	占总面 积（%）	面积 （公顷）	占总面 积（%）
三、草甸土类	5 371.50	5 340.82	99.43	13.69	0.25	0	0	16.99	0.32	0	0
（1）暗棕壤型草甸土	2 304.58	2 292.55	99.48	12.03	0.52	0	0	0	0	0	0
（2）石质草甸土	1 124.23	1 124.23	100.00	0	0	0	0	0	0	0	0
（3）厚层砾底草甸土	935.30	933.64	99.82	1.66	0.18	0	0	0	0	0	0
（4）薄层黏壤质潜育草甸土	622.79	605.80	97.27	0	0	0	0	16.99	2.73	0	0
（5）中层黏壤质潜育草甸土	263.72	263.72	100.00	0	0	0	0	0	0	0	0
（6）厚层黏壤质潜育草甸土	120.88	120.88	100.00	0	0	0	0	0	0	0	0
四、新积土类	4 798.49	4 713.11	98.22	85.38	1.78	0	0	0	0	0	0
（1）薄层砾质冲积土	2 416.71	2 369.64	98.05	47.07	1.95	0	0	0	0	0	0
（2）薄层沙质冲积土	2 381.78	2 343.47	98.39	38.31	1.61	0	0	0	0	0	0
五、水稻土类	2 480.17	2 462.10	99.27	18.07	0.73	0	0	0	0	0	0
（1）白浆土型淹育水稻土	233.61	233.61	100.00	0	0	0	0	0	0	0	0
（2）中层草甸土型淹育水稻土	1 498.22	1 498.22	100.00	0	0	0	0	0	0	0	0
（3）中层冲积土型淹育水稻土	704.85	686.78	97.44	18.07	2.56	0	0	0	0	0	0
（4）厚层沼泽土型潜育水稻土	43.49	43.49	100.00	0	0	0	0	0	0	0	0
六、沼泽土类	965.01	965.01	100.00	0	0	0	0	0	0	0	0
（1）厚层黏质草甸沼泽土	538.03	538.03	100.00	0	0	0	0	0	0	0	0
（2）薄层泥炭腐殖质沼泽土	302.04	302.04	100.00	0	0	0	0	0	0	0	0
（3）薄层泥炭沼泽土	124.94	124.94	100.00	0	0	0	0	0	0	0	0
合　计	48 592.63	48 403.48	99.61	165.73	0.34	0	0	23.42	0.05	0	0

第二节　土壤容重

　　土壤容重是指在自然状态下，单位体积绝对干燥的土壤重量（克/立方厘米）。根据容重可以推知土壤质地、结构、保水能力和通气状况等。有机质含量高的疏松土壤容重小于1克/立方厘米，熟化的耕作层容重为0.9～1.1克/立方厘米，板结土壤耕作层容重为1.2～1.4克/立方厘米，紧实的耕层和心土层容重可达1.4～1.6克/立方厘米，甚至超过这个数值。东宁市各类土壤表层容重一般在0.9～1.5克/立方厘米。各类土壤表层容重：暗棕壤0.9～1.22克/立方厘米，白浆土1.16～1.24克/立方厘米，草甸土0.92～1.25克/立方厘米，新积土1.11～1.15克/立方厘米，亚表土（AB层）土壤容重均高于表层。从表层土壤容重看，自然土壤容重小于耕作土壤容重。在耕作土壤中开垦年限长的土壤容重大于开垦年限短的，对此，应引起足够的重视，否则土壤逐渐板结，影响土壤肥力。各种土壤容重详见表4-53。

表 4 - 53　东宁市土壤容重统计（1982 年）

单位：克/立方厘米

土类	平均值		最大值		最小值		2010 年
	表层	亚表层	表层	亚表层	表层	亚表层	
暗棕壤	1.07	1.39	1.22	1.65	0.87	1.15	1.180
白浆土	1.14	1.46	1.24	1.59	1.03	1.31	1.170
草甸土	1.05	1.25	1.25	1.5	0.89	1.03	1.160
沼泽土	0.51	0.62	0.51	0.62	0.51	0.62	1.030
新积土	1.08	1.27	1.15	1.38	1.02	1.19	1.250
水稻土	—	—	—	—	—	—	1.260

　　从 2010 年地力评价采样调查看，土壤容重普遍增加，说明土壤变得紧实，主要是人为耕作所造成，需要在今后加以改善。另外，本次调查采样只采集了耕层容重，不能与第二次土壤普查结果进行全面比较。

第五章　耕地地力评价

第一节　耕地地力评价的基本原理

耕地地力是耕地自然要素相互作用所表现出来的潜在生产能力。耕地地力评价大体可分为以气候要素为主的潜力评价和以土壤要素为主的潜力评价。在一个较小的区域范围内（县域），气候要素相对一致，耕地地力评价可以根据所在区域的地形地貌、成土母质、土壤理化性状、农田基础设施等要素相互作用表现出来的综合特征，揭示耕地综合生产力的高低。

耕地地力评价有两种表达方法：一是用单位面积产量来表示，其关系式为：

$$Y = b_0 + b_1 x_1 + b_2 x_2 + \cdots + b_n x_n$$

式中：Y——单位面积产量；

x_1——耕地自然属性（参评因素）；

b_1——该属性对耕地地力的贡献率（解多元回归方程求得）。

单位面积产量表示法的优点是一旦上述函数关系建立，就可以根据调查点自然属性的数值直接估算要素；缺点是单位面积产量因农民的技术水平、经济能力的差异而产生很大的变化。如果耕种者技术水平比较低或者主要精力放在外出务工，肥沃的耕地实际产量不一定高；如果耕种者具有较高的技术水平，并采用精耕细作的农事措施，自然条件较差的耕地上仍然可获得较高的产量。因此，上述关系理论上成立，实践上却难以做到。

耕地地力评价的另一种表达方法，是用耕地自然要素评价的指数来表示，其关系式为：

$$IFI = b_1 x_1 + b_2 x_2 + \cdots + b_n x_n$$

式中：IFI——耕地地力综合指数；

x_1——耕地自然属性（参评因素）；

b_1——该属性对耕地地力的贡献率（层次分析方法或专家直接评估求得）。

根据 IFI 的大小及其组成，不仅可以了解耕地地力的高低，还可以揭示影响耕地地力的障碍因素及其影响程度。采用合适的方法，也可以将 IFI 值转换为单位面积产量，更直观地反映耕地的地力。

第二节　耕地地力评价的原则

本次耕地地力评价是一种一般性的目的的评价，根据所在地区特定气候区域以及地形地貌、成土母质、土壤理化性状、农田基础设施等要素相互作用表现出来的综合特征，揭示耕地潜在生产能力的高低。通过耕地地力评价，可以全面了解东宁市的耕地质量现状，合理调整农业结构；生产无公害农产品、绿色食品、有机食品；针对耕地土壤存在的障碍因素，改造中低产田，保护耕地质量，提高耕地的综合生产能力；建立耕地资源数据网络，对耕地质量实行有效的管理等提供科学依据。

耕地地力的评价是对耕地的基础地力及其生产能力的全面鉴定，因此，在评价时我们遵循以下 3 个原则。

一、综合因素研究与主导因素分析相结合的原则

耕地地力是各类要素的综合体现，综合因素研究是对地形地貌、土壤理化性状以及相关的社会经济因素进行综合研究、分析与评价，全面了解耕地地力状况。主导因素是指对耕地地力起决定作用的，相对稳定的因子，在评价中要着重对其进行研究分析。

二、定性与定量相结合的原则

影响耕地地力有定性和定量的因素，评价时必须把定量和定性评价结合起来。可定量的评价因子按其数值参与计算评价；对非数量化的定性因子要充分应用专业知识，先进行数值化处理，再进行计算评价。

三、采用 GIS 支持的自动化评价方法的原则

充分应用计算机技术，通过建立数据库、评价模型，实现评价流程的全部数字化、自动化。

第三节　利用东宁市耕地资源信息系统进行地力评价

一、确定评价单元

耕地评价单元是由耕地构成因素组成的综合体。本次根据《耕地地力调查与质量评价技术规程》的要求，采用综合方法确定评价单元，即用 1：50 000 的土壤图、土地利用现状图和行政区划图，先数字化，再在计算机上叠加复合生成评价单元图斑，然后进行综合取舍，形成评价单元。这种方法的优点是考虑全面，综合性强，同一评价单元内土壤类型相同、土地利用类型相同，既满足了对耕地地力和质量做出评价，又便于耕地利用与管理。本次东宁市地力调查共确定形成评价单元 4 008 个，总耕地面积 48 592.63 公顷。

（一）确定评价单元方法

1. 以土壤图为基础，将农业生产影响一致的土壤类型归并在一起成为 1 个评价单元。

2. 以行政区划图为基础确定评价单元。

3. 以土地利用现状图为基础确定评价单元。

4. 采用网格法确定评价单元。

（二）评价单元数据获取

采取将评价单元与各专题图件叠加，采集各参评因素的信息。具体的方法是：按唯一标识原则为评价单元编码；生成评价信息空间数据库和属性数据库；从图形库中调出评价因子的专题图，与评价单元图进行叠加；保持评价单元几何形状不变，直接对叠加后形成的图形的属性数据库进行操作，以评价单元为基本统计单位，按面积加权平均汇总评价单元各评价因素的值。由此，得到图形与属性相连，以评价单元为基本单位的评价信息。

根据不同类型数据的特点，我们采取以下几种途径为评价单元获取数据：

1. 点位数据　对于点位分布图，先进行插值形成栅格图，与评价单元图叠加后采用加权统计的方法给评价单元赋值。如土壤有效磷点位图、速效钾点位图等。

2. 矢量图　对于矢量图，直接与评价单元图叠加，再采用加权统计的方法为评价单元赋值。对于土壤质地、容重等较稳定的土壤理化性状，可用一个乡（镇）范围内同一个土种的平均值直接为评价单元赋值。

3. 等值线图　对于等值线图，先采用地面高程模型生成栅格图，再与评价单元图叠加后采用分区统计的方法给评价单元赋值。

二、确定评价指标

（一）指标选取原则

耕地地力评价实质是评价地形地貌、土壤理化性状等自然要素对农作物生长限制程序的强弱。选取评价指标时遵循以下几个原则：

（1）选取的指标对耕地地力有比较大的影响，如地形部位、土壤侵蚀程度等。

（2）选取的指标在评价区域内的变异较大，便于划分耕地地力的等级。

（3）选取的评价指标在时间序列上具有相对的稳定性，如有机质含量等，评价的结果能够有较长的有效期。

（4）选取评价指标与评价区域的大小有密切的关系。

结合东宁市的土壤条件、农田基础设施状况、当前农业生产中耕地存在的突出问题等，并参照《耕地地力调查和质量评价技术规程》中所确定的 64 项指标体系（表 5－1），结合东宁市实际情况最后确定了选取 3 个准则和 11 项指标（表 5－2）。

表 5－1　全国耕地地力评价指标体系

代码	要素名称	代码	要素名称
	气候	AL105000	光能辐射总量
AL101000	≥0 ℃积温	AL106000	无霜期
AL102000	≥10 ℃积温	AL107000	干燥度
AL103000	年降水量		**立地条件**
AL104000	全年日照时数	AL201000	经度

（续）

代码	要素名称	代码	要素名称
AL202000	纬度		**耕层养分状况**
AL203000	高程	AL501000	有机质
AL204000	地貌类型	AL502000	全氮
AL205000	地形部位	AL503000	有效磷
AL206000	坡度	AL504000	速效钾
AL207000	坡向	AL505000	缓效钾
AL208000	成土母质	AL506000	有效锌
AL209000	土壤侵蚀类型	AL507000	水溶态硼
AL201000	土壤侵蚀程度	AL508000	有效钼
AL201100	林地覆盖率	AL509000	有效铜
AL201200	地面破碎情况	AL501000	有效硅
AL201300	地表岩石露头状况	AL501100	有效锰
AL201400	地表砾石度	AL501200	有效铁
AL201500	地面坡度	AL501300	交换性钙
	剖面性状	AL501400	交换性镁
AL301000	剖面构型		**障碍因素**
AL302000	质地构型	AL601000	障碍层类型
AL303000	有效土层厚度	AL602000	障碍层出现位置
AL304000	耕层厚度	AL603000	障碍层厚度
AL305000	腐殖层厚度	AL604000	耕层含盐量
AL306000	田间持水量	AL605000	1米土层含盐量
AL307000	旱季地下水位	AL606000	盐化类型
AL308000	潜水埋深	AL607000	地下水矿化度
AL309000	水型		**土壤管理**
	耕层理化性状	AL701000	灌溉保证率
AL401000	质地	AL702000	灌溉模数
AL402000	容重	AL703000	抗旱能力
AL403000	pH	AL704000	排涝能力
AL404000	阳离子代换量（CEC）	AL705000	排涝模数
		AL706000	轮作制度
		AL707000	梯田化水平
		AL708000	设施类型（蔬菜地）

表5-2 东宁市地力评价指标

评价准则	评价指标
1. 立地条件	①≥10 ℃积温 ②地貌类型 ③坡度 ④坡向
2. 养分状况	①有效磷 ②有效锌 ③速效钾
3. 剖面性状	①障碍层类型 ②有机质 ③质地 ④pH

（二）指标选取理由

按照耕地地力评价构造层次模型及层次分析结果，选取11项指标作为东宁市评价指标。依次为：≥10 ℃有效积温、地貌类型、坡度、障碍层类型、有效磷、坡向、有机质、质地、pH、有效钾和有效锌。

1. ≥10 ℃有效积温 ≥10 ℃有效积温是中纬度中温带地区影响作物生长量与产量的重要因素。东宁市跨5个积温带，≥10 ℃有效积温最高为2 800 ℃，最低为2 000 ℃，相差800 ℃，对产量有较大的影响；最高有效积温带产量可达10 000 千克/公顷，最低有效积温带产量为4 500 千克/公顷，产量相差5 500 千克/公顷，产量比为1∶0.45。

2. 地貌类型 不同地貌类型耕地对作物产量影响较大，东宁市地貌类型主要有丘陵、山地、河漫滩。其中，丘陵平均产量为8 510 千克/公顷，山地平均产量为7 240 千克/公顷，河漫滩平均产量为5 820 千克/公顷，产量比为1∶0.85∶0.68。

3. 坡度 坡度主要影响耕地的土壤侵蚀度和土壤水分状况，进而影响耕地生产力及作物产量。东宁市耕地坡度从0°～15°，其中，0°平均产量为8 630 千克/公顷，15°平均产量为5 240 千克/公顷，产量相差3 390 千克/公顷。

4. 障碍层类型 不同障碍层类型的耕地其保水、保肥和供肥能力有很大差别，对作物的产量有较大的影响。东宁市耕地障碍层类型有黏盘层、白浆层、潜育层、沙砾层、沙漏层，其中，黏盘层平均产量为9 010 千克/公顷，白浆层平均产量为8 100 千克/公顷，潜育层平均产量为6 825 千克/公顷，沙砾层平均产量为5 410 千克/公顷，沙漏层平均产量为4 060 千克/公顷，产量比例为1∶0.90∶0.76∶0.60∶0.45。

5. 有效磷 土壤有效磷是土壤磷素养分供应水平高低的重要指标。了解土壤中有效磷的供应状况对于施肥有着直接的意义。东宁市土壤速效磷养分含量为2～100毫克/千克，最低、最高有效磷含量相差98毫克/千克，产量相差为4 950 千克/公顷。

6. 坡向 坡向不同，光照、湿度、热量、风量也不同。一般南坡、东南坡、西南坡，所获得太阳光热量大；北坡、东北坡、西北坡，则较冷凉，故坡向不同作物产量也不同。东宁市耕地坡向有东坡、东南坡、南坡、西南坡、西坡、西北坡、北坡、东北坡，共8个方位，产量最高、最低相差为2 185千克/公顷。

7. 有机质 土壤有机质的含量与土壤肥力水平是密切相关的。虽然土壤中有机质所占比重很小，但其在土壤肥力中发挥着多方面的重要作用。通常在其他条件相同或相近的情况下，在一定含量范围内，有机质含量与土壤肥力水平呈正相关。东宁市土壤有机质含量为30~400克/千克，最低、最高有机质含量相差370克/千克，产量相差为3 600千克/公顷。

8. 质地 指土壤中不同大小直径的矿物颗粒的组合状况，是土壤物理性状之一。土壤质地与土壤通气、保肥、保水状况及耕作的难易有密切关系；土壤质地状况是拟定土壤利用、管理和改良措施的重要依据。肥沃的土壤不仅要求耕层的质地良好，还要求有良好的质地剖面。虽然土壤质地主要决定于成土母质类型，有相对的稳定性，但耕作层的质地仍可通过耕作、施肥等活动进行调节。东宁市土壤质地有重壤土、中壤土、轻黏土、轻壤土、沙壤土，其中，重壤土平均产量为8 970千克/公顷，中壤土平均产量为7 890千克/公顷，轻黏土平均产量为6 820千克/公顷，轻壤土平均产量为5 940千克/公顷，沙壤土平均产量为4 050千克/公顷，产量比例为1：0.88：0.76：0.66：0.45。

9. pH 土壤酸碱度对土壤肥力，尤其是对土壤养分的有效性影响很大。如中性土壤中磷的有效性大，碱性土壤中微量元素（锰、铜、锌等）有效性差。土壤酸碱度是衡量土壤肥力的重要指标之一。东宁市土壤pH为7~5和7~7.37，相差分别为2和0.37，产量相差分别为2 485千克/公顷和2 382千克/公顷。

10. 速效钾 土壤速效钾标志着当前及一定时期内可供植物吸收利用的数量，是衡量土壤钾素养分供应能力的现时指标。东宁市土壤速效钾含量为30~450毫克/千克，最低、最高速效钾含量相差42毫克/千克，产量相差为5 023千克/公顷。

11. 有效锌 土壤里所含的锌元素，是农作物所需锌的主要来源，了解土壤有效锌含量，对于指导农民科学施肥，促进农业增产增收和可持续发展具有重要意义。东宁市土壤有效锌含量为0.1~3毫克/千克，最低、最高有效锌含量相差2.9毫克/千克，产量相差为4 038千克/公顷。

东宁市地力评价指标见表5-2。

12. 每一个指标的名称、释义、量纲、上下限等定义如下：

（1）有机质：反映耕地土壤耕层（0~20厘米）有机质含量的指标，属数值型，量纲表示为克/千克。

（2）有效磷：反映耕地土壤耕层（0~20厘米）供磷能力的强度水平的指标，属数值型，量纲表示为毫克/千克。

（3）速效钾：反映耕地土壤耕层（0~20厘米）供钾能力的强度水平的指标，属数值型，量纲表示为毫克/千克。

（4）有效锌：反映耕地土壤耕层（0~20厘米）供锌能力的强度水平的指标，属数值型，量纲表示为毫克/千克。

（5）pH：反映耕地土壤耕层（0～20厘米）酸碱强度水平的指标，属数值型，无量纲。

（6）≥10℃积温：反映作物生长所需要的温度指标，属数值型，量纲表示为℃。

（7）地貌类型：反应生产水平，对当季作物生产具有重要影响，属于文本型，无量纲。

（8）质地：反映耕地土壤物理沙性和黏性的指标，属文本型，无量纲。

（9）障碍层类型：反映耕地土壤中对作物生长有阻碍的类型指标，属概念型，无量纲。

（10）坡度：反映耕地土壤所处倾斜角度的指标，属数值型，量纲表示为度（°）。

（11）坡向：反映耕地土壤所处田面朝向的指标，属文本型，无量纲。

三、评价单元赋值

根据各评价因子的空间分布图或属性数据库，将各评价因子数据赋值给评价单元，主要采取以下方法：

1. 对点位数据　如有效锌、有效磷、速效钾等，采用插值的方法形成栅格图与评价单元图叠加，通过统计给评价单元赋值。

2. 对矢量图　如地貌类型、坡度、坡向等，直接与评价单元图叠加，通过加权统计、属性提取，给评价单元赋值。

四、评价指标的标准化

所谓评价指标标准化就是要对每一个评价单元不同数量级、不同量纲的评价指标数据进行0～1化。数值型指标的标准化，采用数学方法进行处理；概念型指标的标准化先采用专家经验法，对定性指标进行数值化描述，然后进行标准化处理。

模糊评价法是数值标准化最通用的方法。它是采用模糊数学的原理，建立起评价指标值与耕地生产能力的隶属函数关系，其数学表达式 $\mu=f(x)$。μ 是隶属度，这里代表生产能力；x 代表评价指标值。根据隶属函数关系，可以对于每个 x 算出其对应的隶属度 μ，是 0→1 中间的数值。在本次评价中，将选定的评价指标与耕地生产能力的关系分为戒上型函数、戒下型函数、峰型函数以及概念型 4 种类型的隶属函数。前 3 种类型可以先通过专家打分的办法对一组评价单元值评估出相应的一组隶属度，根据这两组数据拟合隶属函数，计算所有评价单元的隶属度；后一种是采用专家直接打分评估法，确定每一种概念型的评价单元的隶属度。

（一）评价指标评分标准

用 1～9 定为 9 个等级打分标准，1 表示同等重要，3 表示稍微重要，5 表示明显重要，7 表示强烈重要，9 极端重要。2、4、6、8 处于中间值。

（二）权重打分

1. 总体评价准则权重打分　见图 5-1。

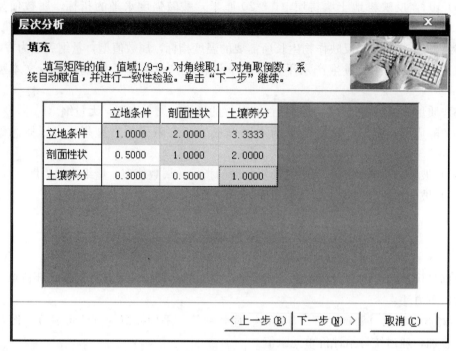

图 5-1 评价准则权重评价

2. 评价指标分项目权重打分 分为立地条件权重评价、剖面性状权重评价和土壤养分性状权重评价。

（1）立地条件权重评价见图 5-2。

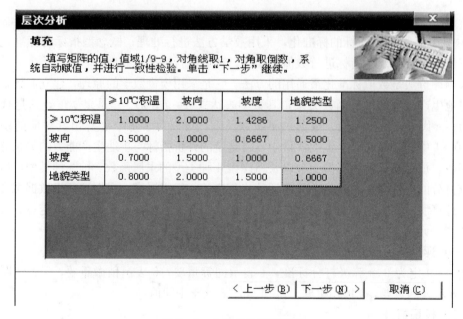

图 5-2 立地条件权重评价

（2）剖面性状权重评价见图 5-3。

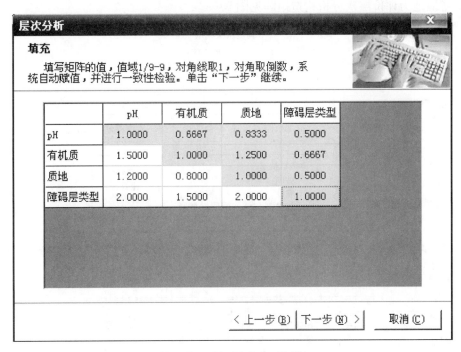

图 5-3　剖面性状权重评价

（3）土壤养分性状权重评价见图 5-4。

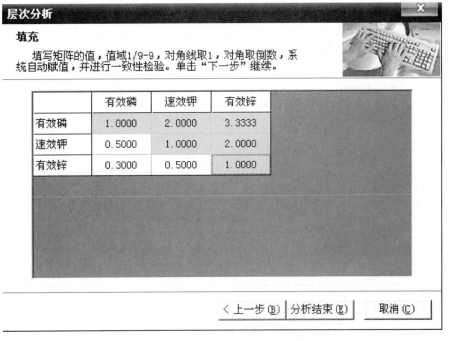

图 5-4　土壤养分性状权重评价

（三）耕地地力评价层次分析模型编辑

1. 耕地地力评价层次分析构造矩阵见图5-5。

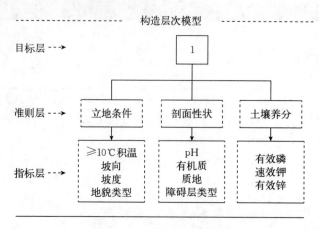

图5-5　层次分析构造矩阵

2. 层次分析结果见图5-6。

层次A	立地条件 0.551 1	剖面性状 0.293 1	土壤养分 0.155 8	组合权重 $\Sigma CiAi$
≥10℃积	0.329 4			0.181 6
坡向	0.153 0			0.084 3
坡度	0.219 2			0.120 8
地貌类型	0.298 4			0.164 4
pH		0.173 7		0.050 9
有机质		0.252 8		0.074 1
质地		0.199 1		0.058 4
障碍层类型		0.374 4		0.109 7
有效磷			0.551 1	0.085 9
速效钾			0.293 1	0.045 7
有效锌			0.155 8	0.024 3

图5-6　层次分析结果

（四）各个评价指标隶属函数的建立

1. pH

（1）pH隶属度专家评估见表5-3。

表5-3　pH隶属度专家评估

pH	<5	5.5	6.0	6.5	7.0	7.5	8.0	8.5>
隶属度	0.5	0.7	0.86	0.98	1.00	0.9	0.7	0.4

（2）pH隶属函数拟合见图5-7。

2. 坡度

（1）坡度隶属度专家评估见表5-4。

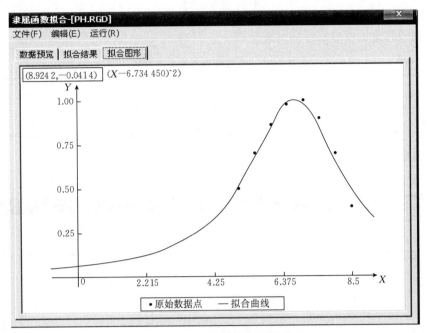

图 5-7　pH 隶属函数曲线（峰型）

表 5-4　坡度隶属度专家评估

坡度（°）	0	3	5	8	15	25
隶属度	1	0.9	0.77	0.62	0.45	0.26

（2）坡度隶属函数拟合见图 5-8。

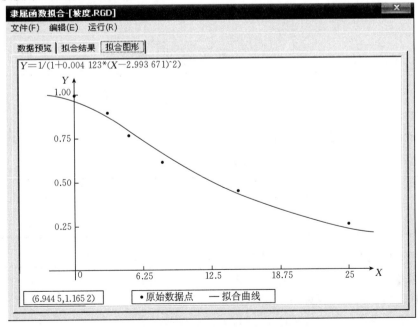

图 5-8　坡度隶属函数曲线图（戒下型）

3. 速效钾

（1）速效钾隶属度专家评估见表5-5。

表5-5 速效钾隶属度专家评估

速效钾（毫克/千克）	30	90	150	210	270	330	390	450
隶属度	0.44	0.56	0.70	0.80	0.88	0.94	0.98	1.00

（2）速效钾隶属函数拟合见图5-9。

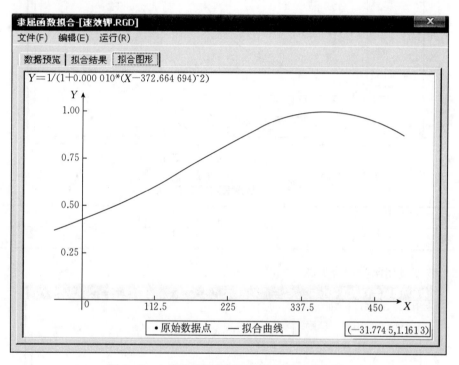

图5-9 土壤速效钾隶属函数曲线图（戒上型）

4. 有效积温

（1）有效积温隶属度专家评估见表5-6。

表5-6 有效积温隶属度专家评估

有效积温（℃）	2 000	2 200	2 300	2 400	2 500	2 600	2 700	2 800
隶属度	0.25	0.36	0.50	0.64	0.76	0.87	0.95	1.00

（2）有效积温隶属函数拟合见图5-10。

5. 有效磷

（1）有效磷隶属度专家评估见表5-7。

（2）有效磷隶属函数拟合见图5-11。

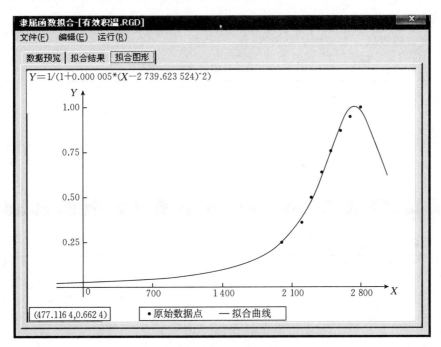

图 5-10　有效积温隶属函数曲线图（戒上型）

表 5-7　有效磷隶属度专家评估

有效磷（毫克/千克）	2	10	20	30	40	60	100
隶属度	0.3	0.4	0.48	0.56	0.67	0.87	1.00

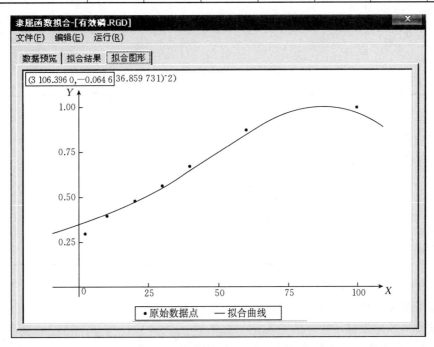

图 5-11　土壤有效磷隶属函数曲线图（戒上型）

6. 有效锌

（1）有效锌隶属度专家评估见表5-8。

表5-8 有效锌隶属度专家评估

有效锌（毫克/千克）	0.1	0.5	1.0	1.5	2.0	2.5	3.0
隶属度	0.40	0.55	0.68	0.79	0.88	0.95	1.00

（2）有效锌隶属函数拟合图见图5-12。

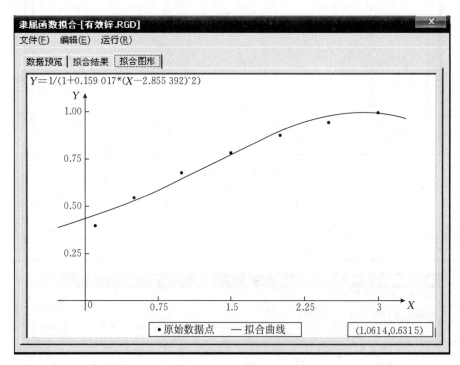

图5-12 土壤有效锌隶属函数曲线图（戒上型）

7. 有机质

（1）有机质隶属度专家评估见表5-9。

表5-9 有机质隶属度专家评估

有机质（克/千克）	<2	10	20	30	40	50	>60
隶属度	0.30	0.46	0.62	0.76	0.87	0.95	1.00

（2）有机质隶属函数拟合见图5-13。

8. 地貌类型 地貌类型隶属函数评估见表5-10。

9. 质地 质地隶属函数评估见表5-11。

10. 障碍层类型 障碍层类型隶属函数评估见表5-12。

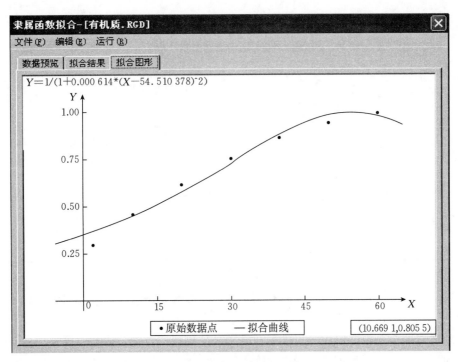

图 5-13 土壤有机质隶属函数曲线图（戒上型）

表 5-10 地貌类型隶属函数评估

分类编号	地貌类型	隶属度
1	丘陵	1.0
2	山地	0.6
3	河漫滩	0.4

表 5-11 质地隶属函数评估

分类编号	质地	隶属度
1	重壤土	1.00
2	中壤土	0.85
3	轻黏土	0.70
4	轻壤土	0.65
5	沙壤土	0.30

表 5-12 障碍层类型隶属函数评估

分类编号	障碍层类型	隶属度
1	黏盘层	1.00
2	白浆层	0.90
3	潜育层	0.75
4	沙砾层	0.40
5	沙漏层	0.20

11. 坡向　坡向隶属函数评估见表5-13。

表5-13　坡向隶属函数评估

分类编号	坡向	隶属度
1	平地	1.00
2	正南	0.95
3	西南	0.85
4	东南	0.80
5	正西	0.70
6	正东	0.60
7	西北	0.50
8	东北	0.30
9	正北	0.20

五、进行耕地地力等级评价

耕地地力评价是根据层次分析模型和隶属函数模型，对每个耕地资源管理单元的农业生产潜力进行评价，再根据集类分析的原理对评价结果进行分级，从而产生耕地地力等级，并将地力等级以不同的颜色在耕地资源管理单元图上表达。

1. 在耕地资源管理单元图上进行评价　根据层次分析模型和隶属函数模型对单元进行评价见图5-14。

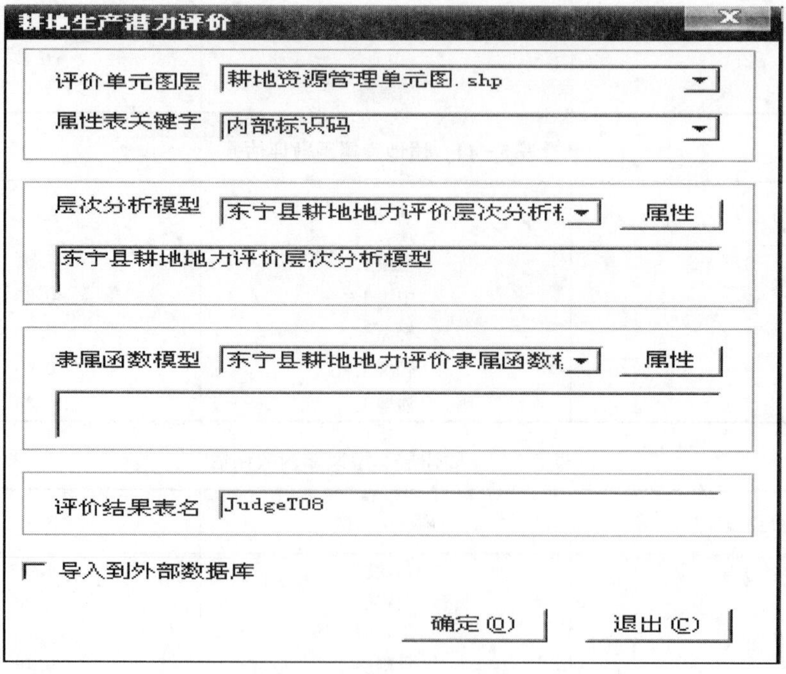

图5-14　单元评价分析

2. 耕地生产潜力评价窗口　见图 5 - 15。

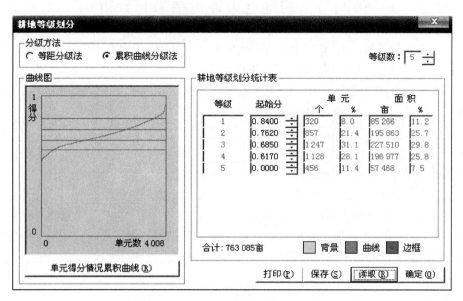

图 5 - 15　耕地等级划分

六、计算耕地地力生产性能综合指数 （IFI）

$$IFI = \sum F_i \times C_i ; \quad (i=1, 2, 3\cdots\cdots)$$

式中：IFI（integrated fertility index）——耕地地力综合指数；

　　　　F_i——第 i 个因素评语；

　　　　C_i——第 i 个因素的组合权重。

七、确定耕地地力综合指数分级方案

采取累积曲线分级法划分耕地地力等级，用加法模型计算耕地生产性能综合指数（IFI），将东宁市耕地地力划分为五级（表 5 - 14）。

表 5 - 14　土壤地力指数分级表

地力分级	地力综合指数分级 （IFI）
一级	＞0.84
二级	0.762～0.84
三级	0.685～0.762
四级	0.617～0.685
五级	＜0.617

第四节　耕地地力评价结果与分析

东宁市总面积 7 116.89 平方千米，本次耕地地力评价面积 48 592.63 公顷（此处为国家统计数字），主要是旱田、灌溉水田、果树等。

本次耕地地力评价将东宁市 6 个乡（镇）耕地面积 48 592.63 公顷划分为 5 个等级。一级地 5 375.05 公顷，占耕地总面积的 11.06％；二级地 12 589.82 公顷，占 25.91％；三级地 14 473.68 公顷，占耕地总面积的 29.79％；四级地 12 588.08 公顷，占 25.90％；五级地 3 566 公顷，占 7.34％（图 5 - 16）。全市一级地和绥芬河下游盆地、瑚布图河中下游盆地、大肚川河流域平川地中的东宁、三岔口、大肚川 3 个镇的二级地属高产田土壤，面积共 13 404.21 公顷，占耕地总面积的 27.58％；北部绥阳镇、中部道河镇、西南部老黑山镇 3 个镇高海拔山区的二级地和全部三级地以及东宁、三岔口两镇盆地的四级地为中产田土壤，面积为 21 687.64 公顷，占耕地总面积的 44.63％；绥阳、道河、老黑山、大肚川 4 个镇的四级地和全部五级地为低产田土壤，面积为 13 500.78 公顷，占耕地总面积的 27.78％。

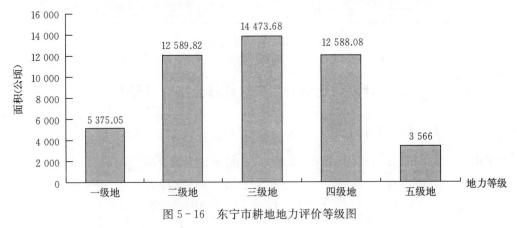

图 5 - 16　东宁市耕地地力评价等级图

一、一 级 地

一级耕地面积为 5 375.05 公顷，占总耕地面积的 11.06％。分布面积最大的是东宁镇 2 718.90 公顷，占东宁镇耕地总面积的 37.33％，以下依次为三岔口镇 1 573.27 公顷，占三岔口镇耕地总面积的 20.3％；大肚川镇 1 015.43 公顷，占大肚川镇耕地总面积的 10.9％；道河镇 67.45 公顷，占道河镇耕地总面积的 0.75％。土壤类型分布面积最大的是白浆土 3 497.95 公顷，占白浆土耕地总面积的 27.95％；其次是水稻土 1 544.35 公顷，占水稻土耕地总面积的 62.27％；草甸土 284.01 公顷，占草甸土耕地总面积的 5.29％；暗棕壤 48.74 公顷，占暗棕壤耕地总面积的 0.22％。

二、二 级 地

二级耕地面积为 12 589.82 公顷，占耕地总面积的 25.91％。分布面积最大的是大肚川镇3 371.49公顷，占大肚川镇耕地总面积的36.2%；以下依次为道河镇3 045.61公顷，占道河镇耕地总面积的34.05%；三岔口镇2 389.73公顷，占大肚川镇耕地总面积的30.83%；东宁镇2 267.94公顷，占东宁镇耕地总面积的31.14%；老黑山镇1 172.52公顷，占老黑山镇耕地总面积的17.91%；绥阳镇342.53公顷，占绥阳镇耕地总面积的3.91%。土壤类型分布面积最大的是白浆土5 935.4公顷，占白浆土耕地总面积的47.42%；暗棕壤4 482.55公顷，占暗棕壤耕地总面积的19.96%；草甸土1 800.85公顷，占草甸土耕地总面积的33.53%；水稻土230.97公顷，占水稻土耕地总面积的9.31%；沼泽土140.05公顷，占沼泽土耕地总面积的14.51%。

三、三 级 地

三级耕地面积为14 473.68公顷，占耕地总面积的29.79%。分布面积最大的是大肚川镇3 990.58公顷，占大肚川镇耕地总面积的42.84%；以下依次为道河镇3 300.29公顷，占道河镇耕地总面积的36.9%；老黑山镇2 231.5公顷，占老黑山镇耕地总面积的34.08%；绥阳镇1 840.66公顷，占绥阳镇耕地总面积的21.04%；三岔口镇1 583.14公顷，占三岔口镇耕地总面积的20.42%；东宁镇1 527.51公顷，占东宁镇耕地总面积的20.97%。土壤类型分布面积最大的是暗棕壤9 080.23公顷，占暗棕壤耕地总面积的40.43%；草甸土2 310.8公顷，占草甸土耕地总面积的43.02%；白浆土1 721.29公顷，占白浆土耕地总面积的13.75%；新积土1 110.69公顷，占新积土耕地总面积的23.15%；沼泽土242.06公顷，占沼泽土耕地总面积的25.08%；水稻土8.61公顷，占水稻土耕地总面积的0.35%。

四、四 级 地

四级耕地面积为12 588.08公顷，占耕地总面积的25.90%。分布面积最大的是绥阳镇4 300.68公顷，占绥阳镇耕地总面积的49.15%；以下依次为老黑山镇2 373.27公顷，占老黑山镇耕地总面积的36.24%；道河镇2 331.94公顷，占道河镇耕地总面积的26.07%；三岔口镇1 993.72公顷，占三岔口镇耕地总面积的25.72%；大肚川镇928.89公顷，占大肚川镇耕地总面积的9.97%；东宁镇659.58公顷，占东宁镇耕地总面积的9.06%。土壤类型分布面积最大的是暗棕壤6 967.86公顷，占暗棕壤耕地总面积的31.02%；新积土2 617.46公顷，占新积土耕地总面积的54.55%；白浆土1 362.45公顷，占白浆土耕地总面积的10.88%；水稻土687.31公顷，占水稻土耕地总面积的27.71%；草甸土679.69公顷，占草甸土耕地总面积的12.65%；沼泽土273.31公顷，占沼泽土耕地总面积的28.32%。

五、五 级 地

五级耕地面积为3 566公顷，占耕地总面积的7.34%。分布面积最大的是绥阳镇

2 266.51公顷，占绥阳镇耕地总面积的25.90%；以下依次为老黑山镇771.23公顷，占老黑山镇耕地总面积的11.78%；三岔口镇211.3公顷，占三岔口镇耕地总面积的2.73%；道河镇198.96公顷，占道河镇耕地总面积的2.22%；东宁镇109.99公顷，占东宁镇耕地总面积的1.51%；大肚川镇8.01公顷，占大肚川镇耕地总面积的0.09%。土壤类型分布面积最大的是暗棕壤1 880.99公顷，占暗棕壤耕地总面积的8.37%；新积土1 070.34公顷，占新积土耕地总面积的22.31%；沼泽土309.59公顷，占沼泽土耕地总面积的32.08%；草甸土296.15公顷，占草甸土耕地总面积的5.51%。

东宁市各乡（镇）耕地地力等级统计见表5-15，耕地土壤地力等级统计见表5-16。

表5-15　各乡（镇）耕地地力等级统计

乡（镇）	面积（公顷）	一级地		二级地		三级地		四级地		五级地	
		面积（公顷）	占总面积（%）	面积（公顷）	占总面积（%）	面积（公顷）	占总面积（%）	面积（公顷）	占总面积（%）	面积（公顷）	占总面积（%）
老黑山镇	6 548.52	0	0	1 172.52	17.91	2 231.50	34.08	2 373.27	36.24	771.23	11.78
道河镇	8 944.25	67.45	0.75	3 045.61	34.05	3 300.29	36.90	2 331.94	26.07	198.96	2.22
绥阳镇	8 750.38	0	0	342.53	3.91	1 840.66	21.04	4 300.68	49.15	2 266.51	25.90
大肚川镇	9 314.40	1 015.43	10.90	3 371.49	36.20	3 990.58	42.84	928.89	9.97	8.01	0.09
东宁镇	7 283.92	2 718.90	37.33	2 267.94	31.14	1 527.51	20.97	659.58	9.06	109.99	1.51
三岔口镇	7 751.16	1 573.27	20.30	2 389.73	30.83	1 583.14	20.42	1 993.72	25.72	211.30	2.73
合计	48 592.63	5 375.05	11.06	12 589.82	25.91	14 473.68	29.79	12 588.08	25.90	3 566.00	7.34

表5-16　耕地土壤地力等级统计

土壤类型	面积（公顷）	一级地		二级地		三级地		四级地		五级地	
		面积（公顷）	占总面积（%）	面积（公顷）	占总面积（%）	面积（公顷）	占总面积（%）	面积（公顷）	占总面积（%）	面积（公顷）	占总面积（%）
一、暗棕壤类	22 460.37	48.74	0.22	4 482.55	19.96	9 080.23	40.43	6 967.86	31.02	1 880.99	8.37
（1）暗矿质暗棕壤	9 541.92	—	—	95.05	1.00	3 017.29	31.62	5 074.97	53.19	1 354.61	14.20
（2）亚暗矿质白浆化暗棕壤	4 988.35	48.74	0.98	2 880.27	57.74	1 701.57	34.11	298.35	5.98	59.42	1.19
（3）沙砾质暗棕壤	1 784.64	—	—	19.57	1.10	670.97	37.60	730.66	40.94	363.44	20.36
（4）沙砾质白浆化暗棕壤	5 157.16	—	—	1 390.94	26.97	3 003.65	58.24	702.06	13.61	60.51	1.17
（5）灰泥质暗棕壤	988.30	—	—	96.72	9.79	686.75	69.49	161.82	16.37	43.01	4.35
二、白浆土类	12 517.09	3 497.95	27.95	5 935.40	47.42	1 721.29	13.75	1 362.45	10.88	—	—
（1）薄层黄土质白浆土	2 712.06	928.55	34.24	1 455.82	53.68	326.06	12.02	1.63	0.06	—	—
（2）中层黄土质白浆土	4 324.13	1 384.54	32.02	1 636.75	37.85	153.94	3.56	1 148.90	26.57	—	—
（3）厚层沙底草甸白浆土	1 105.61	320.27	28.97	475.04	42.97	218.12	19.73	92.18	8.34	—	—
（4）厚层黄土质白浆土	3 933.91	746.64	18.98	2 129.89	54.14	1 008.52	25.64	48.86	1.24	—	—
（5）中层沙底草甸白浆土	441.38	117.95	26.72	237.90	53.90	14.65	3.32	70.88	16.06	—	—
三、草甸土类	5 371.50	284.01	5.29	1 800.85	33.53	2 310.80	43.02	679.69	12.65	296.15	5.51
（1）暗棕壤型草甸土	2 304.58	49.51	2.15	526.95	22.87	909.20	39.45	522.77	22.68	296.15	12.85

（续）

土壤类型	面积（公顷）	一级地 面积（公顷）	一级地 占总面积（%）	二级地 面积（公顷）	二级地 占总面积（%）	三级地 面积（公顷）	三级地 占总面积（%）	四级地 面积（公顷）	四级地 占总面积（%）	五级地 面积（公顷）	五级地 占总面积（%）
（2）石质草甸土	1 124.23	58.55	5.21	459.65	40.89	521.65	46.40	84.38	7.51	—	—
（3）厚层砾底草甸土	935.30	—	—	387.24	41.40	475.52	50.84	72.54	7.76	—	—
（4）薄层黏壤质潜育草甸土	622.79	167.89	26.96	228.01	36.61	226.89	36.43	—	—	—	—
（5）中层黏壤质潜育草甸土	263.72	6.51	2.47	79.67	30.21	177.54	67.32	—	—	—	—
（6）厚层黏壤质潜育草甸土	120.88	1.55	1.28	119.33	98.72	—	—	—	—	—	—
四、新积土类	4 798.49	—	—	—	—	1 110.69	23.15	2 617.46	54.55	1 070.34	22.31
（1）薄层砾质冲积土	2 416.71	—	—	—	—	825.19	34.15	1 256.33	51.99	335.19	13.87
（2）薄层沙质冲积土	2 381.78	—	—	—	—	285.50	11.99	1 361.13	57.15	735.15	30.87
五、水稻土类	2 480.17	1 544.35	62.27	230.97	9.31	8.61	0.35	687.31	27.71	8.93	0.36
（1）中层草甸土型淹育水稻土	1 498.22	1 351.08	90.18	147.14	9.82	—	—	—	—	—	—
（2）厚层沼泽土型潜育水稻土	43.49	—	—	43.49	100.00	—	—	—	—	—	—
（3）中层冲积土型淹育水稻土	704.85	—	—	—	—	8.61	1.22	687.31	97.51	8.93	1.27
（4）白浆土型淹育水稻土	233.61	193.27	82.73	40.34	17.27	—	—	—	—	—	—
六、沼泽土类	965.01	—	—	140.05	14.51	242.06	25.08	273.31	28.32	309.59	32.08
（1）厚层黏质草甸沼泽土	538.03	—	—	—	—	18.09	3.36	210.35	39.10	309.59	57.54
（2）薄层泥炭腐殖质沼泽土	302.04	—	—	115.33	38.18	132.96	44.02	53.75	17.80	—	—
（3）薄层泥炭沼泽土	124.94	—	—	24.72	19.79	91.01	72.84	9.21	7.37	—	—
合　计	48 592.63	5 375.05	11.06	12 589.82	25.91	14 473.68	29.79	12 588.08	25.90	3 566.00	7.34

第五节　归并地力等级指标划分标准

一、国家农业标准

农业部于 1997 年颁布了《全国耕地类型区、耕地地力等级划分》农业行业标准。该标准根据粮食单产水平将全国耕地地力划分为 10 个等级。以产量表达的耕地生产能力，年单产大于 13 500 千克/公顷为一级地，小于 1 500 千克/公顷为十级地，每 1 500 千克为一个等级，见表 5-17。

表 5-17　全国耕地类型区、耕地地力等级划分

地力等级	谷类作物产量（千克/公顷）
一	>13 500
二	12 000～13 500
三	10 500～12 000

（续）

地力等级	谷类作物产量（千克/公顷）
四	9 000～10 500
五	7 500～9 000
六	6 000～7 500
七	4 500～6 000
八	3 000～4 500
九	1 500～3 000
十	<1 500

二、耕地地力综合指数转换为概念型产量

在每一个地力等级内随机选取 10％的管理单元，调查近 3 年实际的年平均产量，经济作物统一折算为谷类作物产量，归入国家等级。见表 5 - 18。

表 5 - 18 东宁市耕地地力评价等级归入国家地力等级

东宁市地力等级	管理单元数	抽取单元数	近 3 年平均产量（千克/公顷）	参照国家农业标准归入国家地力等级
一	320	283	10 000	四
二	857	514	8 500	五
三	1 247	967	7 000	六
四	1 128	893	5 500	七
五	456	356	4 000	八

东宁市一级地，归入国家四级地；二级地归入国家五级地，三级地归入国家 6 级地，四级地归入国家 7 级地，五级地归入国家 8 级地。

归入国家等级后四级地面积为 5 375.05 公顷，占耕地总面积的 11.06％；五级地面积共 12 589.82 公顷，占耕地总面积 25.91％；六级地面积为 14 473.68 公顷，占耕地总面积的 29.79％；七级地面积 12 588.08 公顷，占耕地总面积 25.90％；八级地面积为 3 566 公顷，占耕地总面积 7.33％。

三、耕地地力等级实地验证

按照国家耕地地力评价工作的要求，对形成的 5 个地力等级，看其是否符合东宁市的实际。随后我们组织了相关人员，分成 5 个组，从形成的 4 008 个图斑中，选择了 50 个图斑，每个地力等级 10 个图斑，每个图斑选择了 3 个地块，进行了实地核查，核查结果见表 5 - 19。

表 5-19 耕地地力评价结果等级核查

单位：千克/公顷

内部标识码	地力等级	平均产量	1		2		3	
			农户姓名	产量	农户姓名	产量	农户姓名	产量
318	一	10 297	邰振明	10 550	王太茂	10 450	王龙	9 890
335	一	9 027	齐喜国	9 000	吴向东	9 760	王军	8 320
454	一	9 180	孙占贵	8 890	赵红爱	9 900	孙占贵	8 750
737	一	8 670	陈继祥	8 020	王崇海	9 130	陈继祥	8 860
751	一	9 397	朱亭美	9 320	黄喜平	8 990	李庆国	9 880
755	一	9 310	尹振业	8 760	陈自己	9 060	金东珠	10 110
780	一	9 337	邓兆彬	8 990	司学亮	9 340	刘传仁	9 680
928	一	9 857	张启广	9 800	李国臣	9 720	吕文山	10 050
1 190	一	10 603	宋福国	9 980	杨永兰	10 580	毕玉江	11 250
2 169	一	9 940	李和军	9 770	张继发	10 070	王永春	9 980
19	二	7 843	刘宝台	7 800	刘春亮	7 680	赵德元	8 050
38	二	8 540	贾朝杰	8 050	崔永刚	8 640	刘兴广	8 930
107	二	7 790	赵同荣	7 480	李炳信	7 890	王德军	8 000
201	二	8 730	柳方彬	8 900	刘福仁	8 560	季贵业	8 730
256	二	8 997	法洪喜	8 870	李敬利	9 130	赵陪财	8 990
277	二	9 077	刘喜悦	9 150	张金奎	9 080	董海军	9 000
355	二	8 430	刘学云	8 560	郭平年	8 420	李成祥	8 310
453	二	8 180	孙占贵	8 420	王志敏	7 990	张道文	8 130
1 288	二	8 020	王军	8 050	杨红喜	7 890	陈景政	8 120
1 187	二	8 863	刘永学	8 990	姜广田	8 780	张振林	8 820
2	三	7 187	刘河荣	7 080	王福彬	7 190	娄德彬	7 290
25	三	6 360	王进生	6 380	庄道山	6 290	王喜才	6 410
64	三	7 140	王富	7 120	朱孝剑	7 090	严仁义	7 210
97	三	7 057	杨青林	7 080	赵启利	7 100	赵尚民	6 990
120	三	6 957	张宝贵	6 990	姜才军	6 870	童刚连	7 010
152	三	7 180	刘兴广	7 200	苗占傲	7 040	刘兴建	7 300
159	三	7 073	王朝国	7 230	黄久国	7 010	吴开奎	6 980
311	三	7 443	康纪忠	7 450	常志荣	7 380	崔学立	7 500
624	三	6 653	林学汝	6 670	王和平	6 700	常志高	6 590
1 104	三	7 547	姜发恒	7 580	邰兴波	7 460	关纪文	7 600
5	四	5 107	蔡宝军	5 090	郑京浩	5 160	金恩石	5 070
29	四	5 020	薛同山	4 990	王金富	5 060	李易彬	5 010
56	四	4 970	王朝国	4 980	苗文胜	5 070	王发庆	4 860

（续）

内部标识码	地力等级	平均产量	1		2		3	
			农户姓名	产量	农户姓名	产量	农户姓名	产量
67	四	5 477	吕秀祥	5 200	张玉江	5 690	刘新平	5 540
72	四	4 760	张四	4 580	刘志贤	4 690	窦如意	5 010
125	四	5 400	王振发	5 300	孟繁忠	5 480	王彦刚	5 420
161	四	5 857	李国生	5 800	李山林	5 790	王明正	5 980
414	四	5 457	候学生	5 500	李发忠	5 390	韦安雨	5 480
428	四	6 040	王玉贵	6 180	李增照	5 980	张甲春	5 960
1 859	四	4 700	陈喜涛	4 870	王作友	4 590	安玉会	4 640
35	五	4 407	薛同山	4 420	段凤娥	4 390	李乃华	4 410
87	五	3 917	邵谷安	3 880	王久松	3 870	秦玉发	4 000
223	五	3 963	赵洪霞	3 980	赵洪祥	3 890	徐立强	4 020
489	五	4 190	尹平	4 190	周洪国	4 200	张艳东	4 180
527	五	4 397	高绪文	4 480	张守发	4 360	刘秀刚	4 350
887	五	4 520	李国树	4 560	王富	4 490	王永建	4 510
1 508	五	3 850	何跃利	3 860	王德军	3 790	徐奎	3 900
1 922	五	4 360	张宝贵	4 380	李凤歧	4 410	李宪民	4 290
2 229	五	3 893	牟增文	3 980	张桂彬	3 790	郑日善	3 910
3 946	五	3 723	郑秋涛	3 700	张根佳	3 680	王永福	3 790

第六章　耕地地力评价与区域配方施肥

通过耕地地力评价，建立了较完善的土壤数据库，科学合理地划分了区域施肥单元，避免了过去人为划分施肥单元指导测土配方施肥的弊端。过去我们在测土施肥确定施肥单元，多是采用区域土壤类型、基础地力产量、农户常年施肥量等粗劣的为农民提供配方。本次地力评价是采用地理信息系统提供的多项评价指标，综合各种施肥因素和施肥参数来确定较精密的施肥单元。主要根据耕地质量评价情况，按照耕地所在地的养分状况、自然条件、生产条件及产量状况，结合东宁市多年的测土配方施肥肥效小区试验工作，按照不同地力等级情况确定了大豆、玉米、水稻三大主栽作物的施肥比例，同时按照高产区和中低产区对施肥配方进行了细化，在大配方的基础上，制定了按土测值、目标产量及种植品种特性确定的精准施肥配方。东宁市共确定了 4 008 个施肥单元，其中不重复图斑代码 137 个。综合评价了各施肥单元的地力水平，为精确科学地开展测土配方施肥工作提供依据。本次地力评价为东宁市所确定的施肥分区，具有一定的针对性、精确性和科学性，完成了测土配方施肥技术从估测分析到精准实施的提升过程。

第一节　区域耕地施肥区划分

东宁市境内大豆产区、玉米产区、水稻产区，按产量、地形、地貌、土壤类型、$\geqslant 10\ ℃$的有效积温、灌溉保证率等可划分为 4 个测土施肥区域。

一、高产田施肥区

东宁市一级地和东宁、三岔口、大肚川 3 乡（镇）的二级地属高产田施肥区，面积为 13 404.21 公顷，占耕地总面积的 27.58％。主要分布于绥芬河下游盆地、瑚布图河中下游盆地、大肚川河流域平川地和低山丘陵区。气候温暖，水源丰富，地势较为平坦，多为暗棕壤和白浆土。其中，白浆土面积为 6 732.91 公顷，占高产田面积的 50.23％；暗棕壤面积为 3 581.84 公顷，占高产田面积的 26.72％。该区土壤土层较厚，质地较好，多为轻黏土、轻壤土和重壤土。养分含量丰富，保水保肥性能较好，抗旱、排涝能力也较强。耕地侵蚀较轻，障碍因素少，属高肥广适应性土壤，产量水平很高，一般在 9 000～10 500 千克/公顷，适于种植大豆、玉米、水稻及各种作物。

二、中产田施肥区

北部绥阳镇、中部道河镇、西南部老黑山镇等乡（镇）高海拔山区的二级地和全部三级地以及东宁、三岔口 2 个镇盆地的四级地为中产田土壤，面积为 21 687.64 公顷，占耕地总面积的 44.63%。二级、三级地大都分布于纵贯南北的绥阳、老黑山、道河、大肚川四镇，山区低山丘陵漫岗地，土壤多为暗棕壤、白浆土和少量草甸土、新积土。四级地多为新积土和少量的暗棕壤。其中，暗棕壤面积为 10 601.5 公顷，占中产田面积的 48.88%；白浆土面积为 4 421.3 公顷，占中产田面积的 20.39%；草甸土面积为 2 998.6 公顷，占中产田面积的 13.83%；新积土面积为 2 473.9 公顷，占中产田面积的 11.41%。中产田多分布于低山丘陵漫岗地，该区土壤土层较厚，质地较好，多为中壤土、轻壤土、轻黏土和重壤土。养分含量较丰富，属中等肥力，保水保肥性能较好，抗旱、排涝能力也较强。耕地侵蚀较轻，障碍因素少，产量水平较高，一般为 7 500～9 000 千克/公顷，适于种植大豆、玉米及其他各种作物。

三、低产田施肥区

绥阳、道河、老黑山、大肚川 4 个乡（镇）的四级地和全部五级地为低产田土壤，面积为 13 500.78 公顷，占耕地总面积的 27.78%；大部分分布在绥阳、老黑山、道河 3 个镇，其他乡（镇）零星分布。地处高海拔山区，气候条件差，有效积温低（2 000～2 300 ℃），土壤类型复杂多样，包括山地、丘陵和河漫滩地，多为暗棕壤、新积土和白浆土；草甸土、水稻土、沼泽土有零星分布。其中，暗棕壤面积为 8 276.68 公顷，占低产田总面积的 61.31%；新积土面积为 2 324.59 公顷，占低产田面积的 17.22%；白浆土面积为 1 352.63 公顷，占低产田面积的 10.02%。多数耕地为山地，其次为河漫滩地和丘陵地，风蚀、水蚀较重，耕层较薄，供肥强度弱，产量水平低。主要障碍因素是气候因素，气温低、积温少是影响产量的主要原因。适宜种植玉米、大豆、薯类等作物。

四、水稻田施肥区

水稻田主要分布在瑚布图河中下游盆地，绥芬河下游平原地、大肚川河流域以及老黑山河沿岸地区，该施肥区面积为 3 616 公顷，占耕地总面积的 7.4%。集中分布在三岔口、东宁、大肚川 3 个乡（镇），主要由瑚布图河、绥芬河下游冲积形成的草甸土和冲积土组成。土壤类型主要有草甸土、冲积土型淹育水稻土。其中草甸土淹育水稻土面积为 1 498.22 公顷，占水稻土区面积的 41.43%；冲积土型淹育水稻土面积为 704.85 公顷，占水稻土区总面积的 19.49%。该区土壤土层较厚，质地较好，多为重壤土和轻黏土。养分含量丰富，保水保肥性能较好，耕地侵蚀较轻，障碍因素少。多数稻田集中分布在绥芬河、瑚布图河下游平原区，地处低海拔区，海拔高度低于 90 米，盆地小气候特征明显，气候温和，积温高，最高有效积温可达 3 000 ℃，平均有效积温 2 700～2 800 ℃。由于特殊的地理气候条件的影响，该区水稻产量水平很高，平均产量在 7 500～8 000 千克/公顷。

第二节　施肥分区施肥方案

一、施肥区土壤理化性状

根据以上 4 个施肥分区，区域施肥区土壤理化性状统计见表 6-1。

表 6-1　区域施肥区土壤理化性状统计

区域施肥区	有机质（克/千克）	碱解氮（毫克/千克）	有效磷（毫克/千克）	速效钾（毫克/千克）	pH
旱田高产田施肥区	35.2	153.0	23.7	152	5.9
旱田中产田施肥区	38.3	173.2	23.7	150	5.9
旱田低产田施肥区	47.7	208.6	21.6	139	5.9
水稻田施肥区	29.6	141.5	21.6	131	5.8

旱田高产田施肥区土壤养分含量中等偏下，供应强度较低，尤其是磷素营养含量偏低，有效磷更偏低；低产田施肥区有机质、碱解氮含量高，速效钾含量低，有效磷含量低；水稻田施肥区有机质含量偏低，氮、磷、钾速效养分含量普遍较低。

二、推荐施肥原则

通过以上各施肥区理化性状分析，根据不同产量区制定不同的施肥原则，区别对待。高产、中产田施肥区：在增施有机肥的基础上，氮、磷、钾肥配合施用；低产田施肥区：在增施有机肥的基础上，合理施用化肥，做到控氮、增磷、增钾；水田施肥区：注意用地、养地相结合，大力推行秸秆还田技术，在增施有机肥的基础上，氮、磷、钾配合施用，适当增加钾肥施用。

三、施肥方案

东宁市的高产田、中产田、低产田、水稻田 4 个施肥区域，按不同施肥单元，特制定大豆、玉米白浆土和暗棕壤区高产田施肥推荐方案，大豆、玉米暗棕壤和白浆土区中产田施肥推荐方案，大豆、玉米暗棕壤和新积土区低产田施肥推荐方案，水稻田草甸土、冲积土型淹育水稻土区施肥方案。

（一）分区施肥属性查询

本次耕地地力调查，共采集土样 1 079 个，确定评价指标 11 个，包括地貌类型、质地、坡度、坡向、障碍层类型、有效磷、有效锌、速效钾、有机质、pH、≥10 ℃有效积温。在地力评价数据库中建立了耕地资源管理单元图、土壤养分分区图。形成了有相同属性的施肥管理单元 4 008 个，按不同作物、不同地力等级产量指标和地块、农户综合生产条件可形成针对地域分区特点的区域施肥配方；针对农户特定生产条件的分户施肥配方。

（二）施肥单元关联施肥分区代码

根据"3414"试验、配方肥对比试验、多年氮磷钾最佳施肥量试验建立起来的施肥参数体系和土壤养分丰缺指标体系，选择适合东宁市域特定施肥单元的测土施肥配方推荐方法（养分平衡法、丰缺指标法、氮磷钾比例法、以磷定氮法、目标产量法），计算不同级别施肥分区代码的推荐施肥量（N、P_2O_5、K_2O）。

高产田大豆白浆土区施肥推荐方案见表6-2。

表6-2 高产田施肥分区代码与作物施肥推荐关联查询

施肥分区代码	碱解氮含量（毫克/千克）	施肥量纯氮（千克/公顷）	施肥分区代码	有效磷含量（毫克/千克）	施肥量五氧化二磷（千克/公顷）	施肥分区代码	速效钾含量（毫克/千克）	施肥量氧化钾（千克/公顷）
1	>250	27.6	1	>60	50.6	1	>200	27.0
2	180~250	32.7	2	40~60	59.8	2	200~150	31.5
3	150~180	37.3	3	20~40	66.7	3	100~150	37.5
4	120~150	41.9	4	20~10	71.3	4	50~100	42.5
5	80~120	46.0	5	10~5	82.8	5	30~50	50.0
6	<80	53.8	6	<5	96.6	6	<30	62.5

高产田大豆暗棕壤区施肥推荐方案见表6-3。

表6-3 高产田施肥分区代码与作物施肥推荐关联查询

施肥分区代码	碱解氮含量（毫克/千克）	施肥量纯氮（千克/公顷）	施肥分区代码	有效磷含量（毫克/千克）	施肥量五氧化二磷（千克/公顷）	施肥分区代码	速效钾含量（毫克/千克）	施肥量氧化钾（千克/公顷）
1	>250	25.3	1	>60	48.3	1	>200	22.5
2	180~250	27.6	2	40~60	57.5	2	200~150	30.0
3	150~180	32.2	3	20~40	64.4	3	100~150	37.5
4	120~150	36.8	4	20~10	69.5	4	50~100	42.5
5	80~120	41.4	5	10~5	80.5	5	30~50	50.0
6	<80	46.0	6	<5	92.0	6	<30	60.0

高产田玉米白浆土区施肥推荐方案见表6-4。

表6-4 高产田施肥分区代码与作物施肥推荐关联查询

施肥分区代码	碱解氮含量（毫克/千克）	施肥量纯氮（千克/公顷）	施肥分区代码	有效磷含量（毫克/千克）	施肥量五氧化二磷（千克/公顷）	施肥分区代码	速效钾含量（毫克/千克）	施肥量氧化钾（千克/公顷）
1	>250	80.5	1	>60	55.2	1	>200	45.0
2	180~250	87.4	2	40~60	69.0	2	200~150	65.0
3	150~180	103.5	3	20~40	78.2	3	100~150	80.0
4	120~150	115.0	4	20~10	87.4	4	50~100	95.0
5	80~120	126.5	5	10~5	101.2	5	30~50	110.0
6	<80	138.0	6	<5	115.0	6	<30	125.0

高产田玉米暗棕壤区施肥推荐方案见表6-5。

表6-5 高产田施肥分区代码与作物施肥推荐关联查询

施肥分区代码	碱解氮含量（毫克/千克）	施肥量纯氮（千克/公顷）	施肥分区代码	有效磷含量（毫克/千克）	施肥量五氧化二磷（千克/公顷）	施肥分区代码	速效钾含量（毫克/千克）	施肥量氧化钾（千克/公顷）
1	>250	69.0	1	>60	50.6	1	>200	40.0
2	180～250	80.5	2	40～60	62.1	2	200～150	55.0
3	150～180	87.4	3	20～40	73.6	3	100～150	75.0
4	120～150	103.5	4	20～10	80.5	4	50～100	90.0
5	80～120	115.0	5	10～5	87.4	5	30～50	105.0
6	<80	126.5	6	<5	98.9	6	<30	120.0

中产田大豆暗棕壤区施肥推荐方案见表6-6。

表6-6 中产田施肥分区代码与作物施肥推荐关联查询

施肥分区代码	碱解氮含量（毫克/千克）	施肥量纯氮（千克/公顷）	施肥分区代码	有效磷含量（毫克/千克）	施肥量五氧化二磷（千克/公顷）	施肥分区代码	速效钾含量（毫克/千克）	施肥量氧化钾（千克/公顷）
1	>250	23.0	1	>60	46.0	1	>200	20.0
2	180～250	25.3	2	40～60	55.2	2	200～150	25.0
3	150～180	30.4	3	20～40	62.1	3	100～150	32.5
4	120～150	35.0	4	20～10	66.7	4	50～100	37.5
5	80～120	39.6	5	10～5	78.2	5	30～50	45.0
6	<80	44.2	6	<5	87.4	6	<30	55.0

中产田大豆白浆土区施肥推荐方案见表6-7。

表6-7 中产田施肥分区代码与作物施肥推荐关联查询

施肥分区代码	碱解氮含量（毫克/千克）	施肥量纯氮（千克/公顷）	施肥分区代码	有效磷含量（毫克/千克）	施肥量五氧化二磷（千克/公顷）	施肥分区代码	速效钾含量（毫克/千克）	施肥量氧化钾（千克/公顷）
1	>250	25.8	1	>60	48.3	1	>200	22.5
2	180～250	28.1	2	40～60	57.5	2	200～150	27.0
3	150～180	32.7	3	20～40	64.4	3	100～150	31.5
4	120～150	37.3	4	20～10	69.0	4	50～100	37.5
5	80～120	41.9	5	10～5	80.5	5	30～50	42.5
6	<80	46.5	6	<5	92.0	6	<30	50.0

中产田玉米暗棕壤区施肥推荐方案见表6-8。

表 6-8　中产田施肥分区代码与作物施肥推荐关联查询

碱解氮级别	碱解氮含量（毫克/千克）	施肥量纯氮（千克/公顷）	有效磷级别	有效磷含量（毫克/千克）	施肥量五氧化二磷（千克/公顷）	速效钾级别	速效钾含量（毫克/千克）	施肥量氧化钾（千克/公顷）
1	>250	62.1	1	>60	46.0	1	>200	32.5
2	180～250	73.6	2	40～60	55.2	2	200～150	47.5
3	150～180	82.8	3	20～40	69.0	3	100～150	65.0
4	120～150	96.6	4	20～10	75.9	4	50～100	77.5
5	80～120	108.1	5	10～5	80.5	5	30～50	90.0
6	<80	119.6	6	<5	92.0	6	<30	107.5

中产田玉米白浆土区施肥推荐方案见表 6-9。

表 6-9　中产田施肥分区代码与作物施肥推荐关联查询

碱解氮级别	碱解氮含量（毫克/千克）	施肥量纯氮（千克/公顷）	有效磷级别	有效磷含量（毫克/千克）	施肥量五氧化二磷（千克/公顷）	速效钾级别	速效钾含量（毫克/千克）	施肥量氧化钾（千克/公顷）
1	>250	69.0	1	>60	46.0	1	>200	40.0
2	180～250	80.5	2	40～60	59.8	2	200～150	57.5
3	150～180	87.4	3	20～40	75.9	3	100～150	75.0
4	120～150	103.5	4	20～10	82.8	4	50～100	90.0
5	80～120	115.0	5	10～5	92.0	5	30～50	100.0
6	<80	126.5	6	<5	105.8	6	<30	115.0

低产田大豆暗棕壤区施肥推荐方案见表 6-10。

表 6-10　低产田施肥分区代码与作物施肥推荐关联查询

碱解氮级别	碱解氮含量（毫克/千克）	施肥量纯氮（千克/公顷）	有效磷级别	有效磷含量（毫克/千克）	施肥量五氧化二磷（千克/公顷）	速效钾级别	速效钾含量（毫克/千克）	施肥量氧化钾（千克/公顷）
1	>250	19.8	1	>60	41.4	1	>200	20.0
2	180～250	23.0	2	40～60	48.3	2	200～150	25.0
3	150～180	25.3	3	20～40	59.8	3	100～150	32.5
4	120～150	29.9	4	20～10	64.4	4	50～100	37.5
5	80～120	34.5	5	10～5	75.9	5	30～50	42.5
6	<80	39.1	6	<5	82.8	6	<30	50.0

低产田大豆新积土区施肥推荐方案见表 6-11。

表 6-11　低产田施肥分区代码与作物施肥推荐关联查询

碱解氮级别	碱解氮含量（毫克/千克）	施肥量纯氮（千克/公顷）	有效磷级别	有效磷含量（毫克/千克）	施肥量五氧化二磷（千克/公顷）	速效钾级别	速效钾含量（毫克/千克）	施肥量氧化钾（千克/公顷）
1	>250	23.0	1	>60	46.0	1	>200	20.0
2	180～250	25.3	2	40～60	55.2	2	200～150	26.0
3	150～180	30.4	3	20～40	62.1	3	100～150	30.5
4	120～150	35.0	4	20～10	66.7	4	50～100	36.5
5	80～120	39.6	5	10～5	78.2	5	30～50	41.5
6	<80	44.2	6	<5	87.4	6	<30	47.5

低产田玉米暗棕壤区施肥推荐方案见表 6-12。

表 6-12 低产田施肥分区代码与作物施肥推荐关联查询

碱解氮级别	碱解氮含量（毫克/千克）	施肥量纯氮（千克/公顷）	有效磷级别	有效磷含量（毫克/千克）	施肥量五氧化二磷（千克/公顷）	速效钾级别	速效钾含量（毫克/千克）	施肥量氧化钾（千克/公顷）
1	>250	59.8	1	>60	39.1	1	>200	25.0
2	180~250	69.0	2	40~60	50.6	2	200~150	32.5
3	150~180	80.5	3	20~40	59.8	3	100~150	40.0
4	120~150	87.4	4	20~10	66.7	4	50~100	60.0
5	80~120	103.5	5	10~5	75.9	5	30~50	80.0
6	<80	115.0	6	<5	87.4	6	<30	95.0

低产田玉米新积土区施肥推荐方案见表 6-13。

表 6-13 低产田施肥分区代码与作物施肥推荐关联查询

碱解氮级别	碱解氮含量（毫克/千克）	施肥量纯氮（千克/公顷）	有效磷级别	有效磷含量（毫克/千克）	施肥量五氧化二磷（千克/公顷）	速效钾级别	速效钾含量（毫克/千克）	施肥量氧化钾（千克/公顷）
1	>250	69.0	1	>60	39.1	1	>200	30.0
2	180~250	78.2	2	40~60	52.9	2	200~150	40.0
3	150~180	87.4	3	20~40	64.4	3	100~150	50.0
4	120~150	96.6	4	20~10	71.3	4	50~100	65.0
5	80~120	108.1	5	10~5	80.5	5	30~50	82.5
6	<80	117.3	6	<5	92.0	6	<30	100.0

水稻田草甸土区施肥分区代码与作物施肥推荐关联查询表见表 6-14。

表 6-14 水稻田草甸土区土壤养分含量与作物施肥推荐关联查询

碱解氮级别	碱解氮含量（毫克/千克）	施肥量纯氮（千克/公顷）	有效磷级别	有效磷含量（毫克/千克）	施肥量五氧化二磷（千克/公顷）	速效钾级别	速效钾含量（毫克/千克）	施肥量氧化钾（千克/公顷）
1	>250	69.0	1	>60	55.2	1	>200	37.5
2	180~250	80.5	2	40~60	64.4	2	200~150	42.5
3	150~180	92.0	3	20~40	69.0	3	100~150	50.0
4	120~150	103.5	4	20~10	75.9	4	50~100	57.5
5	80~120	115.0	5	10~5	82.8	5	30~50	67.5
6	<80	126.5	6	<5	92.0	6	<30	75.0

水稻田冲积土区施肥分区代码与作物施肥推荐关联查询表见表 6-15。

表6-15　水稻田冲积土区土壤养分含量与作物施肥推荐关联查询

碱解氮级别	碱解氮含量（毫克/千克）	施肥量纯氮（千克/公顷）	有效磷级别	有效磷含量（毫克/千克）	施肥量五氧化二磷（千克/公顷）	速效钾级别	速效钾含量（毫克/千克）	施肥量氧化钾（千克/公顷）
1	>250	80.5	1	>60	64.4	1	>200	42.5
2	180～250	92.0	2	40～60	69.0	2	200～150	50.0
3	150～180	103.5	3	20～40	75.9	3	100～150	57.5
4	120～150	115.0	4	20～10	82.8	4	50～100	67.5
5	80～120	126.5	5	10～5	92.0	5	30～50	75.0
6	<80	138.0	6	<5	103.5	6	<30	87.5

第三节　施肥配方应用

本次地力评价东宁市共确定了4 008个施肥单元，其中不重复图斑代码137个。辐射全县各类土壤和各种作物，为测土农户施肥和区域配肥站配肥提供科学依据，使东宁市真正实现测、配、供一条龙服务，为测土配方施肥技术进一步推广奠定坚实的基础。

一、区域配肥配方应用

东宁市境内大豆产区、玉米产区、水稻产区，按产量、地形、地貌、土壤类型、≥10℃的有效积温等划分的4个施肥区区域施肥区施肥推荐统计见表6-16。

表6-16　区域施肥区施肥推荐统计（大豆暗棕壤区）

施肥区	碱解氮（毫克/千克）	级别	施肥量纯量（千克/公顷）	有效磷（毫克/千克）	级别	施肥量纯量（千克/公顷）	速效钾（毫克/千克）	级别	施肥量纯量（千克/公顷）
高产田	154.89	3	32.2	24.64		58.9	157.21	2	27.0
中产田	172.75	3	30.4	22.93	3	64.4	161.54	2	26.0
低产田	207.54	2	23.0	21.09	3	64.4	139.45	3	30.5
水稻田	142.22	4	103.5	25.02		69.0	144.60	3	50.0

从表6-16看出，大豆高产田施肥分区代码为3-3-2，施肥推荐量为每公顷纯氮32.2千克，五氧化二磷58.9千克，氧化钾27.0千克；中产田施肥分区代码为3-3-2，施肥推荐量为每公顷纯氮30.4千克，五氧化二磷64.4千克，氧化钾26.0千克；低产田施肥分区代码为2-3-3，施肥推荐量为每公顷纯氮23.0千克，五氧化二磷64.4千克，氧化钾30.5千克；稻田施肥分区代码为4-3-3，施肥推荐量为每公顷纯氮103.5千克，五氧化二磷69.0千克，氧化钾50.0千克。通过各区推荐施肥纯量，再根据所用原料的养分含量即可计算出商品原料肥的用量。

二、测土农户施肥配方应用

例如，大豆高产田施肥区东宁镇北河沿村农户张启广，土测值为碱解氮 131.32 毫克/千克、有效磷 39.8 毫克/千克、速效钾 248.0 毫克/千克。通过查询高产田区施肥分区代码与作物施肥推荐关联查询表可得出该农户施肥代码为 4-3-1，那么每公顷施肥推荐量为纯氮 41.9 千克，五氧化二磷 67.2 千克，氧化钾 27 千克。折合商品肥用量：46% 的尿素为 33.9 千克/公顷，46% 含量的磷酸二铵为 146.1 千克/公顷，50% 含量的硫酸钾为 54 千克/公顷。

第七章 耕地地力评价与土壤改良利用途径

第一节 概 况

东宁市是国家资源富县，国家无公害生产基地县，全国黑木耳生产、加工、销售集散地，耕地总面积 48 592.63 公顷（不包含县属、省属耕地面积），耕地中旱田面积 44 976.63公顷，占 92.6%；水田面积 3 616.0 公顷，占 7.4%。

本次耕地地力调查和质量评价将东宁市耕地土壤划分为 5 个等级：一级地 5 375.05 公顷，占耕地总面积的 11.06%；二级地 12 589.82 公顷，占耕地总面积的 25.91%；三级地 14 473.68公顷，占耕地总面积的 29.79%；四级地 12 588.08 公顷，占耕地总面积的 25.90%；五级地 3 566 公顷，占耕地总面积的 7.34%。全市一级地和绥芬河下游盆地、瑚布图河中下游盆地、大肚川河流域平川地，包括东宁、三岔口、大肚川 3 个镇的二级地属高产田土壤，面积为 13 404.21 公顷，占耕地总面积的 27.58%；北部绥阳镇、中部道河镇、西南部老黑山镇 3 个镇高海拔山区的二级地和全部三级地以及东宁、三岔口 2 个镇盆地的四级地为中产田土壤，面积为 21 687.64 公顷，占耕地总面积的 44.63%；绥阳、道河、老黑山、大肚川 4 个镇四级地和全部五级地为低产田土壤，面积 13 500.78 公顷，占耕地总面积的 27.78%；中低产田面积共计 35 188.42 公顷，占耕地总面积的 72.42%。按照《全国耕地类型区耕地地力等级划分标准》进行归并，东宁市现有国家级四级地 5 375.05 公顷，占 11.06%；国家级五级地 12 589.82 公顷，占 25.91%；国家级六级地 14 473.68 公顷，占 29.79%；国家级七级地 12 588.08 公顷，占 25.91%；国家级八级地 3 566 公顷，占 7.33%。

东宁市土壤地力分级统计见表 7-1，耕地地力（国家级）分级统计见表 7-2。

表 7-1 东宁市土壤地力分级统计

地力分级	地力综合指数分级（IFI）	耕地面积（公顷）	占总耕地面积（%）	产量（千克/公顷）
一级	>0.84	5 375.05	11.06	9 000~10 500
二级	0.762~0.840	12 589.82	25.91	7 500~9 000
三级	0.685~0.762	14 473.68	29.79	6 000~7 500
四级	0.617~0.685	12 588.08	25.90	4 500~6 000
五级	<0.617	3 566.0	7.34	<4 500

表 7-2 东宁市耕地地力（国家级）分级统计

国家级	IFI 平均值	耕地面积（公顷）	占总耕地面积（%）	产量（千克/公顷）
四	>0.84	5 375.05	11.06	9 000~10 500
五	0.762~0.84	12 589.82	25.91	7 500~9 000
六	0.685~0.762	14 473.68	29.79	6 000~7 500
七	0.617~0.685	12 588.08	25.90	4 500~6 000
八	<0.617	3 566.0	7.34	<4 500

第二节　耕地地力调查与质量评价结果分析

一、耕地地力等级变化

本次耕地地力调查与质量评价结果显示，东宁市耕地地力等级结构发生了变化，高产田土壤减少，比例由第二次土壤普查时的 33.51% 下降到 27.58%；中产田土壤比例由第二次土壤普查时的 38.2%，上升到 44.63%；低产田耕地面积变化较小。

分析东宁市耕地地力等级结构变化的主要原因，一是粗放耕作导致地力下降，只用不养，掠夺式生产方式导致肥力逐年下降，使从前的高产田变成中产田；二是中低产田改造投入严重不足，大面积有潜力的中低产田未能实现向高产田发展。

二、耕地土壤肥力状况

（一）土壤有机质和养分状况

据统计，东宁市耕地土壤有机质含量平均为 40.60 克/千克，有机质含量 10～20 克/千克的面积为 3 700.32 公顷，占总耕地面积的 7.61%；有机质含量＜10 克/千克的耕地面积为 394.13 公顷，占总耕地面积的 0.81%。

耕地土壤有效磷含量平均为 23.02 毫克/千克，有效磷含量在 5～20 毫克/千克的轻度缺磷耕地面积为 21 152.27 公顷，占总耕地面积的 43.53%；有效磷含量＜5 毫克/千克的严重缺磷面积为 18.76 公顷，约占总耕地面积的 0.05%。

耕地速效钾含量平均为 146.94 毫克/千克，速效钾含量在 50～100 毫克/千克的耕地面积为 8 217.18 公顷，占总耕地面积的 16.91%；速效钾含量在 50 毫克/千克以下的耕地面积为 193.83 公顷，占总耕地面积的 0.40%。

耕地土壤有效锌含量平均为 4.38 毫克/千克，变化幅度为 0.49～34.04 毫克/千克。按照新的土壤有效锌分级标准，东宁市耕地有效锌养分含量≤0.5 毫克/千克的耕地面积为 27.51 公顷，占总耕地面积的 0.06%。说明东宁市耕地土壤中不缺锌。

耕地土壤有效铜含量平均为 3.87 毫克/千克，变化幅度为 0.77～25.66 毫克/千克。有效铜养分含量＜1.0 毫克/千克的耕地面积为 23.42 公顷，占总耕地面积的 0.05%。土壤中铜含量较丰富。

耕地土壤有效铁平均为 191.50 毫克/千克，变化幅度为 33.84～611.56 毫克/千克。耕地有效铁养分含量全部＞33.84 毫克/千克，达到极丰指标。

耕地土壤有效锰含量平均为 63.4 毫克/千克，变化幅度为 5.5～196.4 毫克/千克。耕地有效锰养分含量均＞15 毫克/千克，达到丰富指标。

（二）土壤理化性状

调查结果显示东宁市耕地容重平均为 1.185 克/立方厘米，变化幅度为 0.805～1.660 克/立方厘米。东宁市主要耕地土壤类型中，暗棕壤平均为 1.180 克/立方厘米，白浆土平均为 1.170 克/立方厘米，草甸土平均为 1.160 克/立方厘米，沼泽土平均为 1.030 克/立方厘米，新积土平均为 1.250 克/立方厘米，水稻土平均为 1.260 克/立方厘米。本次耕地调查与二次土壤普查对比土壤容重有所增加。

东宁市耕地 pH 平均为 5.91，变化幅度为 5.06～7.37。pH＞7.5 的耕地面积为 72.45 公顷，占总耕地面积的 0.15%；pH 为 6.5～7.5 的耕地面积为 2 522.84 公顷，占总耕地面积的 5.19%；pH 为 5.5～6.5 耕地面积为 40 407.39 公顷，占总耕地面积的 83.16%；pH＜5.5 的耕地面积为 5 589.95 公顷，占总耕地面积的 11.50%。东宁市的耕地土壤大多呈弱酸性。

三、障碍因素及其成因

东宁市中低产田的主要障碍因素有土壤养分瘠薄、土层浅薄、干旱、无灌溉条件、灌溉水源不足、地面坡度大，质地多为砾石，土壤有机质含量偏低等。这些障碍因素对东宁市农业生产影响严重。

（一）主要障碍因素

1. 干旱　调查结果表明，土壤干旱已成为当前限制农业生产的最主要障碍因素。

东宁市属于中纬度中温带大陆性季风气候，常年平均降水量为 510.7 毫米，年际间变化较大，2000 年最大降水量 826.8 毫米，1982 年最小降水量 308.0 毫米。降水多集中在夏季，平均降水量为 345.5 毫米，占全年降水量的 67.7%。年平均蒸发量 1 360.25 毫米，初春 4～5 月份蒸发量较大，达 180.65 毫米，因此"十年九春旱"，尤其是近几年冬季少雪，春季气温回升快，更加重了旱情。

东宁市境内地表水比较充足，共有大小河流 163 条，均属绥芬河水系。绥芬河流域南、北、西三面为高山，多森林覆盖，植被茂密，为山区性河流，落差大，流速 0.6～1.0 米/秒，最大 4.83 米/秒，水位受降水影响，波动幅度很大。

东宁市境内水文地质条件较简单，地下水按含水层特征主要分为第四系松散层孔隙潜水（主要分布于河漫滩区）及基岩裂隙水（主要分布在低山、丘陵及河谷下部的基岩裂隙中）两种类型。中东部地区为松散层孔隙潜水，水量丰富，含水层稳定。由沙砾岩、砂岩组成，厚 8～12 米，单井涌水量 500～3 000 吨/日。水质较好，埋藏浅，一般 3～4 米，有利于成井与开采。但靠近绥芬河一带，含水层逐渐变薄。北部水位埋藏浅，一般埋深 1.24～5.2 米。但涌水量少，日涌水只有 1.73 吨。河谷地区地势低平，水位埋藏浅，一般 1～4 米，单井涌水 100～3 000 吨/日。靠近河谷平原后缘阶地和山前沟谷出口处，存在孔隙潜水，水量贫乏。

调查结果表明，耕作制度也是造成土壤干旱的主要因素。目前，东宁市以小四轮拖拉机为主要动力进行灭茬、翻地、耙地、整地、施肥、播种、镇压及中耕等田间作业。由于小型拖拉机功率小，翻地旋耕灭茬时深度浅，耕层变浅，犁底层加厚加密，形成"波浪型"障碍层。其主要特征：一是耕层厚度较薄，一般仅为 12～20 厘米；二是土壤紧实，土壤容重增加；三是土壤的含水量较低，由于土层薄，土壤容重增大，孔隙度减少，通透性变差，持水量降低，导致土壤蓄水保墒能力下降。另外，因为使用小型机械作业，工作效率低，作业质量差，且大量田间作业集中在春季进行，跑墒失水严重，从而导致土壤持续发生干旱。

2. 瘠薄　土壤瘠薄产生的原因：一是自然因素形成的，如暗矿质暗棕壤、沙砾质暗棕壤，由于形成年代短，土层薄，有机质含量低，土壤养分少，肥力低下；二是土壤侵蚀造成的，北部和南部乡（镇）处于丘陵漫岗、低山丘陵的白浆土耕地，极易造成水蚀和风蚀，使土层变薄，土壤贫瘠；三是现行的耕作制度是造成土层变薄的一个重要因素。由于连年小型机械浅翻作业，犁底层紧实，导致土壤蓄水能力降低，容易产生地表径流，造成水蚀，同时地表长期裸露休闲，破坏了土壤结构，在干旱多风的春季，容易造成表层土随风移动，即发生风蚀；四是有机肥投入严重不足，近年来，随着化肥用量的激增，有机肥料用量下降，很多地块成为"卫生田"，影响了土壤肥力的保持和提高。

3. 渍涝　在绥阳、细鳞河高寒冷凉地区，很多沟谷低洼地处于低温带，地下水位高，土壤通透性差，土质冷浆，春季地温较低，不易发苗。沼泽土耕地约占东宁市耕地面积的 2.0%，这些耕地多分布在沟谷两侧，常处于低洼积水状态。

（二）障碍因素分析

土类不同，障碍因素也不尽相同。

1. 新积土　分布于河漫滩上的新积土，因其含沙量高，土壤养分贫瘠，有机质含量偏低，保水保肥能力差是主要障碍因素。改良措施是改土培肥，增施有机肥。

2. 白浆土　过去认为贫瘠的白浆层是主要障碍因素。但是近十几年来的生产实践和科学试验证明，白浆土低产的主要问题是土壤物理性状不良，由于淀积黏化层透水性差，受降水影响，水分易变层在 40 厘米左右，容水量小。据测算，白浆土当水分饱和时，连续 7 天晴天，土壤中水分便消退到作物缺水的程度。一次降水 25 毫米，土壤水分达到毛管持水量的过湿状态；一次降水超过 50 毫米，土壤水分即达到饱和而成涝，俗称"表旱表涝"。因此，改善土壤物理性状，提高土壤调节水分的能力是改良白浆土的首要问题。

3. 沼泽土　分布于高寒冷凉地区的沼泽土，地下水位高，耕层长期渍水是主要障碍因素。由于土壤冷浆、发黏，有效肥力差。使农作物前期生长受到抑制，后期徒长。改良的主攻方向是排除土壤中的渍水，改良土壤含蓄水能力，提高地温。

第三节　东宁市耕地土壤改良利用目标

一、总体目标

（一）粮食增产目标

东宁市市委、市政府高度重视粮豆生产。2011 年，东宁市粮豆总产量约 2 亿千克。本次耕地地力调查结果显示，东宁市中低产田土壤还占有相当高的比例，中低产田土壤有一定的潜力可挖，有相当的增产潜力。若通过适当措施加以改良，消除或减轻土壤中障碍因素的影响，可使低产变中产，中产变高产，高产变稳产甚至更高产。如果按地力普遍提高一个等级，东宁市每年可增产粮食 4 800 多万千克。

（二）生态环境建设目标

由于过度开垦和掠夺式经营，致使生态系统遭到了极大的破坏，导致水土流失加剧，土壤贫瘠化加重，自然灾害频发、旱象严重。当前生态环境建设的目标是恢复和建立稳定复合的农田生态系统，依据本次耕地地力调查和地力评价结果，调整农、林、牧结构，彻底改变单纯种植粮食的现状，对坡度大、侵蚀重、地力瘠薄的部分坡耕地坚决退耕还林还草，大力营造农田防护林，完善农田防护林体系，增加森林覆盖率，这样就使农田生态系统与草地生态系统以及森林生态系统达到合理有机的结合，进而实现农业生产的良性循环和可持续发展。

（三）社会发展目标

根据本次耕地地力调查和地力评价结果，针对不同土壤的障碍因素进行改良培肥，可以大幅度提高耕地的生产力。同时通过合理配置和优化耕地资源，加快种植业和农村产业结构调整，发展畜牧业，可以提高农业生产效益，增加农民收入，全面推进东宁市农村建设小康社会进程。

二、近期目标

本着先易后难、标本兼治、统一规划、综合治理的原则，确定东宁市耕地土壤改良利用近期目标是：从现在到2020年，利用几年时间，建成高产稳产标准良田17 000公顷，改造中产田土壤7 200公顷，使其大部分达到高产田水平。

三、远期目标

2021—2025年，利用5年时间，改造低产田土壤4 000公顷，使其大部分达到中产田水平。

第四节　东宁市土壤存在的主要问题

一、土壤侵蚀问题

土壤侵蚀也称水土流失，包括水蚀和风蚀两种。

水蚀是由于水的冲击，使土壤被冲刷掉，对农业生产影响很大。主要类型有面蚀、沟蚀、山洪。面蚀即裸露地面的侵蚀，可细分为雨滴击溅侵蚀、隐匿侵蚀、层状侵蚀、沙砾化面蚀、鳞片状面蚀和细沟面蚀等；沟蚀即沟状侵蚀，包括浅沟、切沟、冲沟、河沟、荒沟和崩沟等形式；山洪即在山地丘陵区遇有大雨，坡面很快产生大的径流，并夹带大量固体物质泻入沟道，水流骤急，将沿途崩塌，滑落的固体物质冲出沟口。

风蚀往往引起不可逆转的生态性灾难，其后果是严重的，风蚀的直接后果是耕层由厚变薄。风蚀的主要原因是气象因素、地形地貌因素和人为因素共同作用的结果。气象因素、地形地貌因素是发生风蚀的自然因素，如漫岗地形耐风蚀性低。另外，人为耕作对土壤侵蚀也起重要的作用，不合理的毁草开荒、毁林开荒，尤其是不科学的耕作或掠夺式的经营，耕作粗放，中耕作物比例大，均加速了土壤的侵蚀，使自然植被遭到破坏，表土裸露，森林覆被率低等都为土壤侵蚀提供了条件。

二、土壤肥力减退

土壤肥力是土壤为植物生长提供和协调营养条件和环境条件的能力，是土壤各种基本性质的综合表现。由于长期受水蚀和风蚀的影响，以及用养失调的不合理耕作，土壤的养分状况发生了很大变化，主要表现为有机质含量降低，速效钾等养分也相应减少，土壤保水保肥能力逐年减退。

三、土壤耕层变浅，犁底层增厚

通过对各土种土壤剖面耕层和障碍层调查发现，东宁市耕地土壤普遍存在耕层浅、犁底层厚的现象。全市耕层厚度 17.5 厘米，障碍层厚度 16.0 厘米。

由于耕层浅、犁底层厚，给土壤造成诸多不良性状，影响作物正常生长发育。

造成耕层浅、犁底层厚的主要原因是长期小型机械田间作业，动力不足，耕翻地深度不够，重复碾压使土壤变得紧实。障碍层增厚造成以下不良物理性状。

1. 通气透水性差　犁底层的容重大于耕层的容重，而孔隙度低于耕层的孔隙度。犁底层的总孔隙度、通气孔隙、毛管孔隙均低于耕层，另外犁底层质地黏重，片状结构，遇水膨胀很大，使总孔隙度变小，而在孔隙中几乎完全是毛管孔隙，形成了隔水层，影响通气透水，使耕作层与心土层之间的物质转移、交换和能量的传递受阻。由于通气透水性差，使微生物的活动减弱，影响有效养分的释放。

2. 易造成表旱表涝　由于犁底层水分物理性状不好，在耕层下面形成一个隔水的不透水层，雨水多时渗到犁底层便不能下渗，使耕层土壤水分达到饱和状态，既影响蓄墒，又易引起表涝。在岗地容易形成地表径流而冲走土壤和养分；另一方面，久旱不雨，耕层里的水分很快就被蒸发掉，即消退到作物缺水程度，而深层水由于犁底层阻断，不能补充到耕层，造成土壤表层干旱。因此，犁底层厚易造成表涝和表旱，上下水分不能交换而造成减产。

3. 影响根系正常发育　一是耕层浅薄，保水能力差，作物不能充分吸收水分和养分；二是犁底层厚而坚实，作物根系不能深扎，只能在浅的犁底层上盘结，不但不能充分吸收土壤的养分和水分，而且容易倒伏。使作物吃不饱、喝不足，发根少，生存环境不良。

第五节　土壤改良利用的主要途径

东宁市共有低产田面积 13 500.78 公顷，占总耕地面积的 27.78%，主要分布在大肚川、道河、绥阳等地。针对东宁市当前土壤现状采取有效措施，全面规划，改良、培肥土壤，为加速实现农业现代化打下良好的土壤基础。下面将土壤改良的主要途径分述如下：

一、土壤改良要因地制宜，因土而行

对低产田土壤要针对性地进行改良，才能收效快。如在道河、大肚川等地区，多为岗地白浆土，水土流失严重，造成地力减退，应以退耕还林还草、绿化荒山秃岭、增强土壤固水保水能力为主。在漫岗顶、坡度大的农田上应以营造水土保持林、田间保护林为主。在谷口狭窄地带压谷坊，减少洪水流速，防止水土流失。在绥阳、细鳞河高寒冷凉地区的沼泽土地带，地下水位高，耕层长期渍水，除了排除雨涝年地表水之外，还要排除土壤中的渍水。因此，必须采取明沟排水与暗沟排水相结合，多施磷肥和暖性肥料，如牛马驴粪、作物秸秆茎叶等，并辅以农业耕作措施，改良土壤含蓄水能力，提高地温。根据本地区气候特点，排涝还要注意防旱。

二、深耕、深松结合施肥，创造深厚肥沃的活土层

低产田大多腐殖质层薄，创造深厚肥沃的活土层，是改变低产田土壤不良土体构造，增强抗灾能力，建设高产土壤的根本途径。深耕、深松结合施用有机肥料和化肥，就是增厚土层熟化耕层，协调土壤的水、肥、气、热，平衡养分，促进作物高产的主要措施。其技术关键是以深松为基础，耕翻与耙茬交替，有减少土壤风蚀、增强土壤蓄水保墒能力、提高地温、一次播种保全苗等作用。

白浆土应以大量施用有机肥为重点，秸秆还田和种植绿肥并用，适度施用化肥，以磷为主，磷、氮结合。加厚活土层，生产上大面积应用以深松为益。因为一次过多翻上白浆层，在施用有机肥量少时，易加重土壤板结，肥力下降而减产。尤其是第一年减产严重，应采取深松的办法通过有机质的掺混与淋溶，可以收到逐步改良白浆层，增厚活土层的良好效果。通过深翻、深松，改善底土的透水性，增加蓄水能力，也是行之有效的措施。

进行秋翻，争取春季不翻土或少翻土。春季必须翻整的地块，要安排在低洼保墒条件较好的地块，早春顶凌浅翻或顶浆起垄，或者抓住雨后抢翻，随翻随耙，随播随压，连续作业。

耙茬整地是抗旱耕作的一种好形式，我们要积极应用这一整地措施。耙茬整地不直接把表土翻开，有利保墒，又适于机械播种。

三、发展绿肥生产和秸秆还田，活化土性，培肥地力

低产田土壤一般速效养分不足，氮、磷比例失调，施用化肥是获得增产的一项重要措施。但是，由于土壤黏、板、冷、僵的土性，微生物活性低，使化肥的肥效受到限制，肥料利用率不高。在低产田土壤的改良培肥中，施用有机肥是一项关键措施。土壤有机质是作物养料的重要给源，增加土壤有机质是改土肥田，提高土壤肥力的最好途径。不断地向土壤中增加新鲜有机质，能够改善土壤质地，增强土壤通气透水性能，提高地温，促进微生物活动，有利于速效养分的释放，满足作物生长发育的需要。从各种肥源效果来看，绿

肥和作物秸秆是重要的有机肥源。秸秆还田是增加土壤有机质，提高土壤肥力的重要手段之一。它对土壤肥力的影响是多方面的，既可为作物提供各种营养，又可改善土壤理化性状。秸秆还田后，最好结合每公顷增施氮肥 30～40 千克、磷肥 35 千克，以调节微生物活动的适宜碳氮比，加速秸秆的分解。

种植绿肥和秸秆还田后，土壤有机质增多 0.16%～0.65%，有效团粒提高 5.6%～6.3%，孔隙度增加 3.9%～4.2%，容重下降，蓄水量提高。绿肥和作物秸秆是新鲜能源物资，能促使土壤中有益微生物增多，激发效应好，化肥有效率提高，对土壤养分的有效化十分有利。

四、合理施用化肥，积极推广测土配方施肥

施用化肥是提高粮食产量的一个重要措施。为了真正做到增施化肥，合理使用化肥，提高化肥利用率，增产增收，要做到以下几点：

一是确定适宜的氮、磷、钾比例，实行氮、磷混施。根据近年来在东宁市不同土壤类型区进行氮、磷、钾比例试验结果证明，全市不同作物氮、磷、钾比为大豆 1∶2∶1，玉米 1∶0.8∶0.6，水稻 1∶0.7∶0.5。

二是底肥深施。多年试验和生产实践证明，化肥做底肥深施、种肥水施，省工省力，能大大提高肥料利用率，尤其是磷酸二铵做底肥、口肥效果更好。据试验，磷酸二铵做水肥可增产 8%；与有机肥料混合施用效果更好。

三是积极推广测土配方施肥技术，提高化肥利用率，减少因过量施用化肥造成的土壤污染，配合土壤改良利用。

第六节　土壤改良利用分区

东宁市处于低山丘陵区的山间波状隆起带，有山地、岗地、山间沟谷地和小盆地，地形复杂、土壤类型多，各类土壤是独立存在的历史自然体，都具有自己的特性。然而，各类土壤在演变过程中有一定的内在联系，利用和改良方向有一致性。土壤改良分区是从区域性角度出发，根据组合的特点、生产问题、主攻方向、改良利用等措施，对复杂的土壤组合及其自然生态条件的分区划片。遵照自然规律和经济规律，因地制宜地利用和改良，全面规划，综合治理，为农、林、牧、副、渔业的合理布局提供科学的依据。

一、土壤改良利用分区的原则

东宁市境内土壤改良利用分区，是在充分分析土壤普查各项成果的基础上，根据土壤组合特点、肥力属性及自然景观和农业经济条件的内在联系，综合编制而成的。改良利用分区的原则如下：

1. 以土壤组合、成土条件、土壤特性为基础，尊重历史形成的自然条件和社会经济条件。

2. 从农业生产条件的实际出发，提出土壤改良利用方向和措施。

3. 爱护和珍惜土壤资源，综合规划，合理利用，养用结合，坚持宜农则农、宜林则林、宜牧则牧，使地尽其力，注意生态平衡。

依上述原则，将土壤改良利用分区分为两级，第一级为区，第二级为若干亚区。

区：反映自然景观单元。土壤类型的近似性和改良利用方向的一致性，同时考虑农业经济条件和地理位置的连片和气象因素。

亚区：同一区内，反映主要土壤类型，还要考虑生产条件和自然景观的差异性。东宁市土壤改良利用分区，分为区和亚区两级。

二、土壤改良利用分区方案

根据分区原则，东宁市改良利用分区共分为 3 个区、9 个亚区。见表 7-3。

表 7-3　东宁市改良分区表

分区名称	面积（公顷）	面积占（%）		主要生产问题	发展方向	改良利用途径及主要措施
		全市	本区			
Ⅰ　东部温暖盆地农业区	72 460.85	10.15	100	河流两岸流水泛滥，有机质含量较低，丘陵岗地水土流失严重，怕旱，不保墒，耕性差，地力减退。近山地乱砍滥伐毁林开荒，植被覆盖率下降，破坏了生态平衡	以农为主，发展商品粮基地，多种经营全面发展	1. 加强水利工程配套设施，合理利用水利资源优势，扩大水田和旱灌面积　2. 增施有机肥，采取综合措施，加深耕层蓄水墒，提高地力　3. 植树种草，加强水土保持　4. 修筑防洪工程，防止洪水泛滥，保护河流两岸农田
Ⅰ₁　平地以农为主的新积土水稻土亚区	9 477.88	1.33	13.08			
Ⅰ₂　岗地以农为主白浆化暗棕壤、白浆土亚区	38 628.88	5.41	53.31			
Ⅰ₃　山地农林牧结合的草甸土、暗棕壤亚区	24 354.09	3.41	33.61			
Ⅱ　中部冷凉河谷农牧区	72 532.24	10.16	100	沟谷两岸植被破坏，洪水泛滥，河床逐年加宽，耕地土壤肥力逐年减退，岗地水土流失严重，丘陵山地自然植被开始破坏，植被单一，覆盖率较低	以农为主农林牧副业全面发展	1. 修筑防洪工程，保护河岸草木和农田　2. 增施有机肥，合理耕作，培肥土壤　3. 植树造林，坡度大的耕地应退耕还林，防止水土流失
Ⅱ₁　河谷以农业为主的草甸土、新积土亚区	3 604.85	0.50	4.97			
Ⅱ₂　岗地以农牧为主的白浆化暗棕壤、白浆土亚区	16 754.95	2.35	23.10			
Ⅱ₃　山地以林为主的农牧副结合的暗棕壤亚区	52 172.44	7.31	71.93			
Ⅲ　高寒冷凉林、牧、副区	568 906.91	79.69	100	沟谷草甸土、沼泽土，土壤冷浆，发黏，有效肥力差。山区次生杂木林需林相更新，有计划地合理开发山区，保护生态平衡	以林为主，农林牧副业结合发展	1. 挖沟排水，精耕细作等措施，熟化土壤　2. 封山育林，有计划地采伐和抚育，加速林相更新　3. 发挥山区资源优势，发展多种经营生产
Ⅲ₁　山间沟谷，农牧结合的沼泽土、草甸土亚区	13 539.98	1.90	2.38			
Ⅲ₂　丘陵、岗地林牧副结合的白浆土、白浆化暗棕壤亚区	53 761.71	7.53	9.45			
Ⅲ₃　高寒山区以林为主的暗棕壤亚区	501 605.22	70.26	88.17			

三、土壤改良利用分区概述

(一)东部温暖盆地农业区(Ⅰ)

该区为绥芬河下游,大肚川河、小乌蛇沟河、瑚布图河的中下游盆地,包括东宁镇、三岔口镇、大肚川镇,面积72 460.85公顷,占总面积的10.15%,该区是主要粮食产区。耕地面积占全市总耕地的44%,水田集中于这个区;土壤比较肥沃,气候温和,雨量充沛,粮食产量较高,素有"黑龙江小江南"之称。下分3个亚区:

1. 平地以农业为主的水稻土、新积土亚区(Ⅰ₁) 该亚区位于平川地,面积为9 477.88公顷,占本区面积的13.08%。在东宁市开垦较早,以水稻土为主,新积土、草甸土等土壤类型次之。该亚区地势平坦,气候条件好,年平均气温5～6℃,活动积温2 800℃,年日照时数2 340小时,无霜期130～150天,年降水量500～600毫米,生长季降水量400毫米左右。水源丰富,大多数耕地能自流灌溉,水质良好,旱改水潜力很大。耕地有机质含量为2.7～56.0克/千克,平均含量为29.6克/千克;全氮含量为0.556～2.526克/千克,平均含量1.509克/千克;碱解氮含量为47.040～235.200毫克/千克,平均含量123.325毫克/千克;全磷含量为0.273～0.912克/千克,平均含量0.553克/千克;有效磷含量为6.2～71.5毫克/千克,平均含量21.6毫克/千克;全钾含量为9.2～27.5克/千克,平均含量18.0克/千克;速效钾含量为45～240毫克/千克,平均含量97毫克/千克。土壤养分含量低,尤其是碱解氮养分和有机质含量偏低,但土壤养分供应强度较大,耕地土壤保水保肥能力差,用地和养地矛盾突出,需要解决用地和养地的矛盾。各类水稻土基本保持原土壤类型的特性,改良利用方向应有所区别,中层草甸土型和厚层沼泽土型淹育水稻土重点放在改土增温;冲积土型淹育水稻土要增施有机肥,培肥地力。总之,该亚区要加强水利工程配套设施,合理利用水力资源,扩大灌溉和水浇地面积,增施有机肥,精耕细作,熟化耕层,建设以水田为主的高产稳产田。

2. 岗地以农业为主的白浆化暗棕壤、白浆土亚区(Ⅰ₂) 该亚区分布于东宁、大肚川、三岔口3个乡(镇)的岗地上。主要土壤为白浆化暗棕壤和白浆土,面积为38 628.88公顷,占本区面积的53.31%。在东宁市岗地土壤类型中开垦时间较早,气候条件虽然好,但水土流失严重;土壤养分贫瘠,耕地有机质含量为27.24～41.42克/千克,平均含量34.83克/千克;全氮含量为1.403～2.036克/千克,平均含量1.673克/千克;碱解氮含量为143.61～166.46毫克/千克,平均含量155.96毫克/千克;全磷含量为0.493～0.623克/千克,平均含量0.558克/千克;有效磷含量为19.26～31.21毫克/千克,平均含量20.90毫克/千克;全钾含量为20.75～23.06克/千克,平均含量21.55克/千克;速效钾含量为128.20～156.20毫克/千克,平均含量143.87毫克/千克。土壤养分含量中等,但供应强度较低,保水保肥能力差;用地和养地矛盾大,产量不高且不稳。该亚区是水土流失严重地区,主攻方向是保护土壤,防止水土流失。植树种草,绿化荒山秃岭,增强土壤固土保水能力。在漫岗顶、坡度大的农田上部,应以营造水土保持林、田间防护林、水分涵养薪炭林为主,结合种植一年生和多年生牧草,防止水土流失。同时也能解决饲草,形成一个种植-养殖-养地,良性循环的农业生态。

实行有机改土，增肥地力。该区是全市重点产粮区，又是白浆土集中分布区，因此改变土壤瘠薄、板结、冷凉等不良状况，将成为该区的主攻措施。合理深耕深松。进行合理深耕深松，不断加深耕作层，打破犁底层、减少白浆层，可以改变白浆土物理性质，提高土壤蓄水供肥水平，深松改土要因地制宜，并与保土、防风、施肥等结合起来，要建立合理的耕作制度，尽量减少耕翻、增加夏季深松，抓好秋翻，以利蓄水、保墒、熟化土壤。

3. 山地以农林牧结合的草甸土、暗棕壤亚区（Ⅰ₃） 该亚区位于东宁、三岔口、大肚川等乡（镇）的低山丘陵及山间谷地。主要土壤有暗棕壤、草甸土，面积为 24 354.09 公顷，占本区面积的 33.61%。

植被以柞桦木为主的阔叶林、灌木丛林及草甸草本植物。是牧业、林业、药材、木耳、养蜂等多种经营主要基地，并有开垦年限不长、养分状况较好的部分耕地。该亚区气候条件好，气温高，无霜期长，降水量适中，大部分自然植被保护得较好，但也有些森林被砍伐和不合理地垦荒，引起水土流失，有些地方还较严重。该亚区离村屯较远的副业和农业用地，经营比较粗放，目前土壤养分供应容量和供应强度尚好，如果继续粗放经营，势必造成肥力下降，粮食减产。因此要注意培肥土壤，保持地力，防止水土流失；荒山秃岭应植树造林，发展果树。

（二）中部冷凉河谷农牧区（Ⅱ）

该区位于道河镇、老黑山镇、绥阳镇，大小绥芬河两岸谷地。东西狭窄，南北长。面积 72 532.24 公顷，占总面积的 10.16%。主要土壤有新积土、草甸土、白浆土、白浆化暗棕壤，还有部分沼泽土。

气候属河谷冷凉区，活动积温 2 300～2 500 ℃，年日照时数为 2 500 小时，年降水量 500～600 毫米，无霜期 120 天左右。该区可以种植中熟和中早熟农作物，主要有玉米、大豆和杂粮，均分布于河流两岸台地、沟谷和丘陵岗地。

该区的发展方向是以农为主，农林牧副渔全面发展，建立和发展多种经营和牧业基地。保护河流两岸树林，筑坝、护坡控制洪水泛滥。下分 3 个亚区：

1. 河谷以农为主的草甸土、新积土亚区（Ⅱ₁） 该亚区位于沟、河两岸，主要土壤有草甸土、新积土，面积为 3 604.85 公顷，占本区面积的 4.97%，是该区乡（镇）的主要农业基地。由于受河流泛滥的影响，耕地切割零碎、不连片。新积土有机质含量为 35.92～53.72 克/千克，平均含量 42.64 克/千克；全氮为 1.454～1.978 克/千克，平均含量 1.656 克/千克；土壤养分含量中等偏上，但土壤养分供应容量较低。该亚区零星分布的草甸土的有机质含量为 42.00～54.94 克/千克，平均含量 49.28 克/千克；全氮含量为 1.623～1.871 克/千克，平均含量 1.732 克/千克；土壤养分供应容量较大。该亚区要注意筑防洪堤，保护沟河两岸草木，营造防风林，增施有机农肥。精耕细作，合理轮作，培肥土壤。

2. 岗地农牧为主的白浆化暗棕壤、白浆土亚区（Ⅱ₂） 该亚区分布于丘陵漫岗，主要土壤为白浆化暗棕壤、白浆土，分布比较零散。面积为 16 754.95 公顷，占本区的 23.1%。因该亚区开垦的耕地坡度较大，耕作粗放，水土流失较严重，耕层较薄，严重地块甚至裸露心土。土壤板结，耕性差。养分贫瘠的低产土壤应注意养地，增施有机肥，精耕细作，培肥土壤，不宜开垦的疏林荒地应植树造林，防治水土流失；牧业用地要有计划地管理，养用结合；漫岗秃岭种植优良牧草，解决饲草，保护土壤。

3. 山地以林为主的农牧副结合的暗棕壤亚区（Ⅱ₃）　该亚区位于分区的边缘山地，主要土壤为暗棕壤，面积为 52 172.44 公顷，占该分区面积的 71.93%。以柞、桦、杨为主的阔叶林，下有胡枝子、榛柴、刺玫瑰等灌木林，林下草本植物丛生，也有落叶松人工林，属于封山育林区。该亚区耕地很少，自然土壤肥力较高，但腐殖质层较薄，坡陡不宜开垦。山间沟谷草甸草本植被覆盖率高，水草茂盛，适于发展牧业生产。该亚区对于较密的柞林资源应实行保护与利用、抚育采伐并举的方针。坚决杜绝乱砍滥伐的现象，使青山常在，永续利用。充分利用山区暗棕壤肥沃的优势，地形较平，pH 适宜的小地形发展人参、药材生产，但要及时退参还林，确保森林覆盖率不下降。

（三）高寒冷凉林、牧、副区（Ⅲ）

该区主要土壤有暗棕壤、草甸土、白浆土、沼泽土等。位于境内边缘的低山丘陵、高寒冷凉山区，森林茂密，山产资源丰富。包括绥阳镇，老黑山镇、道河镇、大肚川镇、三岔口镇、东宁镇的山区。该区面积为 568 906.91 公顷，占总面积的 79.69%；耕地分布零散，开垦年限短，土壤肥力较高；作物主要以玉豆为主，间有杂粮，但由于人少地多，气候冷凉，管理粗放，产量不高。

已开垦的草甸土、沼泽土潜在肥力较高，养分供应强度较低，地势低洼、内涝，土壤冷浆，应挖沟排水，降低地下水位，加速熟化土壤。在耕作栽培上要精耕细作，注意轮作换茬，在中耕管理上应注意防除恶性杂草。下分 3 个亚区：

1. 山间沟谷、农牧结合的沼泽土、草甸土亚区（Ⅲ₁）　该亚区零星分布于山间沟谷，面积为 13 539.98 公顷，占本区面积的 2.38%。土壤潜在肥力高，但因内涝、冷凉而供应强度弱；农作物生育后期随着温度的升高，供应强度加强而徒长，造成贪青晚熟。耕地要挖沟排水。精耕细作，加速熟化土壤。草甸沼泽植被是天然草场，适宜发展牧业生产。

2. 丘陵岗地、林副牧结合的白浆化暗棕壤、白浆土亚区（Ⅲ₂）　该亚区面积为 53 761.71公顷，占本区面积的 9.45%。自然植被主要是次生杂木林，林下草本植物覆盖度较高，白浆化暗棕壤和白浆土腐殖质层较浅，但养分含量较高，坡地水土流失轻微。该亚区要有计划地抚育新次生杂木林，有条件的地方发展人参、木耳等副业和牧业生产。

3. 高寒山区以林业为主的暗棕亚区（Ⅲ₃）　该亚区属边远山区，植被为针阔混交林，是东宁市境内木材主要生产基地。土壤以暗棕壤为主，面积为 501 605.22 公顷，占本区面积的 88.17%。

主攻方向为封山育林，有计划地采伐和抚育。发挥山区资源优势，发展人参、木耳等多种经营生产和山产品的采集。

第七节　耕地土壤改良利用对策及建议

一、改良对策

（一）推广旱作节水农业

东宁市为雨养农业区，积极推行旱作农业，充分利用天然降水，合理使用地表及地下水资源，实行节水灌溉，是解决全市干旱缺水问题的关键所在。

目前，东宁市农田基础设施建设和灌溉方式仍比较落后，仅有水田和极少部分旱田经济作物有灌溉设施和条件，而占耕地面积85%以上的旱田尚无灌溉条件。遇到春旱年份，旱田虽能做到催芽坐水种，但中后期生长季节中仍然是靠天降水，易受春旱、伏旱、秋旱威胁。水田基本上采用自流灌溉方式，防渗渠道设施不完备，在输水过程中，渗漏较重。今后应不断完善农田基础设施建设，保证灌溉水源，并大力推广使用抗旱品种和抗旱肥料，提高机械化作业水平，推广秋翻、秋耙、春免耕技术，机械化一条龙坐水种技术，喷灌、滴灌和渗灌技术，苗期机械深松技术，化肥深施技术和化控抗旱技术。

（二）培肥土壤，提高地力

1. 平衡施肥　化肥是最直接、最快速的养分补充途径，可以起到增产30%～40%的作用。平衡施肥的推广应用可以改变以往盲目施肥、定量施肥、单一施肥的弊端。以有机肥为基础，氮、磷、钾等多种元素配合施用，特别是对化肥结构调整起着更重要的作用。目前，东宁市在化肥施用上存在着很大的盲目性，如氮、磷、钾比例不合理，施肥方法不科学，肥料利用率低等。本次耕地地力调查与地力评价，摸清了土壤大量元素和中微量元素的丰缺情况，在今后的农业生产中，应该大面积推广测土配方施肥，达到大、中、微量元素的平衡，以满足作物正常生长的需要。

2. 增施有机肥　大力发展畜牧业，增加有机肥源。畜禽粪便是优质的农家肥，应鼓励和扶持农户大力发展畜牧业，增加有机肥源和数量，提高有机肥的质量。做到公顷施用农家肥30～45吨，农家肥中有机质含量应在200克/千克以上，实行3年轮施1次。

地栽木耳是东宁市的主导产业。平均年产10亿袋左右，2011年达到了13.98亿袋，地栽木耳的培养基是很好的有机肥源。现已由有机肥企业收集加上鸡粪按2∶1比例制成有机肥。每袋地栽干重0.5千克，共可生产7.5万吨有机肥。东宁市13 500.78公顷低产田年均可施5.5吨/公顷。可采取分区域集中施用的办法每3年轮施1次。

此外，恢复传统的积造有机肥方法，搞好堆肥、沤肥、沼气肥、压绿肥，广辟肥源，在根本上增加农家肥的数量。除了直接施入有机肥之外，还应该加强"工厂化、商品化"的有机肥施用。

3. 秸秆还田　作物秸秆含有丰富的氮、磷、钾、钙、镁、硫、硅等多种营养元素和有机质，直接翻入土壤，可以改善土壤理化性状，培肥地力。推广高茬还田、秸秆粉碎还田技术，结合使用生物催腐剂（生物分解剂、生物酵素等）。

（三）种植绿肥

引导农民种植绿肥，既可用于牲畜饲喂，做到过腹还田，又可直接还田或堆沤绿肥，再行还田，以提高和恢复土壤肥力。

（四）合理轮作调整农作物布局

调整种植业结构要因地制宜，根据当地气候条件、土壤条件、作物种类、周围环境等，合理布局，优化种植业结构，要实行玉米、大豆、杂粮（或者经济作物）轮作制，推广粮草间作、粮粮间作、粮薯间作等，不仅可以使耕地地力得到恢复和提高，增加土壤的综合生产能力，还能够增加农民收入，提高经济效益。

(五) 建立保护性耕作区

保护性耕作主要是免耕、少耕、轮耕、深耕、秸秆覆盖和化学除草等技术的集成。目前已在许多国家和地区推广应用。农业农村部保护性精细耕作中心提供的资料表明，保护性耕作技术与传统深翻耕作相比，可降低地表径流60%，减少土壤流失80%，减少大风扬沙60%，可提高水分利用率17%～25%，节约人畜用工50%～60%，增产10%～20%，提高效益20%～30%。由此可见，实施保护性耕作不仅可以保持和改善土壤团粒结构，提高土壤供肥能力，增加有机质含量，蓄水保墒，而且能降低生产成本，提高经济效益，更有利于农业生态环境的改善。

尽快探索出符合现有经济发展水平和农业机械化现状的具有区域特色的保护性耕作模式。在普及化学除草基础上，免耕、少耕、轮耕等方法互补使用。提高大型农机具的作业比例，实行深松耕法轮作制，使现有的耕层逐渐达到25厘米左右。

二、建　　议

(一) 加强领导、提高认识，科学制定土壤改良规划

进一步加强领导，研究和解决改良过程中重大问题和困难，切实制定出有利于粮食安全、农业可持续发展的改良规划和具体实施措施。财政、金融、土地、水利、计划等部门要协调工作，全力支持这项工作。鼓励和扶持农民积极进行土壤改良，兼顾经济、社会、生态效益，促使土壤良性循环，为今后农业生产奠定坚实基础。

(二) 加强宣传培训，提高农民素质

各级政府应该把耕地改良纳入工作日程，组织科研院所和技术推广部门的专家，对农民进行专题培训，提高农民素质，使农民深刻认识到耕地改良是为了造福子孙后代，是建设可持续发展农业的重要措施。只有农民自发地积极参与土壤改良，才能使其长久地坚持下去。

(三) 加大建设高标准良田的投资力度

抓住中央对农业、农村及农业科技政策倾斜的机遇，建设标准粮田，完善水利工程、防护林工程、生态工程、科技示范园区工程的设施建设，防治水土流失。加大投入强度和补贴力度，集中力量加快推进旱涝保收、高产稳产农田建设，不断为实现农业发展奠定基础。

(四) 建立耕地质量监测预警系统

为了遏制基本农田的土壤退化、地力下降趋势，国家应立即着手建设耕地监测网络机构，组织专家研究论证，设立监测站和监测点，利用先进的卫星遥感影像作为基础数据，结合耕地现状和GPS定位观测，真实反映出耕地的生产能力及其质量的变化。

(五) 建立耕地改良示范园区

针对各类土壤障碍因素，建立一批不同类型土壤的改良利用模式示范园区，抓典型、树样板，以点带面辐射带动周边农民，推进土壤改良工作的全面开展。

附录

附录1　东宁市大豆适宜性评价专题报告

大豆是东宁市的主栽作物，常年种植面积达 19 000 公顷左右。大豆富含蛋白质、脂肪，营养丰富，利于人体的吸收，是我国四大油料作物之一。大豆对土壤适应能力较强，几乎所有的土壤均可以生长，从土质来看，沙质土、壤土、轻黏土等都可以种植大豆。对土壤的酸碱度（pH）适应范围为 6～7.5，以排水良好，富含有机质，土层深厚，保水性强的土壤为最适宜。大豆在田间生长条件下，每生产 100 千克籽粒，需吸收氮素（N）7.2 千克、五氧化二磷（P_2O_5）1.2～1.5 千克、氧化钾（K_2O）2.5 千克，比生产等量的小麦、玉米需养分都多。大豆虽然可以固定空气中的游离氮素，但仅能供给大豆生育所需氮素的 1/2～2/3，其余还要从土壤中吸收，因此对氮肥的需求最高。大豆需水较多，每形成 1 000 克物质，需耗水 600～1 000 克，比高粱、玉米还要多。大豆对水分的要求在不同生育期是不同的。在大豆生育前期，即从播种、出苗到分枝期，大豆需水量约占总需水量的 30%；在大豆生育中期，即从分枝、开花、结荚到鼓粒期，大豆在此阶段需水量达到最大，占总需水量的 55% 以上；在大豆生育后期，即从鼓粒到成熟期，大豆需水量有所减少，需水量占总需水量的 15%。大豆是喜温作物，在温暖的环境条件下生长良好。发芽最低温度在 6～8 ℃，以 10～12 ℃发芽正常；生育期间以 15～25 ℃最适宜；大豆进入花芽分化以后温度低于 15 ℃发育受阻，影响受精结实；后期温度降低到 10～12 ℃时灌浆受影响。整个生育期要求 1 700～2 800 ℃的活动积温。大豆是东宁市农业生产的主导产业，但是近几年来，部分地区盲目扩大大豆种植面积，产量低、效益差，因此，我们根据地力评价结果，评价出适宜种植的区域，更好发展东宁市大豆生产，为其生产提供技术指导具有重要意义。

一、评价指标评分标准

用 1～9 定为 9 个等级打分标准，1 表示同等重要，3 表示稍微重要，5 表示明显重要，7 表示强烈重要，9 极端重要。2、4、6、8 处于中间值。不重要按上述轻重倒数相反。

二、权重打分

1. 总体评价准则权重打分　见附图 1-1。
2. 评价指标分项目权重打分　分为立地条件、剖面性状和土壤养分性状权重评价。
（1）立地条件：立地条件权重评价见附图 1-2。

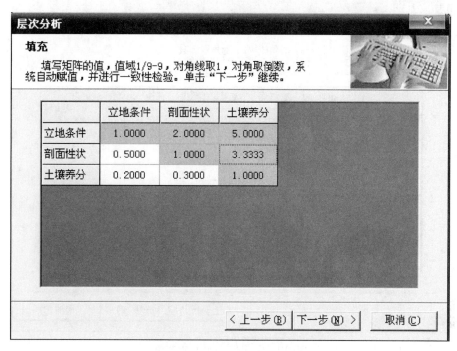

附图 1-1　评价准则权重评价

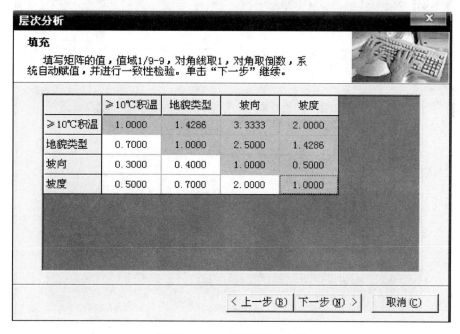

附图 1-2　立地条件权重评价

（2）剖面性状：剖面性状权重评价见附图 1-3。

（3）土壤养分：土壤养分权重评价见附图 1-4。

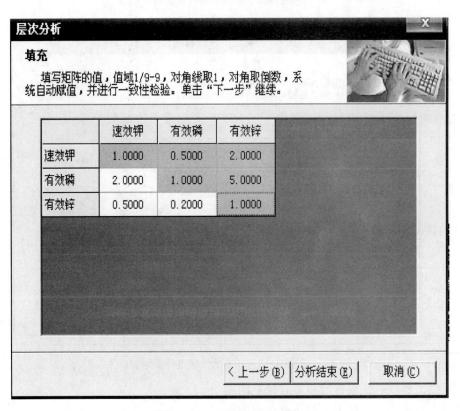

附图 1-3　剖面性状权重评价

附图 1-4　土壤养分权重评价

三、大豆适宜性评价指标隶属函数的建立

1. pH

（1）pH 隶属度专家评估见附表 1-1。

附表 1-1　pH 隶属度专家评估

pH	5.0	5.5	6.0	6.5	7.0	7.5	8.0	8.5
隶属度	0.7	0.83	0.93	1	0.9	0.78	0.62	0.45

（2）pH 隶属函数拟合见附图 1-5。

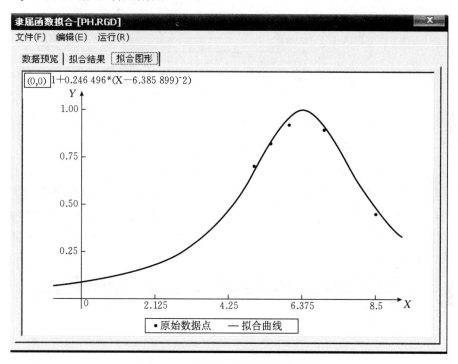

附图 1-5　pH 隶属函数曲线（峰型）

2. 地貌类型（概念型）　见附表 1-2。

附表 1-2　地形部位隶属函数评估

分类编号	地形部位	隶属度
1	丘陵	1.0
2	山地	0.6
3	河漫滩	0.4

四、大豆适应性评价层次分析

采用层次分析法确定每一个评价因素对耕地综合地力的贡献大小。构造评价指标层次结构图。

1. 构造评价指标层次结构图　根据各个评价因素间的关系，构造了层次结构图。见附图1-6。

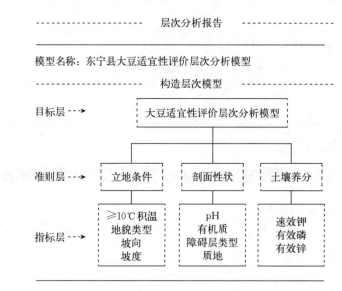

附图1-6　大豆适宜性评价层次分析构造矩阵

2. 建立层次判断矩阵　采用专家评估法，比较同一层次各因素对上一层次的相对重要性，给出数量化的评估。专家评估的初步结果经合适的数学处理后（包括实际计算的最终结果——组合权重）反馈给专家，请专家重新修改或确认。经多轮反复形成最终的判断矩阵。

3. 确定各评价因素的综合权重　利用层次分析计算方法确定每一个评价因素的综合评价权重。见附图1-7。

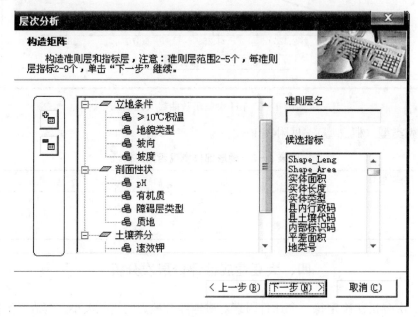

附图1-7

得出层次分析结果，见附图 1-8。

```
===========================================================
                      层次C
  层次A      立地条件    剖面性状    土壤养分    组合权重
             0.576 7    0.318 1    0.105 2    ∑CiAi
-----------------------------------------------------------
 ≥10℃积      0.397 0                           0.228 9
 地貌类型     0.284 1                           0.163 8
 坡向         0.112 0                           0.064 6
 坡度         0.206 9                           0.119 3
 pH                     0.175 5                 0.055 8
 有机质                 0.214 9                 0.068 4
 障碍层类型              0.353 5                 0.112 4
 质地                   0.256 1                 0.081 5
 速效钾                             0.276 6     0.029 1
 有效磷                             0.594 9     0.062 6
 有效锌                             0.128 5     0.013 5
===========================================================
```

附图 1-8　层次分析结果

大豆适宜性指数分级见附表 1-3，附图 1-9。

附表 1-3　大豆适宜性指数分级

地力分级	地力综合指数分级（IFI）
高度适宜	＞0.845 4
适宜	0.767 9～0.845 4
勉强适宜	0.679 5～0.767 9
不适宜	＜0.679 5

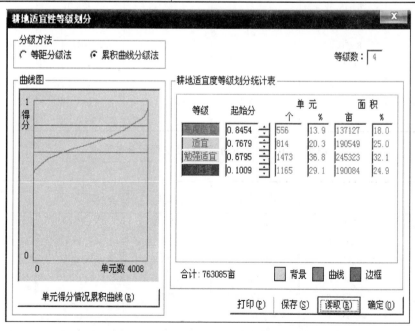

附图 1-9　大豆耕地适宜性等级划分图

五、评价结果与分析

本次大豆适宜性评价将东宁市耕地划分为 4 个等级：高度适宜耕地面积为 8 687.51 公顷，占耕地总面积的 17.88%；适宜耕地面积为 12 254.34 公顷，占耕地总面积 25.22%；勉强适宜耕地面积为 15 732.97 公顷，占耕地总面积的 32.38%；不适宜耕地面积为 11 917.81 公顷，占耕地总面积 24.52%（附表 1－4）。

附表 1－4　大豆不同适宜性耕地地块数及面积统计

适应性	地块个数	面积（公顷）	所占比例（%）
高度适宜	556	8 687.51	17.88
适宜	814	12 254.34	25.22
勉强适宜	1 473	15 732.97	32.38
不适宜	1 165	11 917.81	24.52
合计	4 008	48 592.63	100

大豆不同适宜性乡（镇）面积分布统计见附表 1－5，大豆不同适宜性土类面积分布统计见附表 1－6。

附表 1－5　大豆不同适宜性乡（镇）面积分布统计

单位：公顷

乡（镇）	面积	高度适宜	适宜	勉强适宜	不适宜
老黑山镇	6 548.52	5.37	1 432.49	2 175.10	2 935.56
道河镇	8 944.25	126.67	3 606.16	3 528.28	1 683.14
绥阳镇	8 750.38	0	230.85	2 464.66	6 054.87
大肚川镇	9 314.4	1 683.05	4 183.53	3 120.86	326.96
东宁镇	7 283.92	4 139.92	1 129.57	1 778.24	236.19
三岔口镇	7 751.16	2 732.5	1 671.74	2 665.83	681.09
合计	48 592.63	8 687.51	12 254.34	15 732.97	11 917.81

附表 1－6　大豆不同适宜性土类面积分布统计

单位：公顷

土类	面积	高度适宜	适宜	勉强适宜	不适宜
暗棕壤	22 460.37	606.52	6 123.87	8 666.34	7 063.64
新积土	4 798.49	0	0	2 646.37	2 152.12
草甸土	5 371.50	607.07	2 009.25	1 898.62	856.56
水稻土	2 480.17	1 698.31	77.01	445.52	259.33
白浆土	12 517.09	5 775.61	3 923.21	1 752.05	1 066.22
沼泽土	965.01	0	121.00	324.07	519.94
合计	48 592.63	8 687.51	12 254.34	15 732.97	11 917.81

　　从大豆不同适宜性耕地的地力等级的分布特征来看，耕地等级的高低与地形部位、土壤类型及土壤质地密切相关。高中产耕地从行政区域看，主要分布在大肚川、东宁、三岔口、道河、老黑山5个乡（镇），该地区土壤类型以暗棕壤、水稻土、白浆土、草甸土为主，地势比较平缓低洼，坡度较小；低产土壤主要分布在老黑山镇、绥阳镇、道河镇等第五积温带海拔较高的地区，这些地区的耕地土层薄，质地差，地势起伏较大或者低洼，土壤类型主要是暗棕壤、新积土、白浆土和沼泽土等。大豆不同适宜性耕地相关指标平均值见附表1-7。

附表1-7　大豆不同适宜性耕地相关指标平均值

适宜性	有机质（克/千克）	碱解氮（毫克/千克）	有效磷（毫克/千克）	速效钾（毫克/千克）	有效锌（毫克/千克）	pH
高度适宜	32.4	145.7	24.6	148	3.98	5.8
适宜	39.2	166.4	23.3	152	4.68	5.9
勉强适宜	38.5	1 756.2	23.1	152	4.92	6.0
不适宜	48.2	211.4	21.9	136	5.23	5.9

（一）高度适宜

　　东宁市大豆高度适宜耕地面积8 687.51公顷，占全市耕地总面积的17.88%。主要分布在东宁镇、三岔口镇、大肚川镇等镇，面积最大的是东宁镇，其次是三岔口镇、大肚川镇。土壤类型以白浆土、水稻土、暗棕壤、草甸土为主。

　　大豆高度适宜耕地所处地形相对平缓，侵蚀和障碍因素很小。主要分布在第一积温带，土壤结构较好，质地适宜，一般为轻黏土、中壤土和重壤土。容重适中，土壤pH在5.1~7.2。养分含量丰富，有机质平均32.4克/千克，有效锌平均3.98毫克/千克，有效磷平均24.6毫克/千克，速效钾平均148毫克/千克（附表1-8）。保水保肥性能较好，有一定的排涝能力，适于种植大豆，产量水平高。

附表1-8　大豆高度适宜耕地相关指标统计

养分	平均值	最大值	最小值
有机质（克/千克）	32.4	113.6	9.6
碱解氮（毫克/千克）	145.7	360.6	75.8
有效磷（毫克/千克）	24.6	95.0	6.9
速效钾（毫克/千克）	148	386	60
有效锌（毫克/千克）	3.98	14.2	0.49
pH	5.8	7.2	5.1

（二）适宜

　　东宁市大豆适宜耕地面积为12 254.34公顷，占全市耕地总面积25.22%。主要分布在大肚川、道河、三岔口、老黑山、东宁等镇。大肚川镇面积最大，为4 183.53公顷；其他依次是道河镇、三岔口镇、老黑山镇、东宁镇。土壤类型以暗棕壤、白浆土、草甸土为主。

大豆适宜地块所处地形平缓，侵蚀和障碍因素小。大部分处在第二、三积温带，一般为中壤土、轻黏土和重壤土，pH 在 5.1～7.3。养分含量较丰富，有机质含量平均 39.2克/千克，碱解氮平均 166.4 毫克/千克，有效磷平均 23.3 毫克/千克，速效钾平均 152 毫克/千克，有效锌平均 4.68 毫克/千克（附表 1-9）。保肥性能好，适于种植大豆，产量水平较高。

附表 1-9　大豆适宜耕地相关指标统计

养分	平均值	最大值	最小值
有机质（克/千克）	39.2	113.6	2.7
碱解氮（毫克/千克）	166.4	361.6	47.0
有效磷（毫克/千克）	23.3	102.9	5.1
速效钾（毫克/千克）	152	520	58
有效锌（毫克/千克）	4.68	34.04	0.56
pH	5.9	7.3	5.1

（三）勉强适宜

东宁市大豆勉强适宜耕地面积为 15 732.97 公顷，占全市耕地总面积的 32.38%。主要分布在道河镇、绥阳镇、大肚川镇、三岔口镇、老黑山镇、东宁镇。土壤类型以暗棕壤、新积土、草甸土、白浆土为主。

大豆勉强适宜地块所处地形坡度大或低洼，侵蚀和障碍因素较大。大部分处在第四积温带，质地较差，pH 在 5.1～7.6。有机质含量平均 38.5 克/千克，碱解氮平均 176.2 毫克/千克，有效磷平均 23.1 毫克/千克，速效钾平均 152 毫克/千克，有效锌平均 4.92 毫克/千克，养分含量较低（附表 1-10）。该级地勉强适于种植大豆，产量水平较低。

附表 1-10　大豆勉强适宜耕地相关指标统计

养分	平均值	最大值	最小值
有机质（克/千克）	38.5	118.3	2.7
碱解氮（毫克/千克）	176.2	376.3	47.0
有效磷（毫克/千克）	23.1	95.1	3.6
速效钾（毫克/千克）	152	520	45
有效锌（毫克/千克）	4.92	19.55	0.59
pH	6.0	7.6	5.1

（四）不适宜

东宁市大豆不适宜耕地面积 11 917.81 公顷，占全市耕地总面积 24.52%。主要分布在绥阳、老黑山、道河 3 个镇。土壤类型以暗棕壤、白浆土、新积土、沼泽土为主。

大豆不适宜地块所处地形坡度极大或低洼地区，侵蚀和障碍因素大。大部分处在第五积温带，pH 在 5.2～7.7。养分含量较高，有机质含量平均为 48.2 克/千克，碱解氮平均

附　录

为 211.4 毫克/千克，有效磷平均 21.9 毫克/千克，速效钾平均 136 毫克/千克，有效锌平均 5.23 毫克/千克（附表 1 - 11）。主要障碍因素是气候因素，气温低，积温少，影响大豆生产，该级地不适于种植大豆，产量水平低。

附表 1 - 11　大豆不适宜耕地相关指标统计

养分	平均值	最大值	最小值
有机质（克/千克）	48.2	124.9	2.7
碱解氮（毫克/千克）	211.4	381.0	47.0
有效磷（毫克/千克）	21.9	102.9	2.4
速效钾（毫克/千克）	136	325	45
有效锌（毫克/千克）	5.23	19.55	1.06
pH	5.9	7.7	5.2

· 203 ·

附录 2　东宁市耕地地力评价与种植业布局报告

一、概　　况

东宁市位于黑龙江省的最南端，牡丹江市的东南部，地理坐标为北纬 43°25′24″~44°49′40″，东经 130°19′40″~131°18′06″。隶属于牡丹江市，素有"塞北小江南"之称。市境东西横距 76 千米，南北纵距 156 千米，北与绥芬河市与穆棱市相接，南与吉林省汪清县、珲春市毗邻，东与俄罗斯交界。全市总面积 7 116.89 平方千米，耕地 56 177 公顷（包括省属、县属）。其中，旱田 52 561 公顷、水田 3 616 公顷，大体上形成"九山半水半分田"的格局。

东宁市辖 6 个镇，102 个行政村，1 个森工局。据 2010 年统计资料，粮食总产 19.85 万吨，地区生产总值 83 亿元；2009 年成为全省首个农民人均纯收入万元县，2010 年农村居民人均纯收入达 11 741 元。

（一）气候条件

东宁市属中纬度中温带大陆性季风气候，由于距日本海较近，经常受海洋性气候的影响，大陆性气候影响减弱。故夏季盛行海洋性北上暖湿的东南风，冬季盛行大陆性南下干冷的西北风，春秋为冷暖过渡期，仍以西北风占优势。气候特点是冬季漫长不冷，夏季短暂不热；冬季风大雪少，夏季暴雨集中。

东宁市位于长白山支脉老爷岭余脉太平岭东麓，北、西、南三面环山，平均海拔在 400~600 米，最高通沟岭海拔高度 1 102 米，成为一个天然屏障，东部低平开阔，海拔在 100 米左右。经常受海洋性气候的影响，气候温暖，雨量适中，水源充足，土质肥沃。市内河流纵横，水资源丰富，适宜种植水稻、玉米、大豆等作物，并有以苹果梨和苹果为主的果树基地。

1. 气温与地温　东宁市 1986—2010 年气温年平均温度 5.8 ℃。1998 年、2007 年最高 6.6 ℃，1987 年最低 4.8 ℃。极端最低气温－30.2 ℃；极端最高温度 39 ℃；一般年份≥10 ℃年活动积温 2 650~2 800 ℃。2005—2010 年地面年平均温度 8.9 ℃；7 月地面平均温度 26.5 ℃；1 月地面平均温度－13.2 ℃。初冻在 11 月中旬初，封冻在 11 月中旬末；全年土壤冻结期 130 天左右。冻土平均深度 1.45 米。3 月下旬土壤开始解冻，4 月上旬末可解冻 30 厘米；一般 5 月中下旬化透，有些年份 6 月初化透。

2. 降水与蒸发　东宁市 1981—2010 年，平均年降水量 570.2 毫米。年际变化较大，2000 年年均降水量最高，达 823.8 毫米；1982 年年均降水量最低，为 308.0 毫米。一年中各季降水变化差异悬殊，夏季雨量充沛，占全年降水量的 60%~65%。1981—2010 年平均夏季降水 345.5 毫米，占年均降水量的 67.7%；冬季降水 22.3 毫米，占 4.4%；春季降水 93.1 毫米，占 18.2%；秋季降水 109.3 毫米，占 21.4%。此期间，日降水量最大时达 156.1 毫米（2004 年 5 月的一天）。夏季降水集中，冬季降水稀少，秋季降水多于春季的特点，是受大陆性季风气候影响的结果。降水量分布山区较多，海拔低的开阔地带略少。多年平均降水量为 500～600 毫米，山地林区在 600 毫米左右，河谷盆地约 500 毫米。

　　2008 年蒸发量最大为 1 410.2 毫米，2010 年蒸发量最小 1 313 毫米。一年之中，春季蒸发量最大，4～5 月平均蒸发 180.65 毫米，其中 5 月份蒸发量最大时达 211.9 毫米；冬季蒸发量最小，11 月至次年 3 月平均蒸发量 40.36 毫米；6～8 月平均蒸发量 162.0 毫米。

　　3. 风　东宁市居于中纬度中温带，属大陆性季风气候，又因经常受海洋性气候的影响，大陆性气候影响减弱，夏季多东南风，冬季多西北风。1981—2010 年年平均风速 2.3 米/秒，1996 年、2000 年为年均风速最低年，平均 1.8 米/秒。3～5 月出现大风次数最多，刮风期一般延续 3 天左右，风速最高达 18 米/秒。由于县域地处山区，地形复杂，区域性气候差异较大，既有高寒冷凉山区，又有盆地的特色气候条件。

　　4. 日照　东宁市各地日照时间差异不大。1981—2010 年年平均日照 2 343.9 小时，平均每天日照 6.5 小时，1986 年最高 2 589.4 小时，平均每天日照 7 小时，2002 年最低 1 994.0 小时，平均每天日照 5 小时。日照时数春季最多，5 月份达到 228.3 小时，夏季次之，秋季多于冬季。生长季节（5～9 月）平均日照时间 1 162 小时，平均每天日照 7.6 小时。

（二）水文情况

　　东宁市水资源总量 11.32 亿立方米，人均占有水量 5 054 立方米，耕地均占有水量 21 905.3 立方米/公顷；水能资源蕴藏量 13.9 万千瓦，实际可开发量 1.85 万千瓦。水质多以重碳酸钙型水及重碳酸钙镁钠型为主，矿化度小于 0.5 克/升，pH 为 6.4～7.5，属低矿化弱碱性水，水质良好。

　　东宁市地表水比较充足，共有大小河流 163 条，均属绥芬河水系。其中，流域面积 30 平方千米以上的有 74 条，流域面积 50 平方千米以上的有 49 条，流域面积 1 000 平方千米以上的有 4 条。主要河流有大绥芬河、小绥芬河、瑚布图河、黄泥河、二道沟河、细鳞河、沙河子河、大肚川河、小乌蛇沟河。

　　绥芬河水系位于黑龙江省东南部。河流蜿蜒于老爷岭的丛山之间，以大绥芬河为上源，全长 443 千米，在中国境内长 258 千米，干流在中国境内长 61 千米。绥芬河总流域面积 17 321 平方千米，在中国境内流域面积 10 069 平方千米。绥芬河流域南、北、西三面为高山，多森林覆盖，植被茂密，为山区性河流，落差大，流速 0.6～1.0 米/秒，最大流速 4.83 米/秒，水位受降水影响波动幅度很大。

　　东宁市境内水文地质条件较简单，地下水按含水层特征主要分为第四系松散层孔隙潜水（主要分布于河漫滩区）及基岩裂隙水（主要分布在低山丘陵以及河谷下部的基岩裂隙中）两种类型。

　　中东部地区从和平村到三岔口、新立村、高安村、大肚川一带为松散层孔隙潜水，水量丰富，含水层稳定。由沙砾岩、砂岩组成，厚 8～12 米，单井涌水量 500～3 000 吨/日。水质较好，埋藏浅，一般 3～4 米，有利于成井与开采。大城子一带含水层 6.54 米，单井涌水量 2 210 吨/日。但靠近绥芬河一带，含水层逐渐变薄。夹信子含水层厚 2.6 米，单井涌水量 543 吨/日。北部绥阳、细鳞河、金厂等地，水位埋藏浅，一般埋深 1.24～5.2 米。但涌水量少，只有 1.73 吨/日。

　　河谷地区地势低平，水位埋藏浅，一般 1～4 米，单井涌水 100～3 000 吨/日。支谷中偏少，水质较好，可成大口井抽水灌溉，井深 5～10 米为宜。

靠近河谷平原后缘阶地和山前沟谷出口处，赋存孔隙潜水，水量贫乏。

北、西、南部山区，赋存基岩裂隙水，泉水露较多，多沿风化坡积层溢出，泉流量多数大于 0.3 升/秒，为市内河流主要水源。

（三）地貌

东宁市境内山峦起伏，沟壑纵横，北、西、南三面是褶皱形成的侵蚀低山环抱，平均海拔在 400～600 米，最高达 1 102 米，逐渐向中、东部低斜，到东宁镇海拔降至 100 多米。东宁盆地是一个河流侵蚀堆积形成的较大的山间谷地。此外还有被山岭分隔呈零星分布丘陵岗地，海拔在 200～400 米，地貌区划属东北东部中、低山丘陵区，全市可分山地、丘陵和河谷平原 3 种类型地貌。

二、种植业布局的必要性

种植业的布局，就是粮、经、饲及其他各种作物在一定空间的分布和区域组合，种植业结构是在一定区域内各作物之间的比例及组合类型，两者既有区别又有联系。合理安排种植业生产结构与布局，对于合理利用社会经济技术条件，充分发挥资源优势，提高经济效益，为社会提供量多、质优的农副产品，促进农村产业结构调整，农林牧副渔全面发展保持良好的农田生态环境，都具有重要意义。

东宁市虽然是农业小县，但是农业生产特别是粮食生产是县域经济发展的基础，是农民收入的主要来源之一。农业形势的好坏，粮食生产的丰歉，直接影响着东宁市的农村经济发展。目前我国农业生产已经进入了一个崭新的历史发展时期，种植业布局结构性矛盾日益显现出来，对于东宁市来说结构性矛盾也更加突出。例如，就东宁市粮食销售来说，价格偏低，农民卖粮难；另外随着我国人们生活水平的提高，膳食结构改变以及食品加工业的发展，这些都要求东宁市应该有合理的种植业布局。因此进行农业种植业结构布局的合理调整，是粮食生产适应市场和人民生活的需求，是作物生产优质、高效、健康的必由之路，是增加农民收入、加快东宁市农村经济发展的重要举措。

三、现有种植业布局及问题

（一）种植业结构与布局现状及评价

1986 年，东宁市农作物种植总面积 28 357 公顷。其中粮豆薯（当地人习惯称为粮食，以下亦同）种植面积 25 601 公顷，经济作物种植面积 2 756 公顷。粮食播种面积占总播种面积的 90.3%，粮食作物与经济作物种植结构比例（简称粮经比例）为 90.3∶9.7。粮食作物主要品种有水稻、小麦、玉米、大豆（简称四大粮食作物），经济作物主要品种有烟叶、蔬菜和瓜类等，20 世纪 80 年代后期经济作物种植面积逐年递增，到 1990 年达到 3 766 公顷，比 1986 年净增 1 020 公顷，增长 36.6%。1998 年经济作物面积突破 7 000 公顷，达 7 173 公顷，占作物种植总面积的 22%。进入 21 世纪后，种植业结构依据市场需求进一步调整。2000 年，农作物播种面积突破 40 000 公顷，达 42 287 公顷，比 1995 年增

加 12 569 公顷，增长 44.9％。其中粮食作物面积 33 439 公顷，经济作物面积突破 8 000
公顷，达 8 848 公顷，分别比 1995 年增长 35.0％和 66.4％。粮经比例为 79：21，2005
年，农作物总播种面积创历史纪录达 48 886 公顷。其中，粮食作物种植面积 38 391 公顷，
总产 154 553 吨，比上年增长 35.9％；经济作物种植面积突破 10 000 公顷，达 10 495 公
顷，占总播种面积的 21.5％。2010 年农作物总播种面积为 56 177 公顷（包括县属、省属
耕地），粮豆薯总播种面积为 44 375 公顷，占境内总播种面积的 79％。其中，大豆播种面
积 25 897 公顷，占境内总播种面积的 46.1％；玉米播种面积 14 258 公顷，占境内总播种
面积的 25.4％；水稻播种面积 3 616 公顷，占境内总播种面积的 6.4％；薯类播种面积
212 公顷，占境内总播种面积的 3.8％，种植业结构仍以粮豆作物为主。产值结构也以粮
豆作物比重最大。

20 多年来，粮食内部结构演变的总趋势是，随着耕地面积的不断增加和机械化程度
的不断提高，种植业结构由玉、豆、麦为主向以豆、玉、稻为主的格局转变。由于经济作
物产量及价格的影响，经济作物的种植面积也在不断加大。

（二）几种主要作物布局及评价和分区

农业生产是以各种作物为劳动对象，并通过它们的生长、发育过程，将资源中的能量
和物质转化、储存、积累成人们的生活资料和原料的生产部门，是人类赖以生存的最基本
的生产。作物生产是农业生产的基本环节。各种作物在一定区域内，形成了与之相适应的
特点。影响作物生长发育的主要因素各有不同。以下以作物布局和种植制度的演变过程为
基础，阐明主要作物生产与生态分区。

1. 大豆　大豆是东宁市历年主栽作物，也是优势很大的一种的作物，种植面积占耕
地总面积的 40％左右。见附表 2－1。

附表 2－1　大豆分布现状

区号	乡（镇）	面积（公顷）	占全市该作物（％）	总产量（吨）
高度集中产区	道河镇	4 635.0	25.2	11 207
	绥阳镇	4 621.0	25.2	9 704
集中产区	大肚川镇	3 287.0	17.9	6 779
	老黑山镇	2 671.0	14.5	6 544
分散产区	东宁镇	2 206.0	12.0	6 022
	三岔口镇	949.0	5.2	2 088
合　计	全市	18 369	100.0	42 344

大豆具有喜湿润气候的特点，东宁市 6～9 月份降水量平均 300～400 毫米，基本满足
大豆生育需要。大豆具有营养生长与生殖生长并进的生物特性，受冷害减产轻于玉米、水
稻。因其品种、类型丰富，有着广泛的适应性，对土壤要求不严格，在白浆土及草甸土上
均可栽培。大豆是肥茬作物，对下茬作物有利，在轮作中占有重要地位。种大豆消耗地力
少，只有玉米的 1/3，由于根瘤菌的固氮作物，可以提高地力，并且省工、经济效益高，
机械化程度较高。

2. 玉米　玉米也是东宁市主栽作物，2010 年占耕地总面积的 25%，仅次于大豆播种面积。见附表 2-2。

附表 2-2　玉米分布现状

区号	乡（镇）	面积（公顷）	占全市该作物（%）	总产量（吨）
高度集中产区	东宁镇	2 618	21.7	23 719
	大肚川镇	3 275	27.1	22 598
集中产区	道河镇	2 263	18.7	20 928
	三岔口镇	1 476	12.2	13 284
分散产区	绥阳镇	1 474	12.2	9 508
	老黑山镇	977	8.1	7 035
合　计	全　市	12 083	100.0	97 072

将东宁市玉米分为 3 个区：

（1）适宜区：分布于中部低山丘陵区，土壤主要类型为暗棕壤、白浆土。

（2）次适宜区：分布于绥芬河、瑚布图河沿岸平原和丘陵漫岗，土壤主要类型为暗棕壤、白浆土、新积土。

（3）不适宜区：分布于南部、北部高海拔丘陵区玉米，土壤主要类型为暗棕壤、白浆土和沼泽土。

3. 水稻　水稻是东宁市最早栽培作物之一，随着农业种植结构的调整，水稻种植面积渐趋稳定，栽培技术水平也不断地改进，单产逐渐提高，成为东宁市高产稳产作物。见附表 2-3。

附表 2-3　水稻分布现状

区号	乡（镇）	面积（公顷）	占全市该作物（%）	总产量（吨）
高度集中产区	三岔口镇	2 251	62.3	16 883
集中产区	东宁镇	437	12.1	2 805
	大肚川镇	638	17.6	4 689
分散产区	道河镇	76	2.1	456
	老黑山镇	214	5.9	1 574
合　计	—	3 616	100.0	26 407

东宁市水稻可划分为 3 个区：

（1）高度集中产区：东部瑚布图河沿岸及绥芬河下游平原自流灌溉稻作区，土壤主要为在新积土上发育的水稻土。

（2）集中产区：东南部九佛沟河沿岸及绥芬河下游平原自流灌溉稻作区，主要分布在东宁镇、大肚川镇。

（3）分散种植区：中部、南部高山冷凉山区，主要分布在老黑山镇、道河镇。

（三）现有种植业布局存在的问题

1. 耕地用养失衡　农民种地一味追求少投本钱、多产粮食，生产上以化肥盖全面，只求收获，不思回报，进行掠夺式生产。耕地越种越薄，土壤酸化、板结现象凸显，土壤生产力呈下降趋势。

2. 轮作不合理　由于东宁市处于高纬度地区的特殊地理位置，种植作物的种类比较单一，旱田主要为玉米、大豆两种作物，给作物轮作换茬带来诸多问题。尤其是高寒冷凉山区，种植作物更是单一化，比如清一色种植大豆等现象普遍存在，给科学合理耕作制度的实施带来极大的困难。

东宁市常年大豆播种面积大，玉米、杂粮、经济作物播种面积小，大豆、玉米种植比例为1∶0.66，不利于耕地用、养结合及病虫草害的防治。

3. 土壤耕作环境差　农业机械化发展与农业生产发展不相适应，农民种地使用的都是小型机械，耕翻深度达不到标准，作业质量差，犁底层逐年上移，耕层变薄，使耕层环境内的水、肥、气、热比例失调，土壤供肥能力下降，不利于作物生长。

四、地力情况调查结果及分析

东宁市总面积为7 116.89平方千米，其中耕地面积56 177公顷（包括县属、省属耕地）。主要是旱田、灌溉水田、果园等。本次耕地地力评价将东宁市48 592.63公顷耕地划分为5个等级：一级地5 375.05公顷，占耕地总面积的11.06%；二级地12 589.82公顷，占耕地总面积的25.91%；三级地14 473.68公顷，占耕地总面积的29.79%；四级地12 588.08公顷，占耕地总面积的25.90%；五级地3 566公顷，占耕地总面积的7.34%。全市一级地和绥芬河下游盆地、瑚布图河中下游盆地、大肚川河流域平川地，包括东宁、三岔口、大肚川三镇的二级地属高产田土壤，面积为13 404.21公顷，占耕地总面积的27.58%；北部绥阳镇、中部道河镇、西南部老黑山镇等三镇高海拔山区的二级地和全部三级地以及东宁、三岔口两镇盆地的四级地为中产田土壤，面积为21 687.64公顷，占耕地总面积的44.63%；绥阳、道河、老黑山、大肚川四镇四级地和全部五级地为低产田土壤，面积为13 500.78公顷，占耕地总面积的27.78%。

1. 一级地分布　一级地耕地面积为5 375.05公顷，占全市耕地总面积的11.06%。主要分布在东宁、三岔口、大肚川等镇。主要土壤类型有白浆土、水稻土、草甸土等。

2. 二级地分布　二级地耕地面积为12 589.82公顷，占全市耕地总面积的25.91%。主要分布在大肚川、道河、三岔口、东宁等镇。主要土壤类型有白浆土、暗棕壤、草甸土等。

3. 三级地分布　三级地耕地面积为14 473.68公顷，占全市耕地总面积的29.79%。主要分布在大肚川、道河、老黑山等镇。主要土壤类型有暗棕壤、草甸土、白浆土等。

4. 四级地分布　四级地耕地面积为12 588.08公顷，占全市耕地总面积的25.90%。主要分布在绥阳镇、老黑山镇、道河镇、三岔口等镇。主要土壤类型有暗棕壤、新积土、白浆土等。

5. 五级地分布　五级地耕地面积为3 566公顷，占全市耕地总面积的7.34%。主要分布在绥阳、老黑山等镇。主要土壤类型有暗棕壤、新积土等。

五、作物适宜性评价结果

（一）大豆

根据本次耕地地力调查结果及作物适宜性评价，将全市大豆适宜性划分为 4 个等级。大豆不同适宜性耕地地块数及面积统计见附表 2-4，大豆适宜性乡（镇）面积分布统计见附表 2-5，大豆适宜性土类面积分布统计见附表 2-6。

附表 2-4　大豆不同适宜性耕地地块数及面积统计

适应性	地块个数	面积（公顷）	所占比例（%）
高度适宜	556	8 687.51	17.88
适　宜	814	12 254.34	25.22
勉强适宜	1 473	15 732.97	32.38
不适宜	1 165	11 917.81	24.52
合　计	4 008	48 592.63	100.00

附表 2-5　大豆适宜性乡（镇）面积分布统计

单位：公顷

乡（镇）	面积	高度适宜	适宜	勉强适宜	不适宜
老黑山镇	6 548.52	5.37	1 432.49	2 175.1	2 935.56
道河镇	8 944.25	126.67	3 606.16	3 528.28	1 683.14
绥阳镇	8 750.38	0	230.85	2 464.66	6 054.87
大肚川镇	9 314.4	1 683.05	4 183.53	3 120.86	326.96
东宁镇	7 283.92	4 139.92	1 129.57	1 778.24	236.19
三岔口镇	7 751.16	2 732.5	1 671.74	2 665.83	681.09
合　计	48 592.63	8 687.51	12 254.34	15 732.97	11 917.81

附表 2-6　大豆适宜性土类面积分布统计

单位：公顷

土类	面积	高度适宜	适宜	勉强适宜	不适宜
暗棕壤	22 460.37	606.52	6 123.87	8 666.34	7 063.64
新积土	4 798.49	0	0	2 646.37	2 152.12
草甸土	5 371.50	607.07	2 009.25	1 898.62	856.56
水稻土	2 480.17	1 698.31	77.01	445.52	259.33
白浆土	12 517.09	5 775.61	3 923.21	1 752.05	1 066.22
沼泽土	965.01	0	121.00	324.07	519.94
合　计	48 592.63	8 687.51	12 254.34	15 732.97	11 917.81

1. 高度适宜　东宁市大豆高度适宜耕地面积 8 687.51 公顷，占全市耕地总面积的 17.88％。主要分布在东宁、三岔口、大肚川等镇。面积最大的是东宁镇，其次是三岔口镇、大肚川镇。土壤类型以白浆土、暗棕壤、草甸土为主。

大豆高度适宜耕地所处地形相对平缓，侵蚀和障碍因素很小。主要分布在第一积温带，土壤结构较好，质地适宜，一般为轻黏土、中壤土和重壤土。容重适中，土壤 pH 在 5.1～7.2。养分含量丰富，有机质平均 32.4 克/千克，碱解氮平均为 145.7 毫克/千克，有效锌平均 3.98 毫克/千克，有效磷平均 24.6 毫克/千克，速效钾平均 148 毫克/千克，保水保肥性能较好，有一定的排涝能力。该级地适于种植大豆，产量水平高。

2. 适宜　东宁市大豆适宜耕地面积 12 254.34 公顷，占全市耕地总面积 25.22％。主要分布在大肚川、道河、三岔口、老黑山、东宁等镇，面积最大的是大肚川镇，以下依次为道河镇、三岔口镇、老黑山镇、东宁镇。土壤类型以暗棕壤、白浆土、草甸土为主。

大豆适宜地块所处地形平缓，侵蚀和障碍因素小。大部分处在第二、第三积温带，一般为中壤土、轻黏土和重壤土，pH 在 5.1～7.3。养分含量较丰富，有机质含量平均为 39.2 克/千克，碱解氮平均为 166.4 毫克/千克，有效磷平均为 23.3 毫克/千克，速效钾平均为 151 毫克/千克，有效锌平均为 4.68 毫克/千克，保肥性能好。该级地适于种植大豆，产量水平较高。

3. 勉强适宜　东宁市大豆勉强适宜耕地面积 15 732.97 公顷，占全市耕地总面积的 32.38％。主要分布在道河镇、绥阳镇、大肚川镇、三岔口镇、老黑山镇、东宁镇。土壤类型以暗棕壤、新积土、草甸土、白浆土为主。

大豆勉强适宜地块所处地形坡度大或低洼，侵蚀和障碍因素较大。大部分处在第四积温带，质地较差，pH 在 5.1～7.6。有机质含量平均为 38.5 克/千克，碱解氮平均为 176.2 毫克/千克，有效磷平均为 23.1 毫克/千克，速效钾平均为 152 毫克/千克，有效锌平均为 4.92 毫克/千克，养分含量虽较高，但主要障碍因子是气候因素和大坡度低洼地形，积温少，大豆生长期短，土壤冷凉，影响大豆生长。该级地勉强适于种植大豆，产量水平较低。

4. 不适宜　东宁市大豆不适宜耕地面积 11 917.81 公顷，占全市耕地总面积 24.52％。主要分布在绥阳、老黑山、道河三镇。土壤类型以暗棕壤、白浆土、新积土、沼泽土为主。

大豆不适宜地块所处地形坡度极大或低洼地区，侵蚀和障碍因素大。大部分处在第五积温带，pH 在 5.2～7.7。养分含量较高，有机质含量平均为 48.2 克/千克，碱解氮平均为 211.4 毫克/千克，有效磷平均为 21.9 毫克/千克，速效钾平均为 136 毫克/千克，有效锌平均为 5.23 毫克/千克。主要障碍因素是气候因素，气温低、积温少，影响大豆生产，该级地不适宜种植大豆，产量水平低。

（二）玉米

根据本次耕地地力调查结果及作物适宜性评价，玉米适宜性评价将东宁市耕地划分为 4 个等级：高度适宜耕地 5 269.83 公顷，占全市耕地总面积的 10.84％；适宜耕地 22 770.57公顷，占全市耕地总面积 46.86％；勉强适宜耕地 15 097.14 公顷，占全市耕地总面积的 31.07％；不适宜耕地 5 455.09 公顷，占全市耕地总面积 11.23％（附表 2-7）。

玉米适宜性乡（镇）面积分布统计见附表2-8，玉米适宜性土类面积分布统计见附表2-9。

附表2-7　玉米不同适宜性耕地地块数及面积统计

适应性	地块个数	面积（公顷）	所占比例（%）
高度适宜	394	5 269.83	10.84
适宜	1 711	22 770.57	46.86
勉强适宜	1 378	15 097.14	31.07
不适宜	529	5 455.09	11.23
合计	4 008	48 592.63	100.00

附表2-8　玉米适宜性乡（镇）面积分布统计

单位：公顷

乡（镇）	面积	高度适宜	适宜	勉强适宜	不适宜
老黑山镇	6 548.52	267.54	3 719.96	2 241.68	319.34
道河镇	8 944.25	1 103.91	5 472.66	2 162.09	205.59
绥阳镇	8 750.38	217.36	3 020.80	3 024.16	2 488.06
大肚川镇	9 314.4	1 629.99	4 141.00	3 068.26	475.15
东宁镇	7 283.92	1 606.01	3 888.94	1 376.61	412.36
三岔口镇	7 751.16	445.02	2 527.21	3 224.34	1 554.59
合计	48 592.63	5 269.83	22 770.57	15 097.14	5 455.09

附表2-9　玉米适宜性土类面积分布统计

单位：公顷

乡（镇）	面积	高度适宜	适宜	勉强适宜	不适宜
暗棕壤	22 460.37	1 018.82	11 089.38	7 713.94	2 638.23
新积土	4 798.49	209.67	1 058.41	2 839.15	691.26
草甸土	5 371.5	801.8	2 897.84	1 226.93	444.39
水稻土	2 380.17	895.53	691.19	528.91	364.54
白浆土	12 517.09	2 244.35	6 764.47	2 499.48	1 008.79
沼泽土	965.01	99.66	269.28	288.73	307.34
合计	48 592.63	5 269.83	22 770.57	15 097.14	5 455.09

1. 高度适宜　东宁市玉米高度适宜耕地5 269.83公顷，占全市耕地总面积的10.84%。全市6个乡（镇）均有分布，面积较大的是大肚川、东宁、道河等三镇。土壤类型以暗棕壤、白浆土为主。

2. 适宜　东宁市玉米适宜耕地22 770.57公顷，占全市耕地总面积46.86%。全市6个乡（镇）均有分布，面积较大的是道河镇、大肚川镇、东宁镇、老黑山镇，其次是绥阳镇、三岔口镇。土壤类型以暗棕壤、白浆土、沼泽土、新积土、草甸土为主。

3. 勉强适宜　东宁市玉米勉强适宜耕地 15 097.14 公顷，占全市耕地总面积的 31.07％。全市 6 个乡（镇）均有分布，面积较大的是三岔口镇、大肚川镇、绥阳镇，其次是老黑山镇、道河镇、东宁镇。土壤类型以暗棕壤、白浆土、新积土为主。

4. 不适宜　东宁市玉米不适宜耕地 5 455.09 公顷，占全市耕地总面积的 11.23％。全市 6 个乡（镇）均有分布，面积较大的是绥阳镇、三岔口镇，其次是东宁镇、大肚川镇、老黑山镇、道河镇。土壤类型以暗棕壤、白浆土、新积土为主。

六、调整种植业结构，合理布局

（一）调整种植业结构的方向

种植业结构是农村产业结构的一个层次。合理调整种植业内部结构，是调整农村产业结构的一项重要内容。有计划、有步骤地调整种植业结构和布局，选建商品粮基地，是加速种植业持续、稳定、协调发展的基础。种植业结构、布局和发展方向，要遵循"决不放松粮食生产，积极发展多种经营"的方针，本着"因地制宜、发挥优势，扬长避短、趋利避害"的原则，面向市场、社会需要，处理好粮食作物、经济作物和饲料作物之间的关系，处理好发挥本地优势和适应国家建设需要的关系，处理好种植业与林、牧、渔、工等其他各业之间的关系，处理好生产与生态的关系。

1. 逐步改粮、经二元结构为粮、经、饲三元结构　在保证粮豆单产不断增长的同时，积极增加经济作物和饲料作物面积，合理安排粮豆作物、经济作物和饲料作物内部比例，要使经、饲作物的产品数量和质量与轻工业发展相适应，与畜牧业的发展相适应，从而使种植业、畜牧业与轻工业之间相互促进，形成综合发展的动态平衡。

2. 坚持合理轮作，用地与养地相结合，促进农田生态由恶性循环向良性循环转化　目前主要考虑：

（1）坚持合理轮作：实行合理轮作在农业生产上的重要意义主要有 3 条：一是轮作是经济有效地持续增产的手段，只要把作物合理的轮换种植就可获得一定的经济效益；二是轮作能使用地与养地相结合，轮作的养地作用是化肥所不具备的；三是轮作可以把作物从时间上隔开，起到隔离防病的作用，经济有效。所以种植业结构，必须考虑轮作问题。

（2）在轮作中要安排一定的养地作物，如豆科绿肥、饲草等，同时有利于与畜牧业有机结合。

（二）种植业结构调整意见

总的方针是保证粮豆产量稳定增长，扩大饲用玉米生产，合理利用水资源，扩种水稻，调整粮豆内部比例，搞好合理布局，提高单产，改善品质。

1. 稳定现有粮、经比例，适当压缩大豆种植面积，扩大玉米种植面积，开拓特色农业和饲料生产，把粮、经二元结构调整为粮、经、饲三元结构　在今后一段时期，根据粮食市场的需求，粮豆薯播种面积保证 80％、经济作物保证 10％、饲料和绿肥要逐年扩大，比例增加到 10％。与此同时积极开发特色农业和有机绿色农产品，提高农产品质量，创名牌，加快农产品的市场流通，使农产品生产布局合理化，经济效益最大化。

2. 坚持粮食总产量稳定增长，逐步调整粮豆内部结构

（1）大豆：根据本次大豆适宜性评价结果，东宁市大豆适宜种植区分布广，各镇均有分布。全市不适宜种植大豆的耕地占总耕地面积的 24.52%，主要分布在道河镇、绥阳镇、老黑山镇；勉强适宜种植大豆的耕地占总耕地面积的 32.38%，主要分布在道河镇、大肚川镇、三岔口镇、绥阳镇；不适宜和勉强适宜种植大豆的区域主要原因是坡度大，活动积温低；高度适宜和适宜种植大豆的耕地占总耕地面积的 43.1%，主要分布在中部河谷平原地区和丘陵漫岗区，包括东宁、三岔口、大肚川等镇，面积在 20 941.85 公顷。根据东宁市耕地地力评价结果，东宁市中高产田，主要集中在该区域。因此，我们调整大豆种植区时，在适宜及高度适宜区应加大种植大豆比例，在勉强适宜区根据当地条件及时调整种植结构，增加粮食作物及饲料作物比重，在不适宜区尽量安排其他作物，如白瓜、向日葵、马铃薯等，或退耕还林还草。

（2）玉米：根据本次玉米适宜性评价结果，东宁市玉米适宜种植区域比较广泛。全市不适宜种植玉米的耕地占总耕地面积的 11.23%，主要分布在大肚川、三岔口等镇；勉强适宜种植玉米的耕地占总耕地面积的 31.07%，主要分布在东部、西南部、北部山区，包括大肚川镇、道河镇、老黑山镇、绥阳镇。这些区域虽然土壤理化性状较好，但由于地处山区、半山区的第四、第五积温带，受积温和坡度的影响，该区应选择适应性广的作物，如大豆、薯类、白瓜等。适宜区和高度适宜区占总耕地的 57.7%，主要分布在中部平原区及东部、南部、西部平原和漫岗地区，是东宁市耕地地力等级评价中的中高产地区，应加大玉米的种植面积。每年的种植面积应在 20 000 公顷以上。

（3）水稻：在本次水稻适宜性评价中，由于受地形、地势、水源及活动积温等条件的制约，东宁市适宜及高度适宜种植水稻面积仅占全市总耕地面积的 4.6%，主要分布在东部瑚布图河沿岸及绥芬河下游平原地区；勉强适宜、不适宜种植水稻面积占总耕地面积的 95.4%，主要分布在北部、中部、南部高山冷凉山区。适宜及高度适宜区分布在中高产田区，在种植业布局中要充分考虑水稻适宜性评价结果，客观地安排水稻种植，不能盲目地根据价格的高低而种植，全市种植面积在 4 000 公顷左右较合适。

（4）饲料及绿肥：根据本次耕地地力评价结果，在东宁市的中低产区应减少粮豆种植面积，扩大薯类、饲料作物及绿肥种植面积，坡度大、低洼渍涝不适宜种植农作物的耕地应退耕还林还草。

（5）特色农业：根据东宁市整体资源优势、自然地理环境条件及当前社会消费需求，特色农业会有很好的发展前景。如准备进军国际葡萄酒市场的建禄酒业集团，需要有葡萄生产基地。再如，深受消费者喜爱，且有很高经济效益的美国大榛子也适合在县境种植。为此要根据市场需求，在种植业布局中要安排 2 000 公顷耕地发展特色农业。

（三）选建商品粮基地

根据种植业区划要求，在调整种植业内部结构的同时，选建商品粮基地，对确保粮食安全有重要的意义。根据耕地地力评价结果及作物适宜性评价结果，东宁市应建立大豆、玉米、水稻商品粮基地。

1. 玉米商品粮基地 主要集中在中部、东部、南部、西部平原和漫岗地区，有东宁镇、三岔口镇、大肚川镇、老黑山镇、道河镇。这些地区土地连片，土壤属性良好，机械化程度高，是东宁市玉米适宜及高度适宜种植区。

2. 大豆商品粮基地　有东宁镇、三岔口镇、大肚川镇、道河镇、绥阳镇等，是东宁市大豆适宜及高度适宜种植区。

3. 水稻商品粮基地　集中在东部瑚布图河沿岸、绥芬河下游地区和大肚川河沿岸地区，有三岔口镇、东宁镇、大肚川镇等。该地区水源条件好，水稻连片种植，集约化程度较高，产量稳定。

七、种植业分区

（一）中部平原玉、豆、稻、经作区

该区是耕地地力评价一级、二级、三级地集中区，也是东宁市中高产田主要分布区，是大豆、玉米、水稻适宜及高度适宜种植区，包括东宁镇、三岔口镇、大肚川镇，面积约为 20 440 公顷，占总耕地面积的 42.06%。该区粮豆产量水平为：玉米 9 000~10 000 千克/公顷，大豆 2 250~2 400 千克/公顷，水稻 7 500~8 000 千克/公顷。立地条件、土壤属性等条件良好，是东宁市粮豆主产区。本着用养相结合的原则，充分考虑轮作制度，采用玉-玉-豆轮作方式，玉米、大豆比例为 2∶1。

（二）南部、东部丘陵漫岗玉、豆、稻、杂粮区

该区是耕地地力评价二级、三级、四级地集中区，是东宁市中产田主要分布区，是大豆、玉米适宜及勉强适宜种植区，包括老黑山镇、道河镇、东宁镇、三岔口镇、大肚川镇，面积约为 18 100 公顷，占总耕地面积的 37.25%。该区粮豆产量水平为：玉米 7 000~8 000 千克/公顷，大豆 1 950~2 100 千克/公顷。立地条件、土壤属性等条件较好，是东宁市粮豆次产区。同样要本着用养相结合的原则，充分考虑轮作制度，采用玉-玉-豆、玉-豆-杂轮作方式，玉米、大豆比例为 2∶1。

（三）西部、北部高山冷凉豆、薯、瓜区

该地区是耕地地力评价的四级、五级地集中区，也是东宁市低产田分布区，在这个区域同时也是大豆、玉米勉强适宜及不适宜区，包括道河镇、老黑山镇、绥阳镇，面积约为 9 720 公顷，占总耕地面积的 20.69%。该区粮豆产量水平为：玉米 4 500~6 000 千克/公顷、大豆 1 650~1 800 千克/公顷。本着用养相结合的原则，充分考虑轮作制度，采用玉-玉-豆轮作方式，玉米、大豆比例为 2∶1。特别是在五级地及作物不适宜区，缩小粮豆种植面积及比例，适当选择白瓜、葵花、薯类及绿肥作物，在不适宜种植农作物地区（如坡度大于 10°时）应退耕还林还草。

根据东宁市农业生产现状，特别是种植业结构现状，结合本次对耕地地力养分、地力等级和作物适应性的调查结果进行的分析，以及结合东宁市自然、气候条件、水文、土壤条件等因素，制定不同生产区域、不同土壤类型、不同气候条件等各种技术措施，发挥区域优势，得出适合东宁市作物生长的合理种植业结构总局，合理的种植结构，将推进东宁市农业生产快速发展，对增加全市粮食总产量，加快县域经济建设具有非常重要的意义。

附录 3　东宁市耕地地力评价与平衡施肥专题报告

一、概　　况

东宁市是国家资源富县，国家无公害农业生产基地县。本次耕地地力评价耕地面积为48 592.63 公顷（不包含县属、省属耕地面积），其中，旱田面积 44 976.63 公顷，占92.6%；水田面积 3 616.0 公顷，占 7.4%。在国家及省、市的支持下，粮豆生产发展迅速，产量大幅度提高。1949 年全市粮食总产仅 2.44 万吨，1952 年全县粮食总产 3.65 万吨，1957 年全县粮食总产 2.7 万吨，1962 年全县粮食总产 3.1 万吨，受自然灾害影响，粮食生产出现滑坡，1965 年粮食总产 4.86 万吨，之后东宁市粮食总产逐年增加，到 1984年总产增加至 8.67 万吨。1985 年以后，东宁市农村社会化服务体系不断加强和完善，农业基础设施建设得到长足发展。大力推广和普及农业科技、提高农业科技成果转化率、延长土地承包期、落实中央"两补一免"（良种补贴，粮食直补，免除农业税）等一系列政策措施，极大地调动了农民的生产积极性，粮食产量和经济作物产量不断增长，粮食总产量由 1986 年的 8.942 0 万吨，增长至 2005 年的 15.455 3 万吨，增长 1.73 倍。其中化肥施用量的逐年增加是促使粮食增产的重要因素之一。1987 年全市化肥施用量为 0.475 4 万吨，粮食总产为 9.351 1 万吨；1999 年化肥施用量增加到 1.134 8 万吨，粮食总产增加到11.845 1 万吨；2010 年化肥施用量增加到 1.264 1 万吨，粮食总产达到 19.846 3 万吨。这23 年间，化肥年施用量增加了 0.788 7 万吨，粮食总产量增加了 10.495 2 万吨，可以说化肥的使用已经成为促进粮食增产不可取代的一项重要措施（附表 3-1）。

附表 3-1　1986—2011 化肥施用与粮食产量对照

单位：吨

年份	化肥施用量（实物量）	化肥施用量（折纯量）	粮食作物产量
1986	4 486	2 172.6	89 420
1987	4 754	2 285.1	93 511
1988	5 622	2 655.1	70 393
1989	4 932	2 439.6	92 542
1990	6 616	3 214	105 106
1991	7 172	3 673.7	88 927
1992	7 620	3 857.7	89 558
1993	8 764.2	4 142	84 069
1994	9 669.8	4 570	102 266
1995	7 183	4 273	104 645
1996	7 636	4 681	125 949
1997	8 792	4 318	92 507

（续）

年份	化肥施用量（实物量）	化肥施用量（折纯量）	粮食作物产量
1998	11 634.3	4 469	140 588
1999	11 348	4 359	118 451
2000	10 530	4 529	140 733
2001	10 975.3	5 187	151 417
2002	13 200	4 809	128 536
2003	14 844	4 800	85 638
2004	12 046	5 693	113 759
2005	12 200	6 239.5	154 553
2006	11 311	6 085.3	156 869
2007	11 483	6 177.9	123 872
2008	13 670	7 354.5	150 317
2009	11 090	5 966.4	158 843
2010	12 641	6 088.9	198 463
2011	11 210	6 031	177 084

（一）开展专题调查的背景

东宁市垦殖已有 100 多年的历史，肥料应用是在新中国成立后才开始。从肥料应用和发展历史来看，大致可分为 4 个阶段：

1. 早期　东宁市的早期农田，因土地新辟、土质肥沃，都不施肥。新中国成立后，因土地耕种了几十年，地力减退，不施肥就得减产，1950 年全县采取大堆自然发酵的办法积造粪肥，作为粮食生产的底肥；1958 年开始挖草炭土过圈；1965 年全县推广高温造肥；从 1953 年开始使用化肥，主要有氮肥—硫铵；1966 年以后逐渐使用硝铵、碳铵、硫酸铵、过磷酸钙、三料、磷酸二铵、尿素等，并开始氮、磷配合应用，粮食产量大幅度增加。

2. 20 世纪 70 年代　施肥仍以有机肥为主、化肥为辅，但氮肥、钾肥、复合肥等化学肥料开始普遍运用，使开垦二三十年的农田土壤有机质明显下降，全市耕地有机质含量普遍在 30 克/千克以下，严重影响粮食产量。为提高产量，全市各乡（镇）（原人民公社）改进积肥方法，确定施肥制度，广辟肥源，大力开展积肥、造肥活动，增加施肥量。此时期，全市农家肥施用量年均 52 万立方米，公顷施肥 15 吨左右，但施肥主要集中在近地和高产作物地里，且粪肥质量差，满足不了作物生长需要。到了 20 世纪 70 年代末，三料、磷酸二铵、尿素和复合肥等化学肥料开始大量应用到耕地中，以氮肥为主，氮磷肥混施，有机肥和化肥混施，提高了化肥利用率，增产效果显著，粮食产量不断增长。

3. 20 世纪 80～90 年代　中共十一届三中全会后，农民有了土地的自主经营权，随着化肥在粮食生产中作用的显著提高，农民对化肥产生了强烈的需求。80 年代以来，东宁市农业用肥发生了变化，从粪肥当家到有机肥与无机肥相结合，呈现出多元化的发展趋势：使用化肥的品种和数量逐年增加；使用农家肥和秸秆还田以提高地力；氮、磷、钾的配施在农业生产中得到应用，氮肥主要是硝铵、尿素、硫铵，磷肥以磷酸二铵为主；钾肥、复合肥、微肥、生物肥和叶面肥推广面积也逐渐增加。这些都为农业增产增收创造了良好的条件。

4. 20 世纪 90 年代至今　随着农业部测土配方施肥技术的深化和推广，针对当地农业生产实际进行了施肥技术的重大改革，开始对全市耕地土壤进行化验分析，根据土壤测试结果，结合"3414"等田间肥效研究试验，形成相应配方，指导农民科学施用肥料，实现了氮、磷、钾和微量元素的配合使用。2010 年化肥施用量增加到 1.264 1 万吨，从 1987 年到 2010 年这 23 年间，化肥年用量增加了 0.788 7 万吨，增长 165.90%，平均每年增长 342.91 吨。

（二）开展专题调查的必要性

耕地是作物生长的基础，了解耕地土壤的地力状况和供肥能力是实施平衡施肥最重要的技术环节，因此开展耕地地力评价，查清耕地的各种营养元素的状况，对提高科学施肥技术水平，提高化肥利用率，改善作物品质，防止环境污染，维持农业可持续发展等都有着重要的意义。

所谓平衡施肥，就是根据土壤测试、田间试验数据，吸收已有的施肥经验，根据农作物需肥规律，养分利用系数，合理确定适用于不同土壤类型，不同作物、品种，提出氮、磷、钾及中微量元素的适宜比例和肥料配方。

1. 开展耕地地力调查，提高平衡施肥技术水平，是稳定粮食生产、保证粮食安全的需要　保证和提高粮食产量是人类生存的基本需要。粮食安全不仅关系到经济发展和社会稳定，还有深远的政治意义。近几年来，我国一直把粮食安全作为各项工作的重中之重，随着经济和社会的不断发展，耕地逐渐减少和人口不断增多的矛盾将更加激烈。21 世纪人类将面临粮食等农产品不足的巨大压力，作为农业技术推广部门，必须不断探讨引进、推广新技术，保证粮食的持续稳产和高产。平衡施肥技术是节本增效、增加粮食产量的一项重要技术。随着作物品种的更新、布局的变化，土壤的基础肥力也发生了变化，在原有基础上建立起来的平衡施肥技术体系已不能适应新形势下粮食生产的需要，必须结合本次耕地地力调查和评价结果，对平衡施肥技术进行重新研究，制定适合本地生产实际的平衡施肥技术措施。

2. 开展耕地地力调查，提高平衡施肥技术水平，是增加农民收入的需要　东宁市是农业县，粮食生产收入占农民收入的很大比重，尤其是边远地区的农民，粮食生产的收入更是维持农民生产和生活所需的根本。在现有条件下，自然生产力低下，农民不得不靠投入大量化肥来维持粮食的高产。目前化肥投入占整个生产投入的 50% 以上，但化肥效益却逐年下降。只有对全市的耕地地力进行认真的调查与评价，更好地发挥平衡施肥技术增产潜力，提高化肥利用率，以达到增产增收的目的。

3. 开展耕地地力调查，提高平衡施肥技术水平，是发展绿色农业的需要　随着中国加入 WTO（世界贸易组织），对农产品质量提出了更高的要求，农产品流通不畅就是由于质量低、成本高造成的。农业生产必须从单纯地追求高产、高效向绿色（无公害）农品方向发展，这对施肥技术提出了更高、更严格的要求，这些问题的解决都必须要求了解和掌握耕地土壤肥力状况、掌握绿色（无公害）农产品对肥料施用的质化和量化的要求。

所以，必须进行平衡施肥的专题研究。

二、调查方法和内容

（一）布点与土样采集

依据《耕地地力调查与质量评价技术规程》，利用东宁市的土壤图、基本农田保护图和土地利用现状图叠加产生的图斑作为耕地地力调查的调查单元。本次参与评价的东宁市6个乡（镇）的基本农田面积为48 592.63公顷，按照65～100公顷一个采样点的原则，样点布设覆盖了全市所有的村、屯及土壤类型。土样采集是在秋收后进行的。在选定的地块上进行采样，大田采样深度为0～40厘米，每块地平均选取15个点，用四分法留取土样1千克做化验分析，并用GPS定位仪进行定位，采集土壤样品1 079个。

（二）调查内容

布点完成后，按照农业部测土配方施肥技术规范中的"测土配方施肥采样地块基本情况调查表""农户施肥情况调查表"内容，对取样农户农业生产基本情况进行了详细调查。

三、专题调查的结果与分析

（一）耕地肥力状况调查结果与分析

本次耕地地力调查与质量评价工作，共对1 079个土样的有机质、全氮、全磷、全钾、碱解氮、有效磷、速效钾、有效锌、pH、容重等进行了分析，统计结果见附表3-2。

附表3-2　东宁市耕地养分含量统计

项目	有机质（克/千克）	碱解氮（毫克/千克）	有效磷（毫克/千克）	速效钾（毫克/千克）	pH	全氮（克/千克）
平均值	40.6	180.1	23.0	147	5.9	1.703
最大值	124.7	381.0	102.9	520	7.4	4.866
最小值	2.7	47.0	2.4	45	5.1	0.327

项目	全磷（克/千克）	全钾（克/千克）	有效锌（毫克/千克）	有效铜（毫克/千克）	有效铁（毫克/千克）	有效锰（毫克/千克）
平均值	0.680	21.4	4.38	3.87	191.5	63.4
最大值	1.740	60.1	34.04	25.66	611.6	196.4
最小值	0.123	8.6	0.49	0.77	33.8	5.5

与第二次土壤普查时相比较，有效磷和碱解氮含量有所增加（因为近年来化学肥料的使用量逐年上升，导致土壤酸化，碱解氮呈上升趋势），其余各项均为下降趋势。主要原因是地力过度消耗，重施无机肥，轻施有机肥，施肥比例不合理，磷酸二铵施用量过大。耕地养分变化情况见附表3-3及附图3-1。

附表 3-3　东宁市耕地养分平均值对照

	有机质 (克/千克)	碱解氮 (毫克/千克)	有效磷 (克/千克)	速效钾 (毫克/千克)	全氮 (克/千克)	全磷 (克/千克)
本次耕地地力调查	40.6	180.1	23.02	147	1.703	0.680
第二次土壤普查	45.7	136.7	7.60	226	2.117	1.967

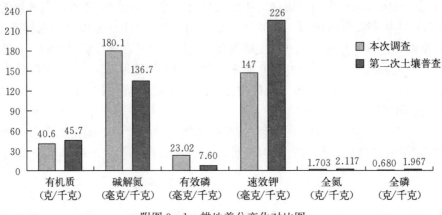

附图 3-1　耕地养分变化对比图

1. 土壤有机质　调查结果表明，耕地土壤有机质平均含量 40.6 克/千克，变幅为 2.7~124.9 克/千克；第二次土壤普查时为 45.7 克/千克，有机质平均下降 5.1 克/千克，下降比例 11.14%。

2. 碱解氮　调查结果表明，耕地土壤碱解氮平均含量 180.1 毫克/千克，变幅为 47.0~381.0 毫克/千克；第二次土壤普查时为 136.7 毫克/千克，碱解氮平均上升 43.4 毫克/千克，上升比例 31.71%。究其原因，主要是近年来化学肥料的使用量逐年上升，导致土壤酸化，有利于氮素有效化。

3. 有效磷　调查结果表明，耕地土壤有效磷平均含量 23.0 毫克/千克，变幅为 2.4~102.9 毫克/千克；第二次土壤普查时为 7.6 毫克/千克，有效磷平均上升 15.4 毫克/千克，上升比例 201.31%。原因为施肥比例不合理，追求片面生产效益，磷酸二铵施用量过大，土壤产生拮抗作用，磷素长年累积形成。

4. 速效钾　调查结果表明，耕地土壤速效钾平均含量 147 毫克/千克，变幅为 45~520 毫克/千克；第二次土壤普查时为 226 毫克/千克，速效钾平均下降 79 毫克/千克，下降比例 34.85%。

5. 土壤全氮　调查结果表明，耕地土壤全氮平均含量 1.703 克/千克，变幅为 0.327~4.866 克/千克；第二次土壤普查时为 2.117 克/千克，全氮平均下降 0.414 克/千克，下降比例 19.56%。

6. 土壤全磷　调查结果表明，耕地土壤全磷平均含量 0.680 克/千克，变幅为 0.123~1.740 克/千克；第二次土壤普查时为 1.967 克/千克，全磷平均下降 1.287 克/千克，下降比例 65.43%。

（二）施肥情况调查结果与分析

本次调查农户肥料施用情况，共计调查 1 079 户农民。见附表 3-4。

附表 3-4　东宁各类作物施肥情况统计

单位：千克/公顷

施肥量	N	P_2O_5	K_2O	$N：P_2O_5：K_2O$
大豆	27.0	69.0	25.0	1：2.56：0.93
玉米	105.0	92.0	25.0	1：0.88：0.24
水稻	119.0	69.0	50.0	1：0.58：0.42

在调查的 1 079 户农户中，只有不足 200 户施用有机肥，占总调查户数的 18.5%。农肥施用比例低、施用量少，主要是禽畜过圈粪和土杂肥等，处于较低水平。东宁市 2010 年每公顷耕地平均施用化肥 260.14 千克，氮、磷、钾肥的施用比例 1：0.88：0.33，与科学施肥比例相比还有一定的差距；从肥料品种看，东宁市的化肥品种已由过去的单质尿素、磷酸二铵、钾肥向高浓度复合化、长效化复合（混）肥方向发展，复合肥比例已上升到 33.5% 左右。近几年叶面肥、微肥也有了一定范围的推广应用，主要用于瓜菜类，其次用于玉米、水稻、大豆。

四、耕地土壤养分与肥料施用存在的问题

1. 耕地土壤养分失衡　本次调查表明，东宁市耕地土壤中养分呈不平衡消涨，土壤有机质下降 11.14%，土壤有效磷上升 201.31%，土壤速效钾下降 34.85%。

耕地土壤有机质不断下降的原因是，开垦的年限比较长，近些年有机肥施用数量过少，而耕地单一施用化肥的面积越来越大，土壤板结、通透性能差，致使耕地土壤越来越硬；农机田间作业质量下降，耕层越来越浅，致使土壤失去了保肥保水的性能。

土壤有效磷含量增加的原因是以前大面积过量施用磷酸二铵，并且因磷的利用率较低（不足 20%），使磷素在土壤中富集。

土壤速效钾含量下降的原因是以前只注重氮、磷肥的投入，忽视钾肥的投入，钾素成为目前限制作物产量的主要限制因子。

2. 重化肥轻农肥的倾向严重，有机肥投入少、质量差　目前，农业生产中普遍存在着重化肥轻农肥的现象，过去传统的积肥方法已不复存在。由于农村农业机械化的普及提高，有机肥源相对集中在少量养殖户家中，这势必造成农肥施用的不均衡和施用总量的不足。在农肥的积造上，由于没有专门的场地，农肥积造过程基本上是露天存放，风吹雨淋造成养分的流失，使有效养分降低，影响有机肥的施用效果。

3. 化肥使用比例不合理　部分农民不根据作物的需肥规律和土壤的供肥性能进行科学合理施肥，大部分盲目施肥，造成施肥量偏高或不足，影响产量水平的发挥。有些农民为了省工省时，没有从耕地土壤的实际情况出发，采取一次性施肥，不追肥，这样对保水保肥条件不好的瘠薄性地块，容易造成养分流失和脱肥现象，抑制作物产量。

五、平衡施肥规划和对策

（一）平衡施肥规划

依据《耕地地力调查与质量评价技术规程》，东宁市基本农田分为 5 个等级。见附表 3-5。

附表 3-5　各利用类型基本农田统计

地力分级	地力综合指数分级（IFI）	耕地面积（公顷）	占基本农田面积（%）	产量（千克/公顷）
一级	＞0.84	5 375.05	11.06	9 000～10 500
二级	0.762～0.84	12 589.82	25.91	7 500～9 000
三级	0.685～0.762	14 473.68	29.79	6 000～7 500
四级	0.617～0.685	12 588.08	25.90	4 500～6 000
五级	＜0.617	3 566.0	7.34	＜4 500

根据各类土壤评等定级标准，把东宁市各类土壤划分为 3 个耕地类型。

高产田土壤：东宁市一级地和东宁、三岔口、大肚川三镇的二级地属高产田土壤。

中产田土壤：绥阳镇、道河镇、老黑山镇等三镇的二级地和全部三级地以及东宁、三岔口两镇的四级地为中产田土壤。

低产田土壤：绥阳、道河、老黑山、大肚川四镇四级地和全部五级地为低产田土壤。

根据 3 个耕地土壤类型制定东宁市平衡施肥总体规划。

1. 玉米平衡施肥技术　根据东宁市耕地地力等级、玉米种植方式、产量水平及有机肥使用情况，确定东宁市玉米平衡施肥技术指导意见。暗棕壤区玉米施肥模式见附表 3-6，白浆土区玉米施肥模式见附表 3-7。

附表 3-6　暗棕壤区玉米施肥模式

单位：千克/公顷

地力等级	分区代码	目标产量	有机肥	N	P_2O_5	K_2O	N、P、K 比例
高产田施肥区	3-3-2	10 000	22 500	87.4	73.6	55.0	1∶0.84∶0.63
中产田施肥区	3-3-2	8 500	22 500	82.8	69.0	47.5	1∶0.83∶0.57
低产田施肥区	2-3-3	6 500	22 500	69.0	59.8	40.0	1∶0.87∶0.58

附表 3-7　白浆土区玉米施肥模式

单位：千克/公顷

地力等级	分区代码	目标产量	有机肥	N	P_2O_5	K_2O	N、P、K 比例
高产田施肥区	3-3-3	10 000	22 500	103.5	78.2	80.0	1∶0.76∶0.77
中产田施肥区	2-3-3	8 500	22 500	80.5	75.9	75.0	1∶0.94∶0.93
低产田施肥区	3-3-3	6 500	22 500	87.4	64.4	50.0	1∶0.74∶0.57

在肥料施用上，提倡底肥和追肥相结合。氮肥：全部氮肥的 1/3 做底肥，2/3 做追肥。磷肥：全部磷肥做底肥。钾肥：全部做底肥，随氮肥和磷肥深层施入。

2. 水稻平衡施肥技术　根据东宁市水稻土地力分级结果，作物生育特性和需肥规律，提出水稻土施肥技术模式。见附表 3-8。

附表 3-8　水稻施肥技术模式

单位：千克/公顷

地力等级	分区代码	目标产量	有机肥	N	P_2O_5	K_2O	N、P、K 比例
草甸土型水稻土区	4-3-3	8 500	22 500	103.5	69.0	50.0	1：0.67：0.48
冲积土型水稻土区	4-4-4	8 500	22 500	115.0	82.8	67.5	1：0.72：0.59

根据水稻氮素的两个高峰期（分蘖期和幼穗分化期），采用前重、中轻、后补的施肥原则。前期 40% 的氮肥做底肥，分蘖肥占 30%，粒肥占 30%。磷肥：做底肥一次施入。钾肥：底肥和粒肥分别占 60% 和 40%。

3. 大豆平衡施肥技术　根据东宁市耕地地力等级、大豆种植方式、产量水平及有机肥使用情况，确定东宁市大豆平衡施肥技术指导意见。暗棕壤区大豆施肥模式见附表 3-9，白浆土区大豆施肥模式见附表 3-10。

附表 3-9　暗棕壤区大豆施肥模式

单位：千克/公顷

地力等级	分区代码	目标产量	有机肥	N	P_2O_5	K_2O	N、P、K 比例
高产田施肥区	3-3-2	2 625	22 500	32.2	64.4	30.0	1：2.00：0.93
中产田施肥区	3-3-2	2 400	22 500	30.4	62.1	25.0	1：2.04：0.82
低产田施肥区	2-3-3	2 250	22 500	23.0	59.8	32.5	1：2.60：1.41

附表 3-10　白浆土区大豆施肥模式

单位：千克/公顷

地力等级	分区代码	目标产量	有机肥	N	P_2O_5	K_2O	N、P、K 比例
高产田施肥区	3-3-3	2 625	22 500	37.3	66.7	37.5	1：1.79：1.01
中产田施肥区	2-3-3	2 400	22 500	28.1	64.4	31.5	1：2.29：1.12
低产田施肥区	3-3-3	2 250	22 500	30.4	62.1	30.5	1：2.04：1.00

在肥料施用上将全部的氮、磷、钾肥用作底肥，并在生育期间喷施 2 次叶面肥。

（二）平衡施肥对策

通过开展耕地地力调查与评价、施肥情况调查和平衡施肥技术调查，总结出东宁市总体施肥概况为：总量偏高，比例失调，方法不尽合理。具体表现在氮肥普遍偏高，钾肥相对不足。根据东宁市农业生产情况，确定东宁市科学合理施肥的总原则是：不同产量区制定不同的施肥原则，区别对待。高产、中产田施肥区：在增施有机肥基础上，氮、磷、钾肥配合施用；低产田施肥区：在增施有机肥基础上，合理施用化肥，做到控氮、增磷、增钾；水田施肥区：注意用地、养地相结合，大力推行秸秆还田技术，在增施有机肥基础上，氮、磷、钾配合施用，适当增加钾肥施用量。

1. 增施优质有机肥料，保持和提高土壤肥力 从农业可持续发展战略大局出发，做好用地养地规划，发展生态效益型农业，制定沃土工程的近期和远期目标。一是在根茬还田的基础上，逐步实现高根茬还田，增加土壤有机质含量；二是大力发展畜牧业，通过过腹还田，补充、增加堆肥、沤肥数量，提高肥料质量；三是大力推行规模化、标准化畜禽养殖场，将粪肥工厂化处理，发展有机复合肥生产，实现有机肥的产业化、商品化；四是针对不同类型土壤制定出不同的技术措施，并对这些土壤进行跟踪化验，建立技术档案，设置耕地地力监测点，监测观察结果。

2. 加大平衡施肥的配套服务 推广平衡施肥技术，关键在技术和物资的配套服务。解决有方无肥、有肥不专的问题，实行"测、配、产、供、施"一条龙服务，把平衡施肥技术落到实处。通过建立配肥站，生产出各施肥区域所需的专用型肥料，使农民依据配肥站贮存的技术档案能购买到自己所需的配方肥，确保技术实施到位。

3. 制定和实施耕地保养的长效机制 尽快制定出适合当地农业生产实际，能有效保护耕地资源，提高耕地质量的地方性政策法规，建立科学耕地养护机制，使耕地利用向良性方向发展。

附录 4 东宁市耕地地力评价工作报告

东宁市位于黑龙江省的最南端，因位于宁古塔之东而得名，地理坐标为北纬 43°25′24″～44°49′40″，东经 130°19′40″～131°18′06″。隶属于牡丹江市，位于牡丹江市的东南部，气候温暖湿润，素有"塞北江南"之美誉。东宁市西北与穆棱市相接、西南与吉林省汪清县、珲春市相邻、东部与俄罗斯接壤，边境线长 179 千米，是东北亚国际大通道上重要的交通枢纽。清朝末期便有对俄贸易口岸，是国家一类陆路口岸，全国资源富县，全国无公害农业生产基地县，国家级生态示范区、国家科技进步示范县、全国文明县和中国黑木耳第一县。全市共有 6 镇，102 个行政村，总面积为 7 116.89 平方千米，本次耕地地力评价耕地面积为 48 592.63 公顷，2010 年粮食总产为 1.985 亿千克，人均收入 19 050 元。全市 6 个镇均纳入了本次耕地地力评价工作，县属其他国有林场、农牧场、森工局没有纳入本次评价范围。全市主要耕地土壤类型有 7 种，其中，暗棕壤土类耕地面积占总耕地面积的 46.22%，白浆土土类耕地面积占总耕地面积的 25.76%，其他土类耕地面积占总耕地面积 28.02%。多年来，东宁市的耕地经历了从盲目开发到科学可持续利用的过程，适时开展耕地地力评价是发展效益农业、生态农业、可持续发展农业的有利举措。

一、耕地地力评价的目的与意义

耕地地力评价是利用测土配方施肥调查数据，结合第二次土壤普查成果，通过县域耕地资源管理信息系统，建立县域耕地隶属函数模型和层次分析模型，并采用综合指数法对东宁市耕地进行地力评价。开展耕地地力评价是测土配方施肥补贴项目的一项重要内容，是摸清耕地资源状况，提高土地生产力和耕地利用效率的基础性工作；对促进和指导东宁市现代农业发展具有一定的指导意义。

（一）耕地地力评价推进测土配方施肥技术深入发展

测土配方施肥不仅是一项技术，更是提高施肥效益、实现肥料资源优化配置的一项基础性工作。不论是面对千家万户，还是面对规模化的生产，为生产者施肥提供指导都是一项任务繁重的工作。东宁市现有的技术推广服务模式从范围和效果上都难以适应此项工作的要求，必须利用现代技术，采用多种形式为农业生产者提供有效、便捷的咨询和指导服务。以县域耕地资源管理信息系统为基础，参考第二次土壤普查、肥料田间试验和测土配方施肥项目数据，建立测土配方施肥指导信息系统，从而达到科学划分施肥分区、提供因土因作物合理施肥建议，通过网络等方式为农业生产者提供及时、有效的技术服务。因此，开展耕地地力评价是测土配方施肥不可或缺的环节。

（二）耕地地力评价可掌握耕地资源质量动态变化

东宁市的第二次土壤普查工作，取得了丰富的资料和详尽的数据，对全市的农业生产起到了很好的指导作用。但是，随着时间的推移，先进技术的推广应用，使东宁市耕地质量状态发生了很大的改变。所以对东宁市目前的耕地质量状态的全局情况掌握已不十分清楚，有时会对农业生产决策造成影响。通过开展耕地地力评价工作，充分发掘整理第二次土壤普查资料，结合本次测土配方施肥项目所获得的大量养分监测数据和肥料试验数据，建立县域耕地资源管理信息系统，可以有效地掌握耕地质量状态，逐步建立和完善耕地质量的动态监测与预警体系，系统地摸索不同耕地类型土壤肥力演变与科学施肥规律，为加强耕地质量建设提供依据。

（三）耕地地力评价是加强耕地质量建设的基础

耕地地力评价结果可以清楚地揭示不同等级耕地中存在的主导障碍因素及其对粮食生产的影响程度。因此，这也可以说是一个决策服务系统。全面把握耕地的质量状态，使我们能够根据改良的难易程度和规模，做出先易后难的正确决策。同时，也能根据主导障碍因素，提出更有针对性的改良措施，从而使决策更具科学性。

耕地质量建设对保证粮食安全生产具有十分重要的意义。没有肥沃的耕地，就不可能全面提高粮食单产。耕地数量下降和粮食需求总量增长的矛盾，决定了我们必须提高粮食单产。受人口增长、养殖业发展和工业需求拉动的影响，粮食消费快速增长。近10年我国粮食需求总量一直呈刚性增长，尤其是工业用粮数量增长较快，并且对粮食的质量提出新的更高要求。

随着测土配方施肥项目的常规化，我们可以不断获得新的养分状况数据，不断更新耕地资源管理信息系统，及时掌握耕地质量状态。因此，耕地地力评价是加强耕地质量建设的必不可少的基础工作。

（四）耕地地力评价是促进农业可持续发展的保障

耕地地力评价因素都是影响耕地生产能力的土壤性状和土壤管理等方面的自然要素，如耕地的土壤养分含量、立地条件、剖面性状、障碍因素和灌溉、排水条件等，这些因素本身就是我们决定种植业布局时需要考虑的因素。耕地地力评价为调整种植业布局，实现农业资源的优化配置提供了便利的条件和科学的手段，使不断促进农业资源的优化配置成为可能。

东宁市属于传统农业县，现有土地面积711 689.21公顷，耕地面积48 592.63公顷。在国家的支持下，农业生产发展速度很快。在我国已加入WTO和国内的农业市场经济已逐步确立的新形势下，东宁市的农业生产已经进入了一个新的发展阶段。近几年来，东宁市的种植业结构调整已稳步开始，无公害生产基地建设已开始启动，特别是2004年中央1号文件的贯彻执行，"两补一免"政策的落实，极大地调动了广大农民种粮的积极性。大力发展农业生产，促进农村经济繁荣，提高农民收入，已经变成了东宁市广大干部和农民的共同愿望。但无论是进一步增加粮食产量，提高农产品质量，还是进一步优化种植业结构，建立无公害农产品生产基地以及各种优质粮食生产基地，都离不开农作物赖以生长发育的耕地，都必须了解耕地的地力状况及其质量状况。

在第二次土壤普查后20多年的过程中，农村经营管理体制、耕作制度、作物品种、种植结构、产量水平、肥料使用品种和数量、病虫害防治手段等许多方面都发生了巨大的变化。这些变化对耕地的土壤肥力以及环境质量必然会产生巨大的影响。然而，在这20多年的过程中，对全市的耕地土壤却没有进行过全面调查，仅在20世纪90年代进行了测土配方施肥，因此东宁市开展本次耕地地力调查与质量评价，是继两次全国性土壤普查后一次更全面的普查，经过 2 年多的努力基本摸清新形势下全市的耕地养分及中、微量元素状况、耕地生产能力和地力因素分布特征，并建立了东宁市耕地资源信息管理系统，为测土配方施肥技术推广应用、合理利用耕地等提供科学支撑，为农业综合开发、农业结构调整、农业科技研究和新型肥料的开发提供了科学依据，为东宁市粮食安全、建设高标准基本农田、生产无公害农产品和绿色农产品、提高农业效益、保持农村稳定、促进农业的可持续发展服务。

二、工作组织与方法

开展耕地地力调查和质量评价工作，是东宁市在农业生产进入新阶段的一项基础性工作。根据农业部制定的《全国耕地地力评价总体工作方案》和《耕地地力调查与质量评价技术规程》的要求，东宁市从组织领导、方案制订、资金协调等方面都做了周密的安排，做到了组织领导有力度，每一步工作有计划，资金提供有保证。

（一）建立领导组织

1. 成立工作领导小组　本次耕地地力评价工作受到了东宁市市委、市政府的高度重视，按照黑龙江省土壤肥料管理站的统一要求，成立了东宁市"耕地地力评价"工作领导小组，由政府副市长肖长旭任组长，市农业局局长姜世军和农业局副局长兼农业技术推广中心主任秦海玲任副组长。领导小组负责组织协调、制订工作计划、落实人员、安排资金、指导全面工作。

（1）东宁市耕地地力调查与评价领导小组

组　长：肖长旭　东宁市人民政府副市长

副组长：姜世军　东宁市农业局局长

　　　　秦海玲　东宁市农业技术推广中心主任

成　员：全允基　王崇林　李家全　程彩霞　孙　宁

（2）东宁市耕地地力调查与评价技术小组

组　长：秦海玲　东宁市农业技术推广中心主任

副组长：全允基　东宁市农业技术推广中心副主任

　　　　王崇林　东宁市农业技术推广中心副主任

　　　　程彩霞　东宁市农业技术推广中心土肥站站长

成　员：孙　宁　李得明　霍金宝　赵星民　戴兴玉　王希明

东宁市耕地地力评价野外调查小组

组　长：程彩霞

成　员：孙　宁　李得明　霍金宝　赵星民　戴兴玉　王希明

东宁市耕地地力调查与评价分析测试小组

组　长：程彩霞

成　员：孙　宁　李得明　霍金宝　赵星民　戴兴玉　王希明　彭旭红　闫正萍

　　　　姜清河　朱海英　高　媛　马明春　张维红　朱正霞　李淑芝　刘海霞

　　　　李淑芹　柴桂香　郑胜吉　刘晓芳　郑世文　尚书飞　王希君

东宁市耕地地力数据管理小组

组长：李得明

成员：程彩霞　闫正萍　孙　宁

东宁市耕地地力调查与评价专家评价组成员

秦海玲　全允基　王崇林　程彩霞　孙宁　李得明　霍金宝　赵星民　戴兴玉

东宁市耕地地力调查与评价技术报告编写组人员

程彩霞　孙　宁　李得明　闫正萍

（3）东宁市耕地地力评价顾问专家

辛洪生　汪君利　汤彦辉

2. 成立项目工作办公室　在领导小组的领导下，成立了"东宁市耕地地力调查与评价"工作办公室。办公室设置在农业技术推广中心，由市农业技术推广中心主任任主任，推广中心副主任和土肥站站长任副主任，办公室成员由土肥站人员和各镇农技站长组成。工作办公室按照领导小组的工作安排具体组织实施。办公室制订了"东宁市耕地地力调查与评价工作方案"，编排了"东宁市耕地地力调查与评价工作日程"。办公室下设野外调查组、技术培训组、分析测试组、软件应用组和报告编写组，各组有分工、有协作。

野外调查组由市农业技术推广中心和乡（镇）的农技推广站人员组成。市农业技术推广中心有25人参加，乡（镇）10人参加，分成5组，每个组负责1个镇，全县6个镇共有35人参加了野外调查、样品的采集。农技人员负责采样点的确定、卫星定位、野外调查，村委会代表负责提供本村地块基本情况、采土等。通过检查达到了规定的标准，即样品具有代表性，具有记录完整性（有地点、农户姓名、经纬度、采样时间、采样方法等）。

技术培训组负责参加省里组织的各项培训和对东宁市参加耕地地力评价人员的技术培训。

分析测试组负责样品的制备和测试工作。严格执行国家行业标准或规范，坚持重复实验，保证精密度，每批样品不少于 $10\%\sim15\%$ 重复样，每批测试样品都有标准样或参比样，减少系统误差。从而提高检测样品的准确性。

软件应用组主要负责耕地地力调查与评价的软件应用。

报告编写组主要负责在开展耕地地力调查与评价的过程中，按照省土肥站站《调查指南》的要求，收集东宁市有关的大量基础资料，特别是第二次土壤普查资料。保证编写内容不漏项，有总结、有分析、有建议、有方法等，按期完成任务。

（二）技术培训

耕地地力调查是一项时间紧、技术强、质量高的业务工作。为了使参加调查、采样、化验的工作人员能够正确地掌握技术要领。东宁市及时参加省土壤肥料管理站组织的化验分析人员培训班和推广中心主任、土肥站站长地力评价培训班的学习。继省培训班之后东宁市举办了两期培训班。第一期培训班，主要培训东宁市参加外业调查和采样的人员；第二期培训班，主要培训各乡（镇）、村级参加外业调查和采样的人员。以土样的采集为主要内容，规范采集方法。同时还选派5人去扬州土壤肥料工作站学习地力评价软件和应用程序，为东宁市地力评价打下了良好的基础。

（三）收集资料

1. 数据及文本资料　　主要收集数据资料和文本资料，具有第二次土壤普查成果资料，基本农田保护区划定统计资料，全市各镇、村近 3 年种植面积、粮食单产、总产统计资料，全市各镇历年化肥销售、使用资料，全市历年土壤、植株测试资料，测土配方施肥土壤采样点化验分析及 GPS 定位资料，全市农村及农业生产基本情况资料，同时从相关部门获取了气象、农机、水利等相关资料。

2. 图件资料　　按照黑龙江省土壤肥料管理站《调查指南》的要求，收集了东宁市有关的图件资料，具体图件有东宁市土壤图、东宁市土地利用现状图、东宁市行政区划图和地形图。

3. 资料收集整理程序　　为了使资料更好的成为地力评价的技术支撑，东宁市采取了收集—登记—完整性检查—可靠性检查—筛选—分类—编码—整理—归档等程序。

（四）聘请专家，确定技术依托单位

聘请黑龙江省土壤肥料管理站、农垦地理所作为专家顾问组，这些专家能够及时解决东宁市地力评价中遇到的问题，并提出合理化的建议。在他们的帮助和支持下，圆满地完成了东宁市地力评价工作。

由黑龙江省土壤肥料管理站牵头，以哈尔滨万图信息技术开发有限公司为技术依托单位，完成了图件矢量化和工作空间的建立。

（五）技术准备

1. 确定耕地地力评价因子　　评价因子是指参与评定耕地地力等级的耕地诸多属性。影响耕地地力的因素很多，在本次耕地地力评价中选取评价因子的原则：一是选取的因子对耕地地力有比较大的影响；二是选取的因子在评价区域内的变异较大，便于划分耕地地力的等级；三是选取的评价因素在时间序列上具有相对的稳定性；四是选取评价因素与评价区域的大小有密切的关系。依据以上原则，东宁市农业技术推广中心先后两次召开专家组会议，充分讨论东宁市耕地地力评价因子确定问题，初步确定了 15 个评价因子，后经与黑龙江省专家研究，结合东宁市土壤和农业生产等实际情况，分别从全国共用的地力评价因子中选择出 11 个权重大的评价因子（≥10 ℃积温、地貌类型、坡度、障碍层类型、有效磷、坡向、有机质、质地、pH、速效钾和有效锌）作为东宁市耕地地力评价因子。

2. 确定评价单元　　评价单元是由对耕地质量具有关键影响的各耕地要素组成的空间实体，是耕地地力评价的最基本单位、对象和基础图斑。同一评价单元内的耕地自然基本条件、耕地的个体属性和经济属性基本一致，不同耕地评价单元之间，既有差异性，又有可比性。耕地地力评价就是要通过对每个评价单元的评价，确定其地力级别，把评价结果落实到实地和编绘的土地资源图上。因此，耕地评价单元划分的合理与否，直接关系到耕地地力评价的结果以及工作量的大小。通过图件的叠置和检索，将东宁市耕地地力划分为 4 008 个评价单元。

（六）耕地地力评价

1. 评价单元赋值　　影响耕地地力的因子非常多，并且它们在计算机中的存储方式也不相同，因此如何准确地获取各评价单元评价信息是评价中的重要一环。鉴于此，我们舍弃直接从键盘输入参评因子值的传统方式，根据不同类型数据的特点，通过点分布图、矢量图、等值线图为评价单元获取数据。得到图形与属性相连,以评价单元为基本单位的评价信息。

2. 确定评价因子的权重　在耕地地力评价中,需要根据各参评因素对耕地地力的贡献确定权重。确定权重的方法很多,本次评价中采用层次分析法(AHP)来确定各参评因素的权重。

3. 确定评价因子的隶属度　对定性数据采用 DELPHI 法直接给出相应的隶属度;对定量数据采用 DELPHI 法与隶属函数法结合的方法确定各评价因子的隶属函数。用DELPHI法根据一组分布均匀的实测值评估出对应的一组隶属度,然后在计算机中绘制这两组数值的散点图,再根据散点图进行曲线模拟,寻求参评因素实际值与隶属度关系方程从而建立起隶属函数。

4. 耕地地力等级划分结果　采用累计曲线法确定耕地地力综合指数分级方案。本次耕地地力评价将全市 6 个镇 48 592.63 公顷耕地划分为 5 个等级:一级地 5 375.05 公顷,占耕地总面积的 11.06%;二级地 12 589.82 公顷,占耕地总面积的 25.91%;三级地14 473.68公顷,占耕地总面积的 29.79%;四级地 12 588.08 公顷,占耕地总面积的25.90%;五级地 3 566 公顷,占耕地总面积的 7.33%。全市一级地和绥芬河下游盆地、瑚布图河中下游盆地、大肚川河流域平川地中的东宁、三岔口、大肚川三镇的二级地属高产田土壤,面积为 13 404.21 公顷,占耕地总面积的 27.58%;北部绥阳镇、中部道河镇、西南部老黑山镇 3 个镇高海拔山区的二级地和全部三级地以及东宁、三岔口两镇盆地的四级地为中产田土壤,面积为 21 687.64 公顷,占耕地总面积的 44.63%;绥阳、道河、老黑山、大肚川四镇四级地和全部五级地为低产田土壤,面积为 13 500.78 公顷,占耕地总面积的 27.78%。

5. 成果图件输出　为了提高制图的效率和准确性,在地理信息系统软件 ARCGIS 的支持下,进行耕地地力评价图及相关图件的自动编绘处理。其步骤大致分以下几步:扫描矢量化各基础图件→编辑点、线→点、线校正处理→统一坐标系→区编辑并对其赋属性→根据属性赋颜色→根据属性加注记→图幅整饰输出。另外,还充分发挥 ARCGIS 强大的空间分析功能,用评价图与其他图件进行叠加,从而生成专题图、地理要素底图和耕地地力评价单元图。

6. 归入全国耕地地力等级体系　根据自然要素评价耕地生产潜力,评价结果可以很清楚地表明不同等级耕地中存在的主导障碍因素,可直接应用于指导实际的农业生产,农业部于 1997 年颁布了《全国耕地类型区、耕地地力等级划分》农业行业标准。该标准根据粮食单产水平将全国耕地地力划分为 10 个等级。以产量表达的耕地生产能力,年公顷单产大于 13 500 千克为一级地;年公顷单产小于 1 500 千克为十级地,每 1 500 千克为一个等级。因此,我们将耕地地力综合指数转换为概念型产量。在依据自然要素评价的每一个地力等级内随机选取 10% 的管理单元,调查近 3 年实际的年平均产量,经济作物统一折算为谷类作物产量,将这两组数据进行相关分析,根据其对应关系,将用自然要素评价的耕地地力等级分别归入相应的概念型产量表示的地力等级体系。归入国家等级后,东宁市有四级、五级、六级、七级和八级 5 个国家等级,国家四级地面积 5 375.05 公顷,占耕地总面积的 11.06%;国家五级地面积 12 589.82 公顷,占耕地总面积的 25.91%;国家六级地面积 14 473.68 公顷，占耕地总面积的 29.79％；国家七级地面积 12 588.08 公顷，占耕地总面积的 25.90％；国家八级地面积为 3 566 公顷，占耕地总面积的 7.33％。

7. 编写耕地地力调查与质量评价报告　认真组织编写人员编写技术报告和专题报告，且严格按照全国农业技术推广服务中心《耕地地力评价指南》进行编写，形成了数十万字的耕地地力评价报告和专题报告，使地力评价结果得到规范的保存。

三、主要工作成果

结合测土配方施肥开展的耕地地力调查与评价工作，获取了东宁市有关农业生产大量的、内容丰富的测试数据，调查资料和数字化图件。通过各类报告和相关的软件工作系统，形成了对东宁市农业生产发展有积极意义的工作成果。

1. 文字报告　《东宁市耕地地力评价工作报告》《东宁市耕地地力评价技术报告》《东宁市耕地地力评价专题报告》

2. 数字化成果图　东宁市行政区划图、东宁市土壤图、东宁市土地利用现状图、东宁市采样点位置图、东宁市耕地地力评价等级图、东宁市耕地土壤有机质分级图、东宁市耕地土壤全氮分级图、东宁市耕地土壤全磷分级图、东宁市耕地土壤全钾分级图、东宁市耕地土壤碱解氮分级图、东宁市耕地土壤有效磷分级图、东宁市耕地土壤速效钾分级图、东宁市耕地土壤有效铜分级图、东宁市耕地土壤有效铁分级图、东宁市耕地土壤有效锰分级图、东宁市耕地土壤有效锌分级图和东宁市大豆适宜性评价图。

3. 进一步完善了第二次土壤普查数据资料，建立电子版数据资料库　新形成的耕地地力评价报告是第二次土壤普查《东宁市土壤》更新后的翻版，在内容上比第二次土壤普查更丰富、细化。填补了第二次土壤普查很多空白。在本次地力评价上土壤属性占的篇幅比较多，主要是为了更好地保存第二次土壤普查资料。同时以电子版形式保存起来，方便随时查阅，改变过去翻书查资料的落后现象。

四、主要做法和经验

（一）主要做法

1. 运用高新技术，提高评价质量　为做好本次耕地地力评价工作，东宁市首先从最基础的工作做起，采样前一个月就着手采样布点的准备工作。运用最新的技术，通过土壤图、土地利用现状图与遥感地图进对照。特别是土壤肥料管理站的技术人员，放弃节假日休息时间，按照土种、村屯，无一遗漏，每 30～45 公顷为一个采样单元的采样原则，圆满完成了室内布点及采样的准备工作。在秋收后上冻前，时间紧、任务重、人员少的情况下，大大缩短了采样找点的时间，确保了地力评价采样工作保质保量按时完成。

2. 统一计划，分工协作　耕地地力评价是由多项任务指标组成的，各项任务又相互联系成一个有机的整体，任何一个具体环节出现问题都会影响整体工作的质量。因此，在具体工作中，根据农业部制定的总体工作方案和技术规程，东宁市采取了统一计划，分工协作的做法。按照黑龙江省里制订的统一工作方案，对各项具体工作内容、质量标准、起止时间都提出了具体而明确的要求，并做了详尽的安排。承担不同工作任务的同志根据统一安排，分别制订了各自的工作计划和工作日程，实现了互相之间的协作和各项任务的完美衔接。

（二）主要经验

1. 领导高度重视，各部门全力配合　进行耕地地力评价，需要多方面的资料图件，包括历史资料和现状资料，涉及国土、统计、农机、水利、畜牧、档案、气象等各个部门，在县域内进行这一工作，单靠农业部门很难在这样短的时间内顺利完成。此项工作得到了市委、市政府高度重视和支持，召开了测土配方施肥领导小组和技术小组会议，协调各部门的工作，明确职责，相互配合，形成合力，保证了在较短的时间内，把所有资料备齐，有力地促进了此项工作的开展。

2. 多方征求意见，突出重点工作　耕地地力评价这一工作的最终目的是要对调查区域内的耕地地力进行科学的、实事求是的评价，这是开展这项工作的重点。东宁市在努力保证全面工作质量的基础上，突出了耕地地力评价这一重点。充分发挥专家顾问组的作用，并多方征求意见。东宁市农业技术推广中心专家小组先后两次召开会议，对评价指标的选定、各参评指标的权重等进行了多次研究和探讨，提高了评价的质量。

五、资金管理

耕地地力调查与评价是测土配方施肥项目中的一部分，东宁市严格按照国家农业项目资金管理办法，实行专款专用，不挤不占。该项目使用资金 20.0 万元，其中，国投 17.0 万元，地方配套 3 万元。详见附表 4-1。

附表 4-1　耕地地力调查与评价经费使用明细表

内　容	使用资金（万元）	资金来源（万元）	
		国投	地方配套
野外调查采样费	3.5	3.0	0
样品化验费	6.5	4.0	3
培训、学习费	2.5	2.5	0
图件矢量化	5.5	5.5	0
报告编写材料费	2.0	2.0	0
合　计	20.0	17.0	3.0

六、存在的突出问题与建议

1. 耕地地力评价是一项任务比较艰巨的工作，目前经费严重不足，势必影响评价质量。

2. 原有图件陈旧与现实的生产现状不完全符合，从最新的影像图可以看出，耕地面积和新建立图斑面积有的地方出入较大。

3. 时间紧、任务重，在调查和评价过程中，很多需要再度细化的工作没有完全展开。

总之，本次的耕地地力调查和评价工作，由于人员的技术水平、时间有限，经费不足，有很多数据的调查分析工作不够全面。今后我们要进一步做好此项工作，为保护和提高东宁市耕地地力，保护土壤生态环境，为确保国家粮食安全生产做出新的贡献。

七、东宁市耕地地力评价工作大事记

1. 2008年4月21日，参加黑龙江省测土配方施肥新建项目县双城市采样现场会，参加人员有市农业委员会主任、市农业技术推广中心主任和土肥站站长，会上同时学习了GPS定位仪的定位操作方法。东宁市测土配方施肥工作拉开序幕。

2. 2008年4月23日—31日，由化验室主任程彩霞和彭旭红两人到双城参加黑龙江省土壤肥料管理站举办的第二期化验培训班。

3. 2008年4月25日，由东宁市农委主任纪天生主持，农业副市长陈重及各镇主管领导和全体农技人员参加的测土配方施肥动员会，在会上陈重副市长和农业委员会纪天生主任分别做了重要讲话，给我们农技人员鼓舞了士气。

4. 2008年4月26日，东宁市农业技术推广中心举办了由全体农技人员参加的培训班，在培训班上市农业技术推广中心土肥站站长孙宁讲解了土壤样品的采集技术、标签的填写、野外调查的内容、方法等事宜。

5. 2008年4月28日，开始了测土配方施肥第一次土壤样品的采集工作，全市农技人员全部参加，历时15天，共采集土样2100个。

6. 2008年8月23日，由农业技术推广中心土肥站站长孙宁和副站长李得明两人到双城参加省土壤肥料管理站举办的第三期化验培训班。

7. 2008年10月26日，开始了测土配方施肥秋季的第二次土壤样品采样工作，历时10天，共采集1919个土样。

8. 2009年2月1日，开始对2008年采集的4019个土样进行化验测试，市农业技术推广中心全体人员参加，历时45天。

9. 2009年4月24日，开始了测土配方施肥第三次采样，历时10天，共采集土样2004个。

10. 2009年6月3日，开始对2009年春季采集的2004个土样进行化验，农技推广中心主任张树军带领班子成员全部到化验室当化验员，极大地调动了全体化验人员的积极性，使化验工作进展顺利，历时29天。在7月1日2004个土样化验结束。

11. 2009年7月5日，农业技术推广中心土肥站的技术人员开始着手全市地力评价有关资料和图件的收集。

12. 2009年12月11日，数据库主任李得明到黑龙江省土壤肥料管理站参加测土配方施肥数据汇总与应用技术以及软件应用技术。

13. 2010年5月1日，开始测土配方施肥第四次土壤样品采集，共采土样931个，历时6天。

14. 2010年7月21日，参加黑龙江省土壤肥料管理站在海林召开的耕地地力评价工作会议，参加人员：农技推广中心主任张树军，农业技术推广中心土肥站副站长程彩霞、李得明。

15. 2010 年 9 月 8 日，开始对测土配方施肥第四次土样化验，历时 14 天。

16. 2010 年 9 月 26 日，召开农技推广中心专家组会议，研究地力评价指标，初步定了 15 个评价指标，即≥10 ℃积温、无霜期、坡度、地面坡度、有效土层厚度、耕层厚度、障碍层类型、障碍层厚度、质地、容重、田间持水量、有机质、全氮、有效磷和速效钾。

会议决定：先按照这 15 个指标准备，再从这 15 个指标中选出 10 个指标进行评价，同时研究了土壤剖面的调查方法、调查地点、土壤容重的采集和测定方法。

参加人员：全允基、王崇林、程彩霞、孙宁、李得明、赵星民、戴兴玉、霍金宝

17. 2010 年 9 月 31 日、10 月 1 日—2 日、10 月 9 日—10 日，由程彩霞、李得明、孙宁 3 人进行地力评价土样室内布点，采样按照各土种的面积平均布点，共布了 1 106 个点。先计算出每个土种有多少点，再落实到每个村屯，同时每个村准备了一张明白纸，上有每个土种方位、距村距离、采多少点，还配有简单的方位图，并且准备了采土所需要的工具、材料等。

18. 2010 年 10 月 11 日，开始地力评价土壤样品的采集，历时 12 天，共采集土样 1 106 个。

19. 2010 年 10 月 28 日，开始测土壤容重，历时 19 天。

20. 2010 年 11 月 3 日，在哈尔滨参加黑龙江省召开的数据审核上报会议，7 日结束，参加人员有孙宁、程彩霞、李得明。

21. 2011 年 2 月 14 日，开始对地力评价所采的 1 106 个土样进行化验，化验了土壤的速效养分，全量养分，微量元素的有效铜、有效铁、有效锰、有效锌，4 月 25 日结束，历时 60 天。

22. 2011 年 5 月 3 日，开始土壤剖面调查，聘请了参加过第二次土壤普查的专家郭金洪同志做技术顾问，每个土种挖 1 个剖面，共挖了 32 个剖面，历时 10 天。

23. 2011 年 5 月 14 日，开始收集编写地力评价所需的有关资料。

24. 2011 年 6 月 9 日，由农业技术推广中心土肥站副站长李得明去扬州土壤肥料工作站参加全国农业技术推广中心组织的县域耕地资源管理信息系统应用培训班。

25. 2011 年 7 月 8 日—16 日，农业技术推广中心土肥站站长孙宁和副站长程彩霞 2 人去成都参加黑龙江省土壤肥料管理站组织的植株化验培训班。

26. 2011 年 9 月 4 日，李得明到黑龙江省土壤肥料管理站提交空间数据。

27. 2011 年 9 月 23 日，黑龙江省土壤肥料管理站张凤彬科长、双城农业技术推广中心土肥站罗延平站长、牡丹江土肥站金龙石科长来东宁市检查测土配方施肥工作。

28. 2011 年 10 月 27 日，所有图件数字化完成。

29. 2011 年 10 月 27 日，耕地地力工作空间和评价图完成。

30. 2011 年 9 月 4 日—10 月 23 日，开始耕地地力评价等级及作物产量核查。

31. 2011 年 12 月 1 日—10 日，程彩霞和李得明两人参加全省地力评价报告编写培训以及地力评价空间的完善。

32. 2011 年 12 月 30 日，项目工作报告、技术报告、专题报告的初稿完成。

33. 2012 年 1 月 10 日—16 日，农业技术推广中心主任秦海玲，土肥站站长孙宁、副站长程彩霞和李得明 4 人参加全省地力评价报告的国家验收工作。

34. 2013 年 8 月 10 日—17 日，土肥站副站长闫正萍和马明春 2 人去扬州土壤肥料工作站参加全省县域测土配方施肥专家系统工具软件发放与技术培训班。

35. 2014 年 9 月 14 日—20 日，农业技术推广中心土肥站站长程彩霞去扬州土壤肥料工作站参加全省县域测土配方施肥专家系统工具软件发放与技术培训班。

36. 2015 年 9 月 18 日—20 日，黑龙江省土壤肥料管理站的辛洪生副站长、张晓伟科长、省农业科学院主任李玉江来东宁市检查测土配方施肥标准化验室工作。

37. 2015 年 11 月 23 日—28 日，农业技术推广中心土肥站站长程彩霞去武汉参加全国土壤肥料检测技术与质量控制培训班。

38. 2019 年 6 月 26 日—29 日，农业技术推广中心副主任王崇林和土壤化肥检测室主任张伟 2 人去扬州土壤肥料工作站参加全国县域耕地资源管理信息系统培训班。

附录5　东宁市耕地土壤养分含量表

附表5-1　村级土壤养分（全氮、全磷、全钾、碱解氮）统计

乡（镇）	村名称	样本数	全氮（克/千克）			全磷（克/千克）			全钾（克/千克）			碱解氮（毫克/千克）		
			平均值	最小值	最大值	平均值	最小值	最大值	平均值	最小值	最大值	平均值	最小值	最大值
大肚川镇	西沟村	50	2.316	0.473	4.235	0.517	0.253	0.661	24.0	15.9	34.3	178.5	90.2	296.0
大肚川镇	太平川村	79	2.000	1.368	4.335	0.750	0.566	1.297	16.8	10.6	23.9	209.5	117.6	321.4
大肚川镇	马营村	25	2.720	2.326	2.889	0.898	0.801	0.947	15.9	12.2	17.6	235.4	227.3	237.2
大肚川镇	闹枝沟村	83	2.560	0.856	4.866	0.799	0.488	1.740	27.8	13.5	47.8	238.9	94.1	360.6
大肚川镇	石门子村	91	1.940	0.959	3.011	0.554	0.187	0.990	19.7	9.9	37.8	151.1	86.2	265.3
大肚川镇	团结村	43	1.710	1.021	2.889	0.574	0.276	0.947	29.7	17.2	45.8	156.5	86.2	254.2
大肚川镇	大肚川村	84	1.920	0.901	2.659	0.631	0.123	0.996	28.6	16.3	45.8	182.1	78.4	274.4
大肚川镇	老城子沟村	102	1.820	0.968	2.889	0.635	0.341	1.112	23.8	14.9	36.0	173.2	70.6	250.9
大肚川镇	新城子沟村	77	1.660	1.075	2.287	0.630	0.479	0.867	21.0	14.8	43.8	165.3	101.9	229.8
大肚川镇	煤矿村	41	1.480	1.228	1.815	0.333	0.159	0.567	20.1	17.5	26.4	135.3	109.8	179.8
大肚川镇	太阳升村	46	1.440	0.911	1.906	0.534	0.253	0.640	19.1	12.5	34.3	137.0	109.8	164.6
大肚川镇	李家趟子村	15	1.240	0.706	2.077	0.650	0.243	1.256	28.6	20.7	34.3	124.4	109.8	172.5
大肚川镇	浪东沟村	10	1.340	0.875	1.598	0.417	0.203	0.534	35.2	23.1	57.7	107.8	62.7	139.8
大肚川镇	胜利村	56	1.330	0.794	3.086	0.618	0.387	1.422	24.1	18.4	35.0	146.9	90.2	250.9
道河镇	西村	86	2.040	0.579	2.834	0.871	0.393	1.049	22.5	18.6	37.7	185.7	70.6	239.9
道河镇	奋斗村	11	1.680	0.380	2.834	0.828	0.642	1.028	23.7	20.5	37.7	207.0	146.4	274.4
道河镇	东村	71	1.320	0.353	2.111	0.759	0.548	0.998	24.9	12.3	38.0	189.6	23.5	254.8
道河镇	八里坪村	22	1.750	1.441	2.290	0.767	0.542	0.948	22.2	19.3	24.0	186.4	137.2	254.8
道河镇	通沟村	85	2.070	0.889	3.058	0.642	0.450	0.996	27.6	19.5	60.1	164.6	78.4	263.8
道河镇	岭西村	16	3.230	1.263	3.740	0.953	0.599	1.038	19.0	16.9	24.6	301.2	125.4	352.8
道河镇	道河村	61	1.160	0.696	2.263	0.718	0.498	1.071	27.2	17.7	35.7	145.8	101.9	190.1
道河镇	地营村	28	1.530	0.945	1.858	0.730	0.474	1.098	24.0	19.0	36.7	160.6	125.4	188.2
道河镇	和平村	39	1.860	1.263	2.525	0.693	0.541	0.969	23.6	19.3	29.3	176.3	125.4	234.7
道河镇	砬子沟村	15	2.060	1.547	2.390	0.846	0.663	0.969	25.9	24.5	30.4	179.6	141.1	234.7
道河镇	岭后村	15	1.060	0.945	1.261	0.716	0.518	0.853	21.9	17.7	24.3	166.7	125.4	188.2
道河镇	跃进村	3	0.780	0.460	1.092	1.154	0.967	1.349	40.3	39.2	41.2	301.2	249.6	352.8
道河镇	西河村	22	1.390	0.987	2.455	0.728	0.377	0.796	23.4	19.4	28.0	182.0	125.4	209.1
道河镇	洞庭村	11	1.810	1.026	2.366	0.735	0.371	0.848	30.8	21.3	46.2	168.1	133.3	207.8
道河镇	沙河子村	49	1.690	0.945	2.148	0.844	0.752	0.948	29.5	19.8	37.7	160.7	78.4	188.2
道河镇	前进村	11	2.100	2.007	2.232	0.914	0.802	0.981	21.8	20.5	29.0	182.7	164.6	209.1
道河镇	土城子村	49	1.970	0.807	2.244	0.821	0.548	0.981	25.2	20.5	38.3	172.4	47.0	211.7

（续）

乡（镇）	村名称	样本数	全氮（克/千克）			全磷（克/千克）			全钾（克/千克）			碱解氮（毫克/千克）		
			平均值	最小值	最大值	平均值	最小值	最大值	平均值	最小值	最大值	平均值	最小值	最大值
道河镇	兴东村	7	2.020	1.994	2.079	0.998	0.938	1.085	21.2	20.5	21.8	194.2	182.9	211.7
东宁镇	转角楼村	34	1.500	0.912	2.445	0.814	0.455	1.731	21.5	16.8	25.1	166.2	94.1	361.6
东宁镇	一街村	25	1.330	0.672	1.836	0.680	0.523	0.912	20.5	19.1	22.1	152.0	47.0	203.8
东宁镇	大城子村	75	0.910	0.556	1.633	0.600	0.507	0.679	19.6	17.5	22.4	130.9	62.4	156.8
东宁镇	胡萝卜崴村	42	1.310	0.776	1.695	0.607	0.414	0.860	23.2	19.0	25.8	143.5	78.4	254.8
东宁镇	东绥村	24	1.320	0.837	1.633	0.521	0.395	0.606	19.3	17.5	25.5	132.3	101.9	156.8
东宁镇	太平泉村	18	1.200	0.889	1.419	0.517	0.399	0.588	19.8	17.8	20.9	125.8	90.2	149.0
东宁镇	暖泉一村	25	1.060	0.810	1.478	0.535	0.282	0.710	22.8	19.5	25.0	125.9	88.2	164.6
东宁镇	北河沿村	38	1.210	0.757	1.806	0.502	0.279	0.629	20.7	17.3	26.4	119.2	78.4	155.5
东宁镇	新屯子村	62	2.590	1.669	4.460	0.782	0.297	1.580	23.8	19.5	30.1	270.3	125.4	376.3
东宁镇	万鹿沟村	35	1.039	0.858	1.376	0.458	0.325	0.727	21.9	16.5	30.7	106.4	86.2	125.4
东宁镇	南沟村	27	1.235	0.837	1.749	0.610	0.502	0.782	21.2	16.9	26.4	148.0	101.9	219.5
东宁镇	二街村	28	1.390	0.656	1.836	0.675	0.450	0.814	20.6	18.6	22.6	149.0	70.7	203.8
东宁镇	菜二村	4	1.231	0.677	1.784	0.641	0.593	0.673	20.0	19.1	21.1	130.1	70.6	180.3
东宁镇	夹信子村	22	0.695	0.672	0.930	0.584	0.513	0.680	20.6	19.8	21.6	93.8	47.0	117.6
东宁镇	民主村	26	1.162	0.925	1.729	0.601	0.485	0.710	19.9	16.1	22.8	137.3	109.8	193.4
东宁镇	暖泉二村	57	1.158	0.775	1.609	0.549	0.202	0.765	19.8	13.6	24.7	115.5	70.6	180.3
东宁镇	菜一村	1	1.678	1.678	1.678	0.821	0.821	0.821	19.1	19.1	19.1	181.1	181.1	181.1
老黑山镇	黑瞎沟村	21	2.051	1.363	3.328	0.766	0.495	0.880	15.9	10.7	19.7	200.3	149.0	268.5
老黑山镇	二道沟村	20	1.525	1.162	1.814	0.665	0.566	0.752	18.2	16.6	20.6	201.3	131.0	254.8
老黑山镇	万宝湾村	21	1.290	0.922	1.842	0.540	0.326	0.716	17.5	16.4	21.7	160.3	117.6	247.0
老黑山镇	和光村	18	1.936	0.934	2.996	0.880	0.566	1.249	17.8	14.1	20.6	209.6	133.3	274.4
老黑山镇	老黑山村	101	1.752	0.913	2.996	0.783	0.354	1.249	15.9	9.6	27.1	204.2	109.8	321.4
老黑山镇	奔楼头村	45	1.608	1.259	1.814	0.648	0.466	0.791	18.6	16.6	22.4	179.0	101.9	247.0
老黑山镇	下碱村	78	1.459	1.054	1.970	0.716	0.522	0.821	15.5	8.8	26.6	137.7	109.8	196.0
老黑山镇	阳明村	9	2.078	1.407	3.526	0.810	0.412	1.449	19.8	17.6	21.2	194.4	125.4	249.0
老黑山镇	西崴子村	52	1.836	1.068	2.845	0.775	0.527	1.133	17.9	10.7	29.5	205.0	137.2	329.3
老黑山镇	永红村	20	1.678	1.027	2.383	0.839	0.684	1.192	17.4	10.3	23.7	210.4	149.0	250.9
老黑山镇	黄泥河村	65	2.217	1.814	3.850	0.889	0.716	1.324	16.4	11.6	19.8	272.5	243.0	381.0
老黑山镇	南村	53	1.577	0.894	2.331	0.720	0.541	0.975	16.2	10.3	22.4	183.7	86.2	368.5
老黑山镇	头道沟村	22	2.067	1.794	2.996	0.859	0.716	1.249	17.2	16.7	19.5	235.0	189.5	274.4
老黑山镇	上碱村	24	1.439	1.161	1.754	0.776	0.681	0.821	11.3	8.8	21.5	139.8	109.8	172.5
老黑山镇	罗家店村	7	1.930	1.814	2.420	0.713	0.697	0.716	17.7	16.8	21.2	234.8	182.9	247.0
老黑山镇	太平沟村	31	1.711	1.073	2.821	0.765	0.605	0.992	17.4	13.7	21.9	167.4	94.1	239.9
三岔口镇	矿山村	83	2.181	1.844	2.526	0.491	0.323	0.795	23.6	16.7	49.9	156.4	129.8	203.8
三岔口镇	南山村	47	1.749	1.381	2.359	0.415	0.300	0.570	17.7	9.4	52.6	153.9	117.6	203.8

（续）

乡（镇）	村名称	样本数	全氮（克/千克）			全磷（克/千克）			全钾（克/千克）			碱解氮（毫克/千克）		
			平均值	最小值	最大值	平均值	最小值	最大值	平均值	最小值	最大值	平均值	最小值	最大值
三岔口镇	东星村	87	2.152	1.085	2.588	0.451	0.340	0.808	20.3	9.2	50.8	148.8	101.9	235.2
三岔口镇	高安村	67	1.524	1.259	2.007	0.497	0.273	0.692	16.1	10.0	19.9	134.2	109.8	248.2
三岔口镇	五大队村	40	1.562	1.146	2.383	0.500	0.315	0.637	19.7	15.2	23.9	149.4	119.4	196.0
三岔口镇	新立村	67	1.657	0.741	2.366	0.523	0.182	0.665	20.8	19.2	29.9	145.1	86.2	242.5
三岔口镇	幸福村	127	1.503	0.769	2.427	0.583	0.404	0.800	22.1	15.0	31.3	147.0	79.9	216.9
三岔口镇	东大川村	26	1.979	1.405	2.513	0.585	0.402	0.794	24.6	20.9	30.6	162.3	125.9	209.1
三岔口镇	朝阳村	49	1.888	1.284	2.416	0.757	0.322	0.955	15.5	8.6	24.5	159.3	117.6	202.9
三岔口镇	光星二村	28	1.986	1.085	2.526	0.551	0.362	0.828	17.6	10.9	29.9	150.2	133.3	188.9
三岔口镇	泡子沿村	73	1.259	0.688	2.210	0.578	0.374	0.856	18.9	12.5	21.9	134.6	65.4	219.0
三岔口镇	三岔口村	29	1.701	1.394	2.018	0.551	0.462	0.766	18.4	11.1	26.1	165.5	117.6	244.4
三岔口镇	永和村	9	1.725	1.647	1.843	0.467	0.434	0.493	20.8	19.9	21.7	193.7	173.4	216.9
绥阳镇	联兴村	45	0.998	0.340	2.081	0.667	0.437	0.807	23.1	18.0	28.5	167.6	125.4	250.8
绥阳镇	曙村	41	1.390	0.553	1.747	0.698	0.666	0.838	22.2	20.6	23.2	132.4	108.2	288.2
绥阳镇	细鳞河村	51	2.255	1.500	3.431	0.782	0.413	1.100	20.5	15.7	34.6	241.1	160.7	345.0
绥阳镇	太岭村	93	1.814	0.340	3.173	0.918	0.532	1.335	20.7	17.0	32.4	292.8	196.0	376.3
绥阳镇	菜营村	37	1.877	1.723	2.020	0.878	0.875	0.882	18.4	18.0	18.6	269.2	251.7	287.4
绥阳镇	先锋村	14	1.416	0.930	1.603	0.840	0.781	0.912	20.5	18.8	21.4	187.2	159.4	216.5
绥阳镇	北沟村	22	2.117	1.989	2.360	0.878	0.875	0.884	17.1	15.0	18.3	304.5	281.8	347.6
绥阳镇	河西村	47	1.245	0.553	1.810	0.768	0.451	0.864	25.7	21.6	34.2	204.2	101.9	261.3
绥阳镇	太平村	31	1.581	1.121	1.985	0.821	0.786	0.883	25.6	21.6	35.6	241.6	157.8	357.1
绥阳镇	新民村	21	1.992	0.693	2.756	0.918	0.758	1.150	17.6	16.7	24.7	252.0	211.7	297.9
绥阳镇	九里地村	44	1.961	1.785	2.532	0.454	0.300	0.807	21.7	20.0	29.9	239.6	179.3	258.7
绥阳镇	蔬菜村	15	1.380	0.553	1.617	0.790	0.654	0.859	21.5	20.3	23.2	187.3	140.9	216.5
绥阳镇	柳毛村	32	2.004	0.787	2.814	0.814	0.561	1.246	22.2	15.0	29.3	199.3	86.2	347.6
绥阳镇	柞木村	32	0.815	0.385	1.321	0.713	0.437	1.100	22.2	16.1	35.5	222.1	156.0	290.1
绥阳镇	三道河子村	19	1.854	1.528	2.069	0.838	0.805	0.856	24.7	22.3	27.5	307.5	243.0	376.3
绥阳镇	二道村	18	1.296	0.429	2.616	0.791	0.731	0.855	21.3	20.4	23.6	224.7	176.4	298.6
绥阳镇	绥西村	29	1.728	0.430	3.173	0.816	0.450	1.157	25.8	17.6	31.8	200.6	101.9	261.3
绥阳镇	三道村	30	1.940	1.554	2.823	0.916	0.775	1.167	21.4	17.9	24.0	282.5	236.2	380.2
绥阳镇	双丰村	35	2.133	1.988	2.206	0.756	0.566	1.001	22.2	17.5	28.6	257.2	183.7	372.9
绥阳镇	细岭村	6	1.587	0.327	2.360	0.669	0.649	0.679	18.9	18.9	19.0	179.0	176.4	184.2
绥阳镇	红旗村	8	2.150	1.848	2.319	0.709	0.659	0.744	19.7	16.7	26.1	252.9	231.3	266.6
绥阳镇	爱国村	32	1.319	0.907	2.133	0.925	0.805	1.162	19.8	18.3	29.3	187.6	163.3	281.8
绥阳镇	鸡冠村	8	2.101	1.497	2.600	0.598	0.557	0.636	21.1	17.9	26.6	228.6	201.2	297.9
绥阳镇	河南村	33	1.613	1.028	2.007	0.749	0.675	0.888	22.7	20.76	27.47	181.63	113.68	279.25

附表 5-2　村级土壤养分（有效磷、速效钾、有机质、pH）统计

乡（镇）	村名称	样本数	有效磷（毫克/千克）			速效钾（毫克/千克）			有机质（克/千克）			pH		
			平均值	最小值	最大值	平均值	最小值	最大值	平均值	最小值	最大值	集中范围	最小值	最大值
大肚川镇	西沟村	50	17.1	13.7	28.5	151	65	234	49.7	11.1	109.3	5.6~6.5	5.5	7.0
大肚川镇	太平川村	79	18.2	8.8	29.8	189	97	351	43.3	19.5	92.2	5.7~6.6	5.5	6.6
大肚川镇	马营村	25	21.3	18.6	22.8	208	183	220	52.0	47.0	54.1	6.1~6.2	6.1	6.2
大肚川镇	闹枝沟村	83	16.7	3.6	87.9	242	81	396	53.5	11.0	113.6	5.8~6.9	5.7	7.3
大肚川镇	石门子村	91	17.4	7.0	54.9	135	82	268	41.9	14.5	77.1	5.6~6.7	5.5	6.8
大肚川镇	团结村	43	22.6	13.6	42.0	246	66	520	29.6	15.9	57.8	5.7~6.2	5.5	6.2
大肚川镇	大肚川村	84	17.8	9.4	44.5	177	85	325	38.7	13.0	63.3	5.7~6.8	5.6	6.8
大肚川镇	老城子沟村	102	14.8	5.1	23.4	157	77	309	38.7	16.9	59.3	5.6~6.4	5.4	6.4
大肚川镇	新城子沟村	77	17.0	6.7	28.5	135	78	312	36.3	25.7	41.9	5.4~6.4	5.1	6.4
大肚川镇	煤矿村	41	25.3	16.1	29.5	180	127	284	26.4	19.0	39.1	5.9~6.3	5.9	6.3
大肚川镇	太阳升村	46	19.7	9.6	52.2	160	66	200	30.3	14.5	47.9	5.7~6.8	5.6	6.8
大肚川镇	李家趟子村	15	40.7	20.0	94.2	132	66	310	21.4	12.6	44.8	5.6~6.3	5.6	6.3
大肚川镇	浪东沟村	10	24.2	9.9	36.4	192	121	335	22.7	12.7	34.7	5.7~6.7	5.7	6.7
大肚川镇	胜利村	56	37.8	10.9	95.0	165	66	277	26.2	9.0	83.9	5.6~6.6	5.5	6.6
道河镇	西村	86	24.0	7.1	32.0	147	51	208	45.2	5.3	65.4	5.6~6.7	5.5	6.7
道河镇	奋斗村	11	22.0	16.5	31.7	127	79	201	51.2	32.4	72.7	5.3~6.7	5.3	6.7
道河镇	东村	71	31.1	15.7	73.1	138	78	202	44.3	12.9	68.6	5.7~6.7	5.3	6.7
道河镇	八里坪村	22	27.3	16.5	39.1	131	98	178	41.8	27.2	54.6	5.7~6.5	5.7	6.5
道河镇	通沟村	85	23.7	7.5	35.1	180	70	262	42.4	14.5	62.7	5.4~6.4	5.4	7.0
道河镇	岭西村	16	37.3	21.6	41.8	161	158	165	65.3	21.7	76.6	5.3~5.5	5.3	6.4
道河镇	道河村	61	26.7	2.4	48.4	157	79	271	35.3	23.0	55.1	5.6~6.6	5.4	6.6
道河镇	地营村	28	23.1	14.5	39.0	120	67	271	39.5	18.0	55.1	5.6~6.9	5.4	5.9
道河镇	和平村	39	21.1	12.7	35.1	166	81	251	35.9	21.7	53.3	5.5~6.1	5.5	6.1
道河镇	砬子沟村	15	29.2	27.1	31.5	126	76	212	38.3	28.8	49.7	5.4~6.0	5.4	6.0
道河镇	岭后村	15	31.7	24.7	39.0	217	169	271	47.9	34.9	55.1	5.6~6.2	5.6	6.2
道河镇	跃进村	3	42.1	37.6	45.2	188	123	259	99.1	68.2	124.9	5.5~5.7	5.5	5.7
道河镇	西河村	22	30.1	9.1	52.5	165	87	223	52.6	33.6	59.2	5.4~6.4	5.2	6.7
道河镇	洞庭村	11	29.4	7.8	35.1	155	69	233	37.4	14.2	50.0	5.8~6.4	5.8	6.4
道河镇	沙河子村	49	31.9	20.5	58.3	150	94	271	38.5	19.3	55.1	5.6~6.3	5.6	6.9
道河镇	前进村	11	28.4	19.6	48.3	175	150	268	47.2	46.2	52.4	5.4~5.8	5.4	5.8
道河镇	土城子村	49	27.0	10.8	73.1	197	96	386	43.0	12.9	56.9	5.8~6.5	5.7	6.7
道河镇	兴东村	7	35.1	25.4	48.4	180	170	194	44.0	40.5	46.2	5.7~5.9	5.7	5.9
东宁镇	转角楼村	34	51.7	19.8	95.1	195	109	241	35.3	22.0	44.5	5.6~6.6	5.4	6.6
东宁镇	一街村	25	19.1	7.5	31.7	111	46	155	36.1	23.0	50.0	5.4~6.0	5.4	6.9

（续）

乡（镇）	村名称	样本数	有效磷（毫克/千克）			速效钾（毫克/千克）			有机质（克/千克）			pH		
			平均值	最小值	最大值	平均值	最小值	最大值	平均值	最小值	最大值	集中范围	最小值	最大值
东宁镇	大城子村	75	13.8	6.2	27.4	105	45	159	26.5	16.3	47.0	5.6~6.6	5.5	7.0
东宁镇	胡萝卜崴村	42	19.4	10.7	44.3	103	72	134	26.7	11.7	34.9	5.5~6.1	5.2	6.4
东宁镇	东绥村	24	20.7	8.5	52.9	131	92	169	35.4	16.8	47.0	5.6~6.1	5.5	6.1
东宁镇	太平泉村	18	19.1	15.9	26.3	138	70	163	28.2	17.3	33.0	5.5~5.8	5.4	5.8
东宁镇	暖泉一村	25	21.0	13.5	40.3	131	78	180	25.1	21.3	36.8	5.5~6.0	5.4	6.0
东宁镇	北河沿村	38	38.2	21.7	70.7	193	87	302	29.1	18.5	43.4	5.6~6.8	5.6	6.9
东宁镇	新屯子村	62	23.0	7.7	48.3	140	77	238	63.6	42.8	110.8	5.5~6.1	5.4	6.6
东宁镇	万鹿沟村	35	28.5	13.1	40.3	172	128	230	24.5	15.4	32.4	5.6~6.1	5.5	6.2
东宁镇	南沟村	27	26.2	17.4	39.2	161	94	210	33.2	23.2	39.5	5.3~6.1	5.3	6.2
东宁镇	二街村	28	23.2	13.4	35.2	104	52	137	32.6	18.3	44.5	5.4~6.5	5.4	6.5
东宁镇	菜二村	4	15.9	12.9	21.0	104	52	155	36.8	23.5	50.0	5.7~6.5	5.7	6.5
东宁镇	夹信子村	22	14.8	6.2	27.4	51	45	60	24.1	23.0	27.4	6.0~7.0	6.0	7.0
东宁镇	民主村	26	25.1	10.1	45.5	124	88	178	31.8	21.3	41.2	5.3~5.8	5.2	5.8
东宁镇	暖泉二村	57	21.3	15.3	36.2	116	83	245	23.6	13.4	37.1	5.5~6.1	5.4	6.2
东宁镇	菜一村	1	21.0	21.0	21.0	127	127	127	33.9	33.9	33.9	5.5	5.5	5.5
老黑山镇	黑瞎沟村	21	18.7	9.0	35.0	140	111	196	45.2	34.9	69.5	5.7~6.2	5.7	6.4
老黑山镇	二道沟村	20	19.2	13.9	26.5	102	84	114	38.4	29.4	46.3	5.5~5.9	5.3	5.9
老黑山镇	万宝湾村	21	13.9	5.2	24.8	116	109	130	36.9	29.0	46.3	5.8~6.0	5.8	6.0
老黑山镇	和光村	18	22.4	7.9	43.1	159	97	289	49.7	24.3	82.5	5.3~5.9	5.1	6.5
老黑山镇	老黑山村	101	24.8	6.8	52.7	146	65	275	42.7	29.0	82.5	5.3~6.6	5.1	7.2
老黑山镇	奔楼头村	45	18.3	5.9	41.3	99	72	114	38.9	31.5	47.2	5.5~5.8	5.5	5.9
老黑山镇	下碱村	78	25.0	11.1	102.9	152	92	192	37.9	26.4	47.0	5.7~7.1	5.7	7.3
老黑山镇	阳明村	9	16.7	13.4	21.4	212	146	479	50.7	36.7	74.7	5.6~5.8	5.6	5.8
老黑山镇	西崴子村	52	15.6	11.5	23.4	144	100	212	45.4	25.8	78.2	5.7~6.0	5.7	6.1
老黑山镇	永红村	20	28.5	18.9	39.9	142	114	216	41.6	35.8	46.3	5.8~6.1	5.8	6.3
老黑山镇	黄泥河村	65	17.6	7.9	25.4	137	114	253	61.4	46.3	91.5	5.6~5.9	5.6	6.1
老黑山镇	南村	53	16.7	10.5	34.6	139	78	226	40.2	19.0	64.5	5.5~6.6	5.5	6.6
老黑山镇	头道沟村	22	19.7	15.8	25.9	127	114	169	55.2	46.3	82.5	5.6~5.8	5.5	5.8
老黑山镇	上碱村	24	17.4	14.9	23.3	165	138	192	38.0	32.2	43.8	5.7~6.2	5.7	6.3
老黑山镇	罗家店村	7	17.4	10.8	18.9	113	110	114	46.8	46.3	49.0	5.8	5.8	5.8
老黑山镇	太平沟村	31	16.8	9.1	24.6	152	96	218	40.7	22.1	58.5	6.2	5.8	6.5
三岔口镇	矿山村	83	24.6	7.9	44.1	173	94	338	45.1	39.5	59.4	5.8~6.1	5.5	6.1
三岔口镇	南山村	47	27.9	10.2	59.7	163	119	251	44.0	24.0	70.4	5.8~6.9	5.8	7.4
三岔口镇	东星村	87	19.1	7.2	59.7	148	70	234	35.9	14.6	54.9	5.5~7.0	5.3	7.4

（续）

乡（镇）	村名称	样本数	有效磷（毫克/千克）			速效钾（毫克/千克）			有机质（克/千克）			pH		
			平均值	最小值	最大值	平均值	最小值	最大值	平均值	最小值	最大值	集中范围	最小值	最大值
三岔口镇	高安村	67	19.5	6.8	42.4	127	98	176	31.7	18.3	68.8	5.7~5.9	5.4	6.2
三岔口镇	五大队村	40	30.8	12.5	95.0	154	114	278	30.9	20.9	45.6	5.5~6.5	5.2	6.6
三岔口镇	新立村	67	43.8	16.5	71.5	105	64	154	15.2	2.7	33.2	5.3~6.0	5.3	6.1
三岔口镇	幸福村	127	27.1	14.4	63.4	98	48	118	20.7	8.0	38.3	5.3~6.4	5.2	6.6
三岔口镇	东大川村	26	21.1	17.2	28.8	111	95	142	31.7	24.3	38.5	5.3~5.8	5.3	5.8
三岔口镇	朝阳村	49	21.7	10.3	35.4	168	88	450	39.2	24.6	52.5	5.6~6.3	5.1	6.3
三岔口镇	光星二村	28	12.1	7.9	39.6	114	70	166	30.2	14.6	39.5	5.5~5.9	5.3	5.9
三岔口镇	泡子沿村	73	19.0	6.2	39.5	104	45	157	22.3	14.0	59.1	5.4~7.0	5.3	7.0
三岔口镇	三岔口村	29	19.4	15.0	31.6	146	97	182	35.6	19.6	69.2	5.6~6.3	5.4	6.3
三岔口镇	永和村	9	20.7	18.0	23.7	113	104	130	22.1	17.7	28.4	5.3~5.7	5.3	5.7
绥阳镇	联兴村	45	20.8	13.7	43.7	112	62	219	46.6	24.7	73.9	5.4~6.1	5.1	6.2
绥阳镇	曙　村	41	20.7	13.3	25.6	103	80	154	34.2	27.9	71.5	5.9~6.1	5.8	6.1
绥阳镇	细鳞河村	51	22.4	11.7	65.6	140	73	247	47.3	28.4	68.8	5.5~6.1	5.3	6.6
绥阳镇	太岭村	93	25.4	12.9	47.7	145	64	276	67.9	44.6	115.9	5.6~6.5	5.5	6.5
绥阳镇	菜营村	37	19.9	17.6	22.6	160	160	162	59.5	56.3	62.9	5.7	5.7	5.7
绥阳镇	先锋村	14	24.2	14.4	37.5	155	126	182	43.1	35.2	50.1	5.7~6.1	5.7	6.1
绥阳镇	北沟村	22	16.5	13.7	18.0	165	160	177	66.4	61.8	75.2	5.7	5.7	5.7
绥阳镇	河西村	47	23.8	14.3	30.0	154	72	227	60.7	27.6	83.6	5.8~6.5	5.7	6.5
绥阳镇	太平村	31	27.5	23.2	31.4	146	114	179	60.9	35.2	89.8	5.8~6.4	5.6	6.4
绥阳镇	新民村	21	18.2	16.3	26.6	83	60	98	50.8	45.5	58.7	5.4~6.5	5.3	6.8
绥阳镇	九里地村	44	28.7	20.4	43.3	143	107	305	45.1	30.6	56.6	5.4~6.0	5.4	6.2
绥阳镇	蔬菜村	15	20.6	13.7	26.7	138	102	175	48.2	37.0	71.5	5.7~6.1	5.7	6.1
绥阳镇	柳毛村	32	17.7	11.6	35.9	116	91	177	52.2	27.8	118.3	5.7~5.9	5.5	6.4
绥阳镇	柞木村	32	28.3	10.6	70.7	177	63	325	45.6	31.9	74.6	5.4~6.3	5.4	6.5
绥阳镇	三道河子村	19	22.8	20.1	27.5	189	149	227	73.0	55.0	83.6	5.5~6.5	5.5	6.5
绥阳镇	二道村	18	24.7	17.2	34.3	123	94	154	47.6	37.9	66.3	5.9~6.0	5.9	6.1
绥阳镇	绥西村	29	21.9	7.7	36.1	135	62	227	52.4	22.5	120.5	5.6~6.5	5.3	6.5
绥阳镇	双丰村	35	19.5	15.9	32.2	110	64	174	58.8	35.2	124.3	5.7~6.5	5.6	6.5
绥阳镇	细岭村	6	26.0	15.9	31.1	157	157	158	43.3	35.2	47.3	5.8~6.2	5.8	6.2
绥阳镇	红旗村	8	15.4	10.6	24.5	117	78	206	49.2	41.9	52.6	5.8~5.9	5.8	5.9
绥阳镇	爱国村	32	26.4	5.1	38.2	174	101	243	43.1	35.7	61.8	5.7	5.7	5.7
绥阳镇	鸡冠村	8	20.0	15.9	24.3	103	65	162	46.9	45.0	52.2	6.0~6.4	5.9	6.4
绥阳镇	河南村	33	24.1	12.6	30.7	136	100	227	43.4	29.0	83.6	5.8~6.6	5.7	6.7

附表 5-3 村级土壤养分（有效铜、有效铁、有效锰、有效锌）统计

单位：毫克/千克

乡（镇）	村名称	样本数	有效铜			有效铁			有效锰			有效锌		
			平均值	最小值	最大值	平均值	最小值	最大值	平均值	最小值	最大值	平均值	最小值	最大值
大肚川镇	西沟村	50	3.24	1.38	4.33	164.4	74.2	230.1	57.1	41.4	83.4	6.36	1.66	12.90
大肚川镇	太平川村	79	2.78	1.91	3.70	153.1	114.6	208.5	44.9	34.5	67.7	5.45	2.56	10.16
大肚川镇	马营村	25	2.81	2.45	3.53	151.6	147.6	161.9	50.9	43.6	53.2	4.12	2.56	7.47
大肚川镇	闹枝沟村	83	2.74	0.90	7.59	186.2	80.3	384.6	44.4	6.3	83.0	7.27	0.59	14.76
大肚川镇	石门子村	91	3.38	1.38	5.48	166.2	74.2	372.6	67.8	30.8	124.4	3.95	2.01	12.93
大肚川镇	团结村	43	4.17	1.90	12.27	150.6	72.0	301.2	58.0	42.1	84.7	4.83	1.66	9.85
大肚川镇	大肚川村	84	2.97	1.45	8.20	174.1	84.2	301.5	50.7	28.3	94.6	5.82	1.07	11.53
大肚川镇	老城子沟村	102	3.95	2.59	6.11	205.9	100.8	433.9	70.3	34.6	135.3	5.05	1.65	11.01
大肚川镇	新城子沟村	77	5.26	2.30	10.94	143.2	87.6	229.3	66.7	43.9	101.9	6.27	2.12	14.20
大肚川镇	煤矿村	41	5.49	3.62	7.08	115.1	110.9	136.3	90.4	60.7	112.6	6.51	2.73	8.85
大肚川镇	太阳升村	46	4.12	1.38	7.49	166.2	74.2	271.2	65.9	37.1	124.4	3.33	1.66	5.51
大肚川镇	李家趟子村	15	3.74	2.56	6.44	152.3	63.2	336.1	64.4	31.5	83.4	3.17	1.66	8.67
大肚川镇	浪东沟村	10	4.18	1.53	6.76	177.0	52.1	337.1	67.8	53.0	84.9	3.43	1.13	5.71
大肚川镇	胜利村	56	5.08	2.49	25.66	183.9	100.7	392.5	69.1	40.4	113.0	3.92	1.33	34.04
道河镇	西村	86	3.55	1.57	6.89	186.8	102.3	333.4	62.0	32.6	107.7	6.63	3.20	10.72
道河镇	奋斗村	11	3.01	2.26	4.26	169.0	124.2	251.4	91.3	55.1	138.4	6.07	3.26	8.84
道河镇	东村	71	4.01	1.84	6.25	161.9	56.9	196.6	76.3	15.9	138.4	5.95	3.23	10.63
道河镇	八里坪村	22	3.34	2.58	3.67	171.3	134.7	191.1	54.7	40.8	71.7	5.46	2.48	11.79
道河镇	通沟村	85	2.58	1.61	5.39	134.9	79.8	239.2	44.9	26.2	77.8	4.86	2.94	7.20
道河镇	岭西村	16	2.55	2.45	2.79	219.6	120.0	241.1	49.6	45.6	68.6	5.15	2.71	5.63
道河镇	道河村	61	3.14	1.32	3.98	134.2	64.6	204.3	59.4	21.7	95.6	4.47	2.64	8.02
道河镇	地营村	28	2.72	2.05	3.85	136.4	67.6	204.3	54.0	29.1	76.9	5.25	2.80	8.02
道河镇	和平村	39	3.29	2.77	4.52	163.0	120.0	242.0	69.9	48.2	93.4	4.21	2.71	6.56
道河镇	砬子沟村	15	2.72	2.31	3.08	148.0	124.3	157.5	61.4	42.5	69.0	5.35	4.41	6.71
道河镇	岭后村	15	2.18	1.32	3.35	93.8	64.6	164.2	36.5	21.7	50.6	6.88	5.05	8.02
道河镇	跃进村	3	4.04	3.49	4.72	256.9	178.4	359.7	63.6	53.7	71.3	9.10	8.09	9.96
道河镇	西河村	22	3.47	2.70	4.84	175.7	115.9	281.7	54.1	44.0	75.8	7.23	4.38	8.56
道河镇	洞庭村	11	3.12	2.22	3.52	137.8	113.7	153.5	53.1	22.2	102.2	4.41	2.16	6.13
道河镇	沙河子村	49	2.66	2.05	4.55	125.2	67.6	153.4	56.1	38.5	60.3	6.85	4.88	11.07
道河镇	前进村	11	3.57	3.07	4.41	186.4	153.4	270.3	53.6	40.2	58.1	6.90	6.51	8.00
道河镇	土城子村	49	3.92	1.84	5.61	138.6	56.9	206.5	48.1	15.9	58.1	6.64	2.52	9.48
道河镇	兴东村	7	3.50	3.07	3.86	161.2	149.1	191.4	57.3	54.8	58.2	7.40	6.76	8.25
东宁镇	转角楼村	34	8.18	3.10	25.58	156.3	64.7	264.9	100.8	35.5	130.7	9.15	2.20	28.78

（续）

乡（镇）	村名称	样本数	有效铜			有效铁			有效锰			有效锌		
			平均值	最小值	最大值	平均值	最小值	最大值	平均值	最小值	最大值	平均值	最小值	最大值
东宁镇	一街村	25	7.27	2.89	13.25	237.6	33.8	441.6	64.8	11.6	127.7	5.38	3.34	9.05
东宁镇	大城子村	75	6.08	2.89	11.51	288.5	33.8	457.2	71.0	11.6	97.2	3.38	2.01	5.65
东宁镇	胡萝卜崴村	42	4.64	2.37	8.48	145.3	89.0	186.6	61.5	24.4	83.9	4.50	2.01	8.19
东宁镇	东绥村	24	7.38	4.55	10.04	312.5	136.9	457.2	83.8	63.0	90.4	3.47	1.83	4.56
东宁镇	太平泉村	18	2.23	1.54	3.18	127.6	115.4	149.6	89.1	35.8	126.4	3.07	1.76	3.68
东宁镇	暖泉一村	25	2.81	1.69	4.08	113.6	88.0	198.4	75.7	58.3	112.2	2.91	1.85	4.65
东宁镇	北河沿村	38	5.93	2.06	18.73	126.1	98.2	178.7	65.8	36.8	104.3	5.47	1.52	12.83
东宁镇	新屯子村	62	3.51	2.46	7.65	219.7	157.2	337.4	81.0	49.1	160.1	6.38	2.10	18.49
东宁镇	万鹿沟村	35	3.07	1.63	3.82	116.2	83.4	153.4	66.3	49.2	78.8	2.25	1.04	3.01
东宁镇	南沟村	27	5.22	3.62	9.66	159.1	123.3	190.8	96.9	60.7	172.0	3.62	1.19	11.15
东宁镇	二街村	28	6.72	3.44	9.53	241.2	125.7	341.5	71.2	19.6	105.1	5.98	3.96	8.17
东宁镇	菜二村	4	6.74	4.18	8.88	305.5	135.6	441.6	28.2	16.4	38.4	4.08	3.34	4.95
东宁镇	夹信子村	22	5.67	2.89	9.72	241.2	33.8	373.1	22.3	11.6	41.9	5.28	4.26	8.83
东宁镇	民主村	26	4.95	3.39	6.59	138.1	121.4	197.0	100.4	60.0	140.7	3.80	1.68	5.99
东宁镇	暖泉二村	57	2.86	1.73	4.14	140.9	91.0	197.6	69.9	34.6	135.3	3.14	1.99	4.76
东宁镇	菜一村	1	9.71	9.71	9.71	345.2	345.2	345.2	97.7	97.7	97.7	8.19	8.19	8.19
老黑山镇	黑瞎沟村	21	3.11	2.18	4.13	152.9	111.4	179.8	84.9	51.3	162.2	4.99	3.22	6.29
老黑山镇	二道沟村	20	2.38	1.58	3.23	192.8	143.4	242.2	70.6	50.0	118.9	4.12	2.60	5.52
老黑山镇	万宝湾村	21	3.44	1.58	7.76	247.4	165.4	471.9	93.7	59.7	154.5	3.83	2.64	6.08
老黑山镇	和光村	18	2.88	1.86	4.70	234.4	104.9	409.2	69.3	37.5	139.0	4.71	2.60	13.75
老黑山镇	老黑山村	101	3.24	1.77	5.55	198.9	63.2	611.6	55.3	29.4	152.8	4.43	2.38	9.90
老黑山镇	奔楼头村	45	2.18	1.58	4.43	150.2	64.7	210.2	77.6	44.7	112.0	4.39	1.67	9.06
老黑山镇	下碱村	78	3.56	2.05	4.41	165.5	115.5	309.0	51.8	37.7	77.4	4.52	2.81	6.80
老黑山镇	阳明村	9	3.71	2.22	4.87	261.7	161.3	340.6	94.7	34.7	159.4	5.89	3.21	15.53
老黑山镇	西崴子村	52	3.18	1.62	4.60	180.7	122.2	340.6	75.5	48.8	129.0	5.92	3.21	12.52
老黑山镇	永红村	20	1.79	1.20	2.33	163.1	125.9	212.6	57.6	26.5	83.9	5.58	4.06	7.56
老黑山镇	黄泥河村	65	1.63	1.24	1.98	205.0	162.4	294.5	72.5	22.7	108.2	5.14	2.54	7.69
老黑山镇	南村	53	3.91	1.52	6.09	222.0	91.6	394.1	57.4	17.1	125.2	4.07	1.39	11.85
老黑山镇	头道沟村	22	1.80	1.44	3.02	214.9	185.3	276.7	75.5	49.5	83.9	4.64	2.77	5.52
老黑山镇	上碱村	24	3.78	2.61	4.41	149.4	129.1	168.3	44.7	37.2	60.5	4.34	2.81	4.91
老黑山镇	罗家店村	7	1.78	1.58	2.65	183.6	176.4	185.3	81.1	69.0	83.9	5.65	5.52	6.20
老黑山镇	太平沟村	31	3.35	2.39	4.31	185.7	115.5	379.5	60.4	32.8	108.6	4.20	2.66	5.38
三岔口镇	矿山村	83	5.11	2.84	8.76	202.7	108.8	364.8	67.1	45.7	82.2	2.70	1.57	5.54
三岔口镇	南山村	47	5.91	3.68	7.66	179.9	114.5	291.2	57.2	39.0	67.5	4.88	1.61	11.65

（续）

乡（镇）	村名称	样本数	有效铜			有效铁			有效锰			有效锌		
			平均值	最小值	最大值	平均值	最小值	最大值	平均值	最小值	最大值	平均值	最小值	最大值
三岔口镇	东星村	87	6.96	1.02	8.76	299.7	125.0	383.6	61.1	14.0	76.7	2.92	0.49	8.40
三岔口镇	高安村	67	6.43	3.43	8.94	305.5	96.4	362.0	60.2	23.3	114.5	2.32	1.33	4.42
三岔口镇	五大队村	40	5.08	2.05	9.76	211.3	110.2	353.6	94.5	17.4	196.4	2.89	0.91	8.79
三岔口镇	新立村	67	2.62	1.52	4.06	192.6	118.6	304.9	63.1	31.7	143.7	3.77	1.47	7.75
三岔口镇	幸福村	127	3.56	1.68	8.10	217.9	74.0	388.2	69.2	28.3	121.5	3.10	1.52	6.35
三岔口镇	东大川村	26	2.45	1.98	3.22	192.7	140.5	237.6	80.9	50.1	121.9	3.10	2.04	4.28
三岔口镇	朝阳村	49	3.24	2.90	4.28	159.6	113.6	201.3	52.2	31.4	87.5	5.98	3.34	14.56
三岔口镇	光星二村	28	6.81	3.88	8.76	368.5	167.6	391.2	56.7	33.8	75.1	2.24	1.69	4.04
三岔口镇	泡子沿村	73	4.94	2.61	8.72	310.2	99.7	393.6	63.6	27.7	139.4	2.96	1.71	6.03
三岔口镇	三岔口村	29	5.42	3.23	7.53	296.1	167.4	373.9	64.7	36.2	117.3	2.78	1.33	5.67
三岔口镇	永和村	9	5.83	5.72	6.21	350.0	335.6	358.8	81.9	65.8	93.6	2.88	2.27	3.45
绥阳镇	联兴村	45	2.44	1.05	4.20	187.0	96.0	264.4	42.1	12.9	84.8	4.94	2.44	11.08
绥阳镇	曙村	41	2.89	1.05	4.29	139.5	106.6	260.6	45.6	12.9	78.4	4.57	2.44	6.31
绥阳镇	细鳞河村	51	3.54	1.95	5.13	208.1	128.4	355.2	68.6	11.2	134.1	4.82	2.27	12.32
绥阳镇	太岭村	93	3.90	2.56	5.46	237.1	140.8	322.2	71.1	38.6	109.3	4.10	2.12	8.76
绥阳镇	菜营村	37	2.97	2.90	3.12	237.1	214.6	256.7	52.2	50.7	53.3	6.80	6.64	7.14
绥阳镇	先锋村	14	4.39	2.92	5.93	126.5	96.7	171.4	54.8	40.3	72.2	8.33	6.08	10.43
绥阳镇	北沟村	22	2.86	2.77	2.91	270.9	252.1	306.7	51.7	48.7	53.3	6.86	6.64	7.29
绥阳镇	河西村	47	2.78	1.05	3.40	159.7	98.8	260.6	49.1	12.9	80.5	5.86	2.44	7.38
绥阳镇	太平村	31	2.82	2.28	3.37	225.2	130.7	326.2	64.1	51.6	89.7	4.58	3.53	6.11
绥阳镇	新民村	21	3.53	2.33	4.04	234.9	201.7	261.5	61.7	47.1	79.0	3.86	2.86	4.88
绥阳镇	九里地村	44	4.11	3.22	4.55	216.0	154.5	241.2	61.7	48.6	80.5	3.61	2.48	4.56
绥阳镇	蔬菜村	15	3.76	1.05	6.37	156.4	94.0	260.6	53.7	12.9	72.2	6.92	2.44	10.49
绥阳镇	柳毛村	32	3.43	2.41	6.19	231.7	146.9	368.6	61.6	19.4	120.9	5.76	2.74	17.32
绥阳镇	柞木村	32	3.78	2.23	5.13	183.0	121.8	272.9	69.9	35.7	124.4	7.05	2.50	12.32
绥阳镇	三道河子村	19	3.78	3.30	4.31	217.3	147.4	287.7	53.4	40.7	62.7	8.51	6.99	10.15
绥阳镇	二道村	18	3.50	3.04	4.74	198.1	164.2	248.9	63.0	52.0	78.4	3.37	2.10	4.62
绥阳镇	绥西村	29	2.87	0.77	4.39	166.6	74.6	352.7	41.2	5.5	85.3	6.24	1.06	9.17
绥阳镇	双丰村	35	3.62	1.72	5.05	206.9	140.8	333.4	64.0	34.6	105.3	3.90	2.12	8.08
绥阳镇	细岭村	6	2.12	1.72	2.33	131.2	114.1	165.3	34.3	34.1	34.6	5.17	4.94	5.62
绥阳镇	红旗村	8	3.85	3.52	4.41	249.3	211.1	269.4	74.8	72.3	79.1	4.49	3.27	7.03
绥阳镇	爱国村	32	4.97	2.87	12.68	122.6	68.6	252.1	43.8	25.8	81.6	9.55	3.03	19.55
绥阳镇	鸡冠村	8	2.99	2.53	3.46	175.9	146.3	220.9	68.0	43.2	88.0	3.12	2.13	3.95
绥阳镇	河南村	33	3.56	2.67	6.55	148.5	93.3	211.5	60.6	40.7	86.5	5.73	4.03	10.33
绥阳镇	三道村	30	3.18	2.80	3.54	207.9	164.2	272.1	80.6	58.7	140.6	7.34	2.10	12.64

附表 5－4　各乡（镇）耕地不同土壤类型面积比例统计

乡（镇）	面积（公顷）	暗棕壤		新积土		草甸土		水稻土		白浆土		沼泽土	
		面积（公顷）	占总面积（%）	面积（公顷）	占总面积（%）	面积（公顷）	占总面积（%）	面积（公顷）	占总面积（%）	面积（公顷）	占总面积（%）	面积（公顷）	占总面积（%）
老黑山镇	6 548.52	3 577.36	54.63	547.37	8.36	1 009.24	15.41	82.38	1.26	1 167.89	17.83	164.28	2.51
道河镇	8 944.25	4 459.17	49.86	837.88	9.37	1 222.77	13.67	40.48	0.45	2 373.52	26.54	10.43	0.12
绥阳镇	8 750.38	4 385.06	50.11	426.54	4.87	1 113.19	12.72	0	0	2 056.35	23.50	769.24	8.79
大肚川镇	9 314.40	4 980.60	53.47	795.22	8.54	1 318.16	14.15	398.48	4.28	1 810.04	19.43	11.90	0.13
东宁镇	7 283.92	2 432.24	33.39	689.91	9.47	481.80	6.61	356.96	4.90	3 320.04	45.58	2.97	0.04
三岔口镇	7 751.16	2 625.94	33.88	1 501.57	19.37	226.34	2.92	1 601.87	20.67	1 789.25	23.08	6.19	0.08
合　计	48 592.63	22 460.37	46.22	4 798.49	9.87	5 371.50	11.05	2 480.17	5.10	12 517.09	25.76	965.01	1.99

图书在版编目（CIP）数据

黑龙江省东宁市耕地地力评价／秦海玲，程彩霞，
王崇林主编 .—北京：中国农业出版社，2020.11
ISBN 978 - 7 - 109 - 27152 - 4

Ⅰ.①黑… Ⅱ.①秦… ②程… ③王… Ⅲ.①耕作土
壤－土壤肥力－土壤调查－东宁②耕作土壤－土壤评价－
东宁 Ⅳ.①S159.235.4②S158

中国版本图书馆 CIP 数据核字（2020）第 141518 号

中国农业出版社出版
地址：北京市朝阳区麦子店街 18 号楼
邮编：100125
责任编辑：杨桂华　廖　宁
版式设计：王　晨　责任校对：赵　硕
印刷：中农印务有限公司
版次：2020 年 11 月第 1 版
印次：2020 年 11 月北京第 1 次印刷
发行：新华书店北京发行所
开本：787mm×1092mm　1/16
印张：16.25　插页：16
字数：400 千字
定价：108.00 元

工作部署

技术培训

进村宣传

入户指导

室内布点

卫星定位

土样采集

容重采集

土样制备

土样称重

试剂称量

试剂配制

碱解氮测定

有效磷测定

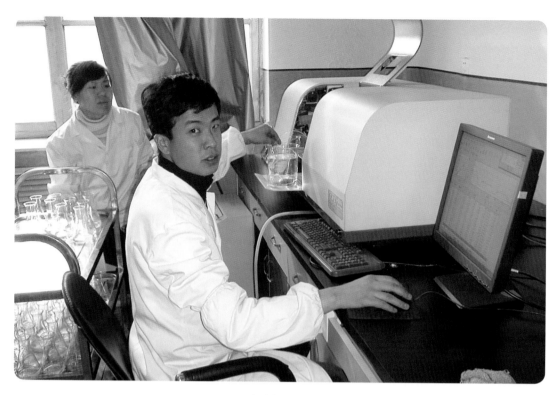

速效钾测定

有机质测定

试验撒肥

苗期调查

田间试验

田间博览

试验追肥

试验调查

田间观摩

田间活动

水稻测产

大豆测产

室内考种

科技宣传

数据录入

报告撰写

东宁市行政区划图

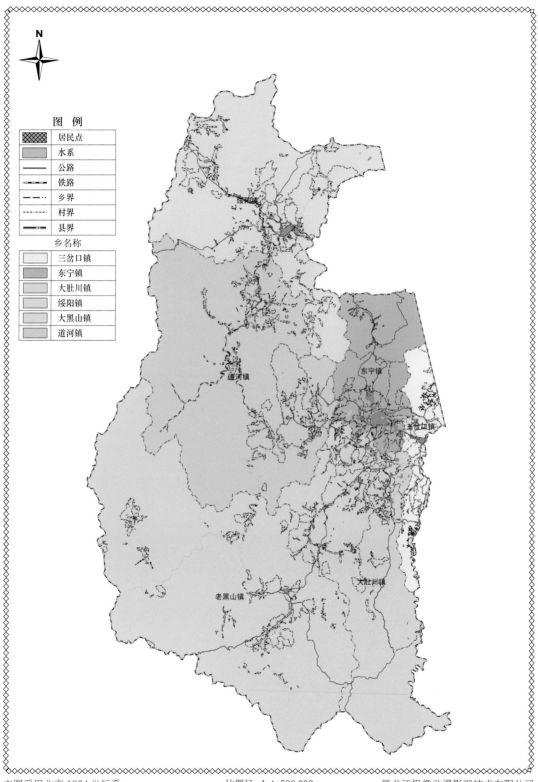

N

图 例

▨	居民点
▨	水系
——	公路
▬	铁路
— · — ·	乡界
-------	村界
▬▬	县界

乡名称

	三岔口镇
	东宁镇
	大肚川镇
	绥阳镇
	大黑山镇
	道河镇

道河镇

东宁镇

三岔口镇

大肚川镇

老黑山镇

本图采用北京 1954 坐标系   比例尺 1：500 000   黑龙江极像动漫影视技术有限公司
哈尔滨万图信息技术开发有限公司

东宁市土壤图

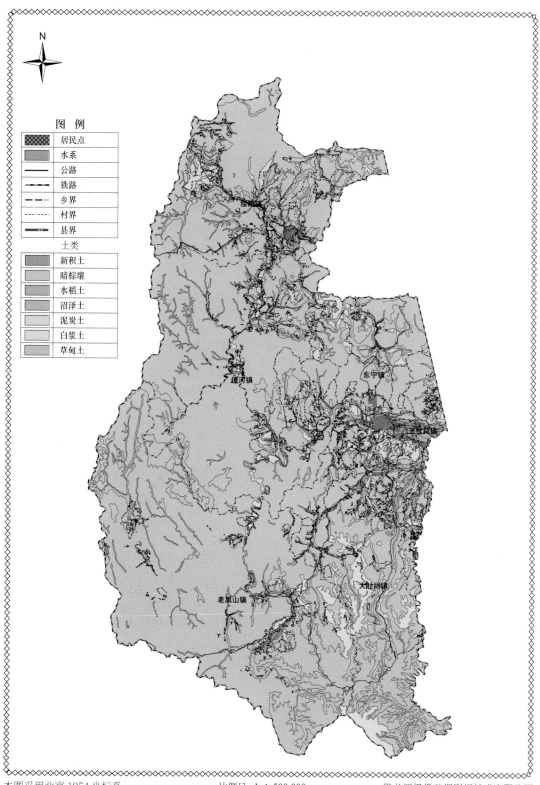

图 例

	居民点
	水系
	公路
	铁路
	乡界
	村界
	县界

土类

	新积土
	暗棕壤
	水稻土
	沼泽土
	泥炭土
	白浆土
	草甸土

本图采用北京 1954 坐标系　　　　　比例尺　1：500 000　　　　　黑龙江极像动漫影视技术有限公司

哈尔滨万图信息技术开发有限公司

东宁市土地利用现状图

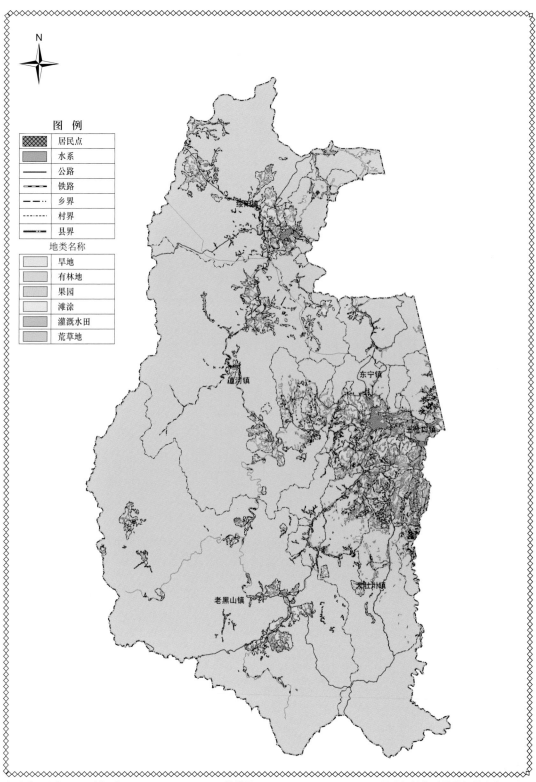

图 例

	居民点
	水系
	公路
	铁路
	乡界
	村界
	县界

地类名称

	旱地
	有林地
	果园
	滩涂
	灌溉水田
	荒草地

道河镇

东宁镇

三岔口镇

大肚川镇

老黑山镇

本图采用北京1954坐标系　　　　比例尺　1：500 000　　　　黑龙江极像动漫影视技术有限公司

哈尔滨万图信息技术开发有限公司

东宁市耕地地力等级图

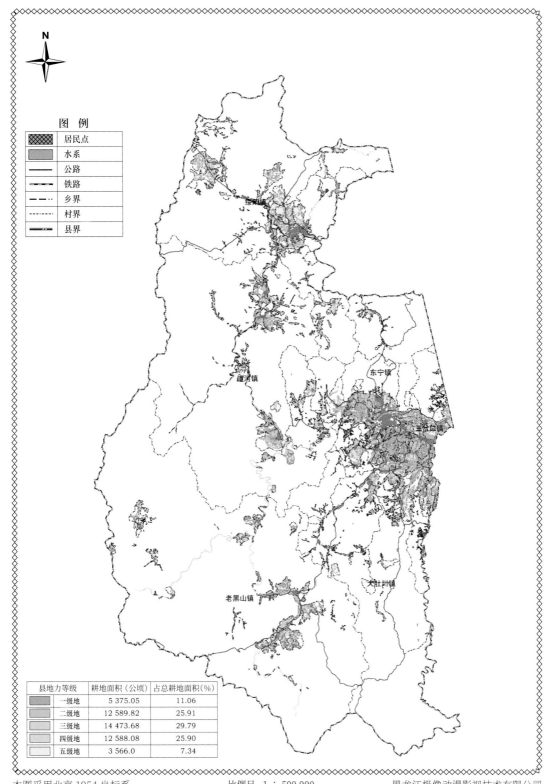

图例

居民点	
水系	
公路	
铁路	
乡界	
村界	
县界	

县地力等级	耕地面积（公顷）	占总耕地面积(%)
一级地	5 375.05	11.06
二级地	12 589.82	25.91
三级地	14 473.68	29.79
四级地	12 588.08	25.90
五级地	3 566.0	7.34

本图采用北京 1954 坐标系   比例尺 1：500 000   黑龙江极像动漫影视技术有限公司
哈尔滨万图信息技术开发有限公司

东宁市耕地地力调查点分布图

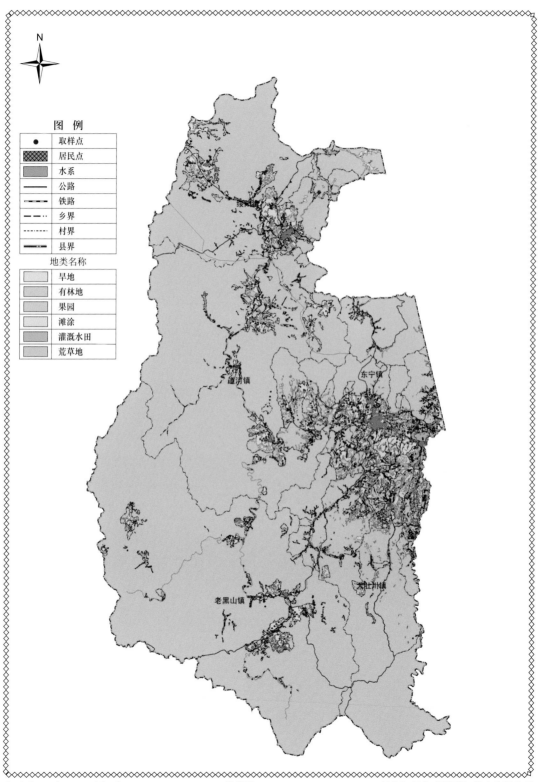

图 例

●	取样点
	居民点
	水系
	公路
	铁路
	乡界
	村界
	县界

地类名称

	旱地
	有林地
	果园
	滩涂
	灌溉水田
	荒草地

东宁市耕地土壤有机质分级图

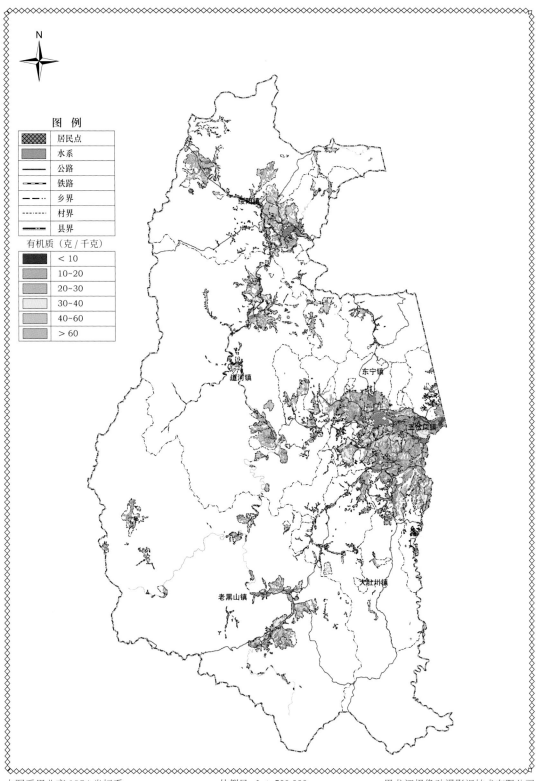

图 例

居民点	
水系	
公路	
铁路	
乡界	
村界	
县界	

有机质（克／千克）

	< 10
	10~20
	20~30
	30~40
	40~60
	> 60

东宁市耕地土壤全氮分级图

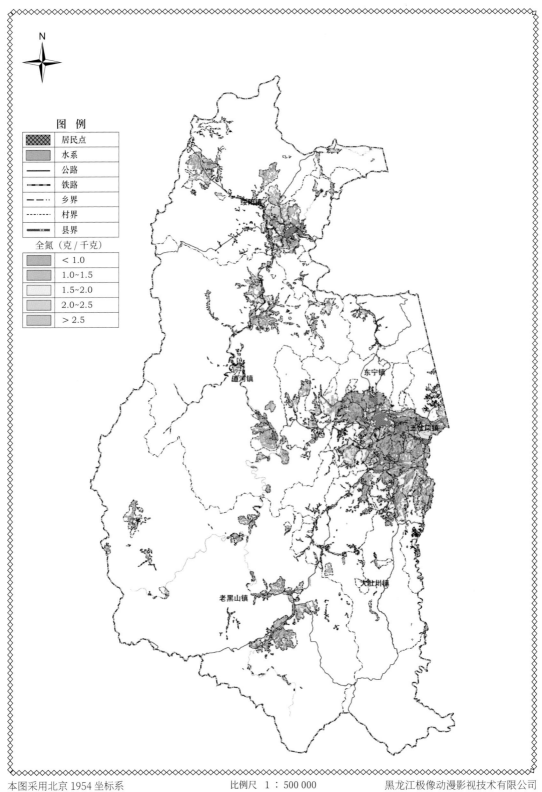

N

图 例

	居民点
	水系
	公路
	铁路
	乡界
	村界
	县界

全氮（克/千克）

	< 1.0
	1.0~1.5
	1.5~2.0
	2.0~2.5
	> 2.5

道河镇

东宁镇

三岔口镇

大肚川镇

老黑山镇

本图采用北京 1954 坐标系 　　　　比例尺　1：500 000 　　　　黑龙江极像动漫影视技术有限公司
哈尔滨万图信息技术开发有限公司

东宁市耕地土壤速效钾分级图

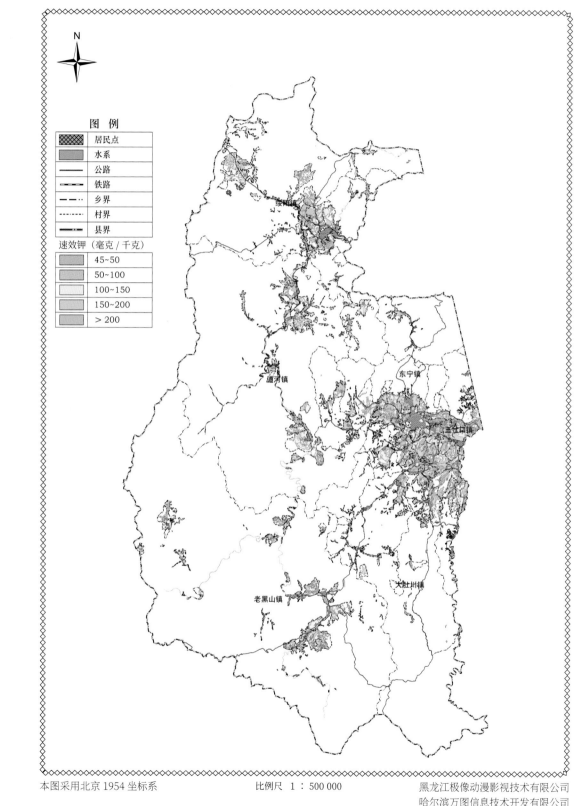

N

图　例

	居民点
	水系
	公路
	铁路
	乡界
	村界
	县界

速效钾（毫克／千克）

	45~50
	50~100
	100~150
	150~200
	＞200

道河镇

东宁镇

三岔口镇

大肚川镇

老黑山镇

本图采用北京1954坐标系　　　　　比例尺　1：500 000　　　　　黑龙江极像动漫影视技术有限公司
哈尔滨万图信息技术开发有限公司

东宁市耕地土壤全磷分级图

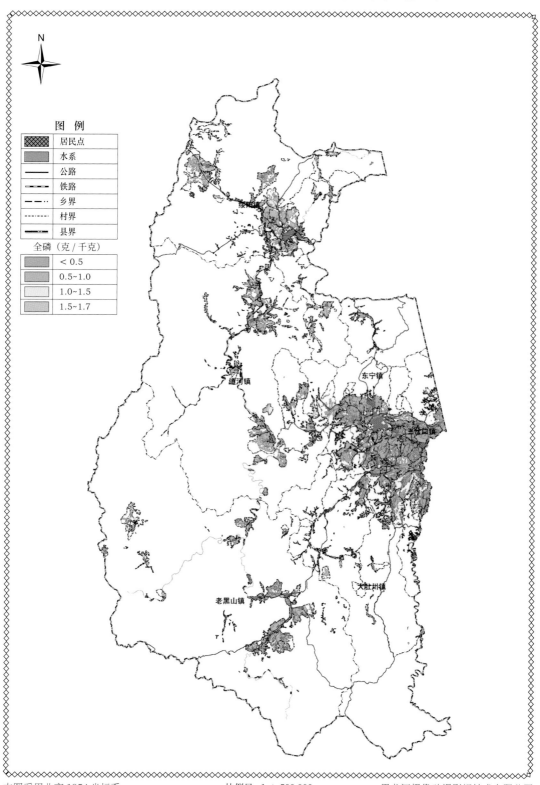

图 例

- 居民点
- 水系
- 公路
- 铁路
- 乡界
- 村界
- 县界

全磷（克／千克）
- < 0.5
- 0.5~1.0
- 1.0~1.5
- 1.5~1.7

道河镇　东宁镇

大肚川镇

老黑山镇

本图采用北京 1954 坐标系　　　　比例尺 1：500 000　　　　黑龙江极像动漫影视技术有限公司
哈尔滨万图信息技术开发有限公司

东宁市耕地土壤碱解氮分级图

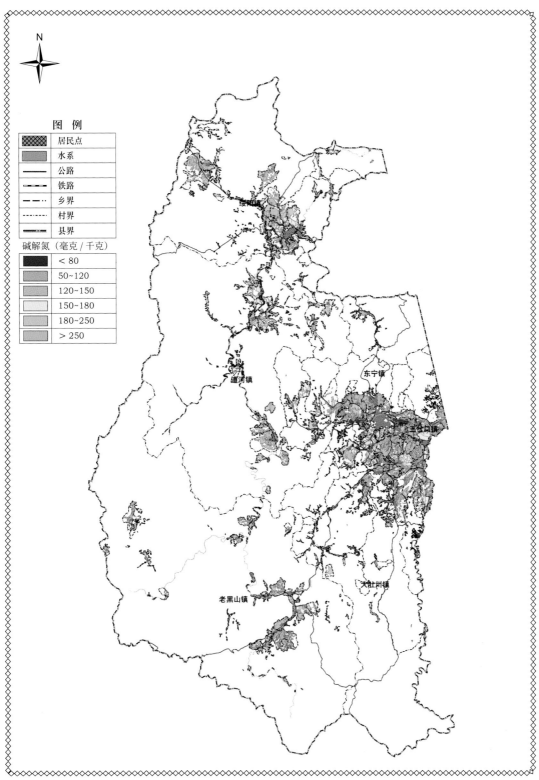

N

图 例

	居民点
	水系
	公路
	铁路
	乡界
	村界
	县界

碱解氮（毫克/千克）

	< 80
	50~120
	120~150
	150~180
	180~250
	> 250

通河镇

东宁镇

三岔口镇

老黑山镇

大肚川镇

本图采用北京 1954 坐标系　　　　　　比例尺　1：500 000　　　　　黑龙江极像动漫影视技术有限公司
哈尔滨万图信息技术开发有限公司

东宁市耕地土壤全钾分级图

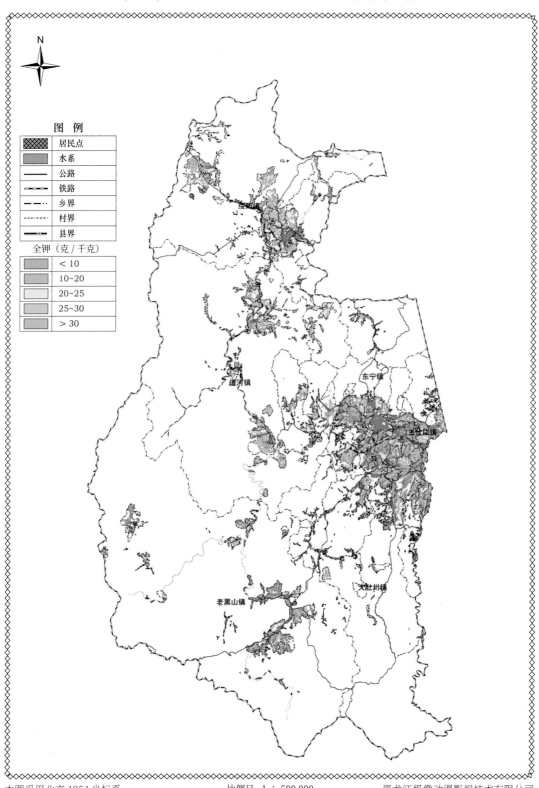

N

图　例

	居民点
	水系
	公路
	铁路
	乡界
	村界
	县界

全钾（克／千克）

	< 10
	10~20
	20~25
	25~30
	> 30

道河镇

东宁镇

三岔口镇

老黑山镇

大肚川镇

本图采用北京 1954 坐标系　　　　比例尺　1：500 000　　　　黑龙江极像动漫影视技术有限公司
哈尔滨万图信息技术开发有限公司

东宁市耕地土壤有效磷分级图

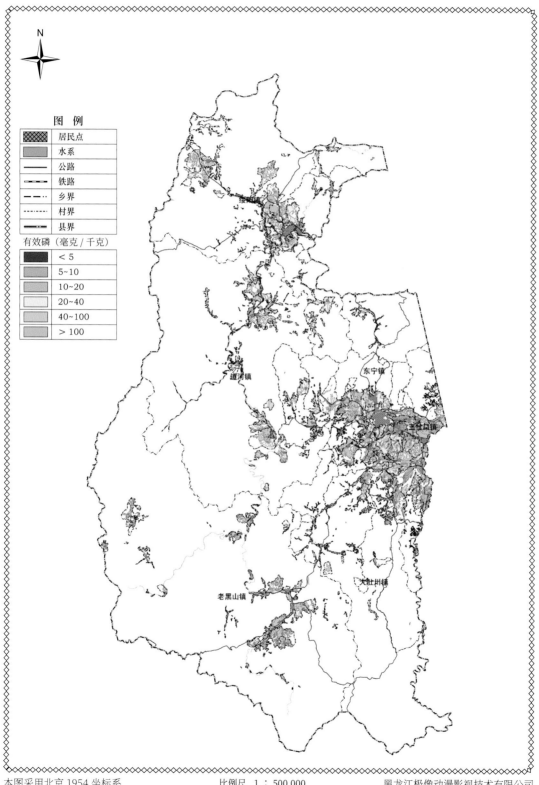

N

图 例

	居民点
	水系
	公路
	铁路
	乡界
	村界
	县界

有效磷（毫克／千克）

	＜ 5
	5~10
	10~20
	20~40
	40~100
	＞ 100

道河镇

东宁镇

三岔口镇

老黑山镇

大肚川镇

本图采用北京 1954 坐标系　　　　　比例尺　1：500 000　　　　黑龙江极像动漫影视技术有限公司
哈尔滨万图信息技术开发有限公司

东宁市耕地土壤有效锌分级图

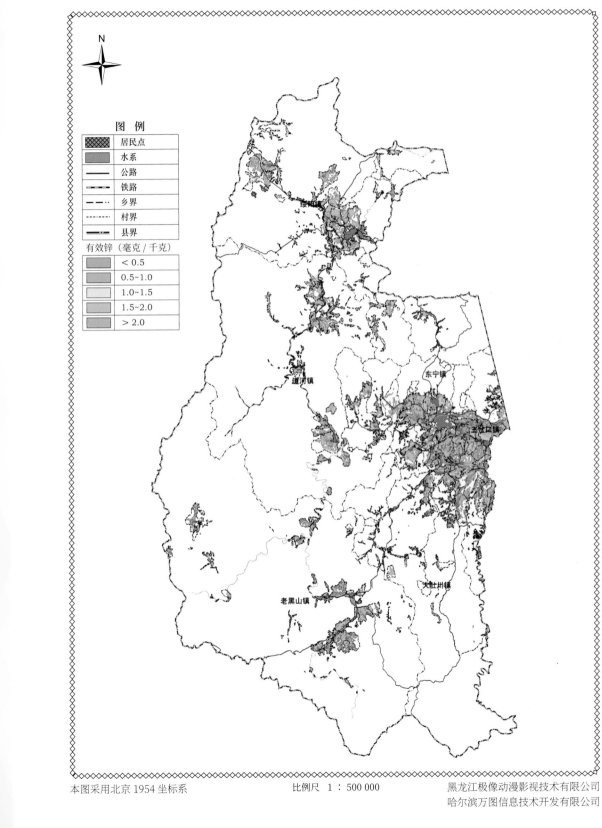

N

本图采用北京 1954 坐标系　　　　　比例尺　1：500 000　　　　黑龙江极像动漫影视技术有限公司
哈尔滨万图信息技术开发有限公司

东宁市耕地土壤有效铜分级图

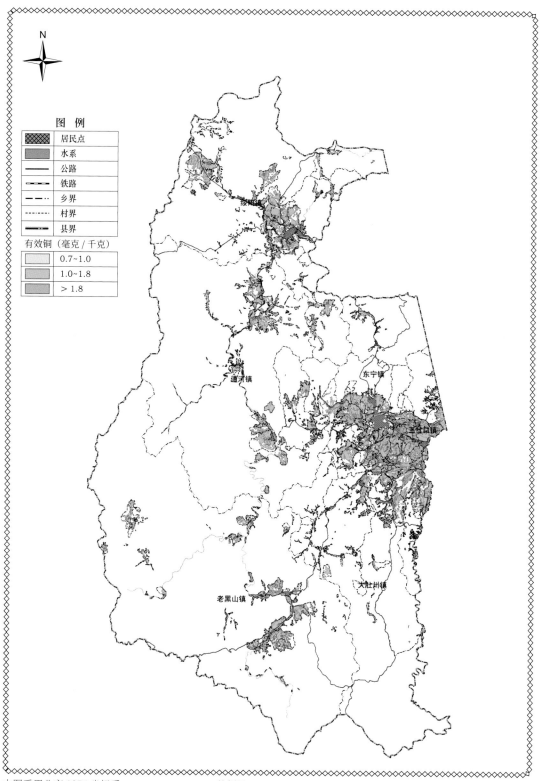

本图采用北京 1954 坐标系　　　　　比例尺　1：500 000　　　　　黑龙江极像动漫影视技术有限公司
　　　　　　　　　　　　　　　　　　　　　　　　　　　　　　　哈尔滨万图信息技术开发有限公司

东宁市耕地土壤有效锰分级图

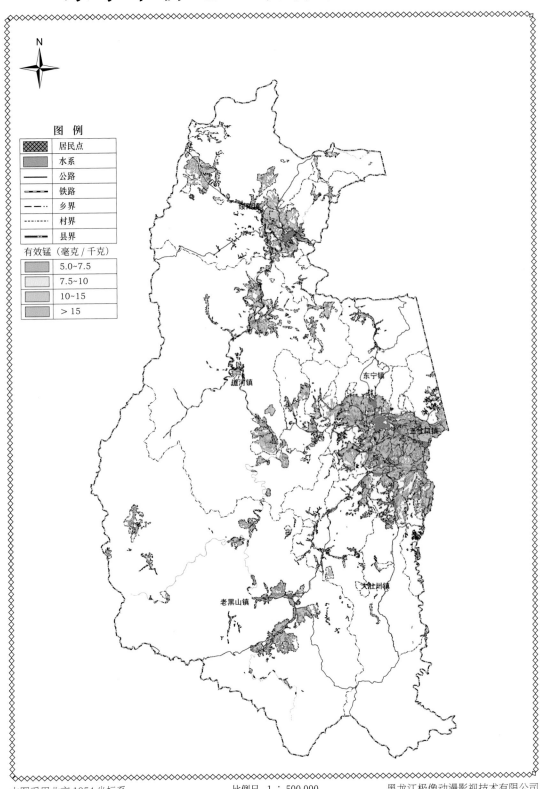

N

本图采用北京 1954 坐标系　　　　　　　比例尺　1：500 000　　　　　　黑龙江极像动漫影视技术有限公司
哈尔滨万图信息技术开发有限公司

图 例

居民点
水系
公路
铁路
乡界
村界
县界

有效锰（毫克/千克）

5.0~7.5
7.5~10
10~15
> 15

绥阳镇

东宁镇

道河镇

三岔口镇

大肚川镇

老黑山镇

东宁市大豆适宜性评价图

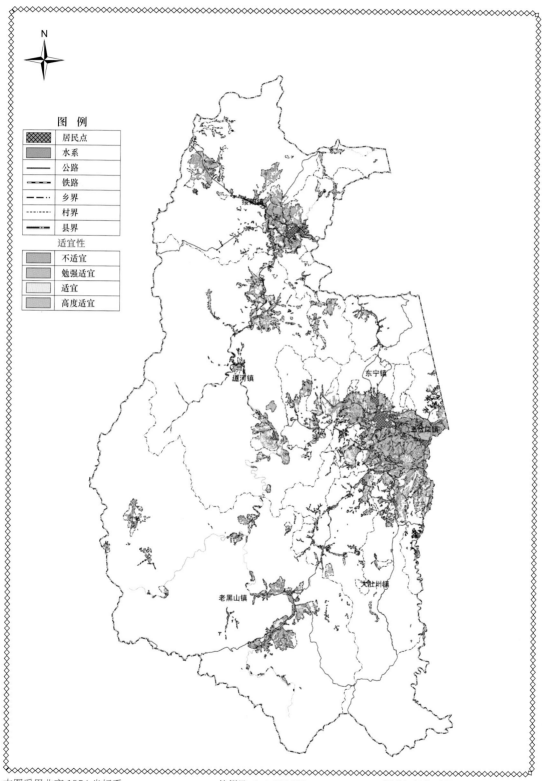

N

本图采用北京 1954 坐标系　　　　　　　比例尺　1：500 000　　　　　黑龙江极像动漫影视技术有限公司
哈尔滨万图信息技术开发有限公司

图 例

	居民点
	水系
	公路
	铁路
	乡界
	村界
	县界

适宜性

	不适宜
	勉强适宜
	适宜
	高度适宜

道河镇

东宁镇

三岔口镇

大肚川镇

老黑山镇

东宁市玉米适宜性评价图

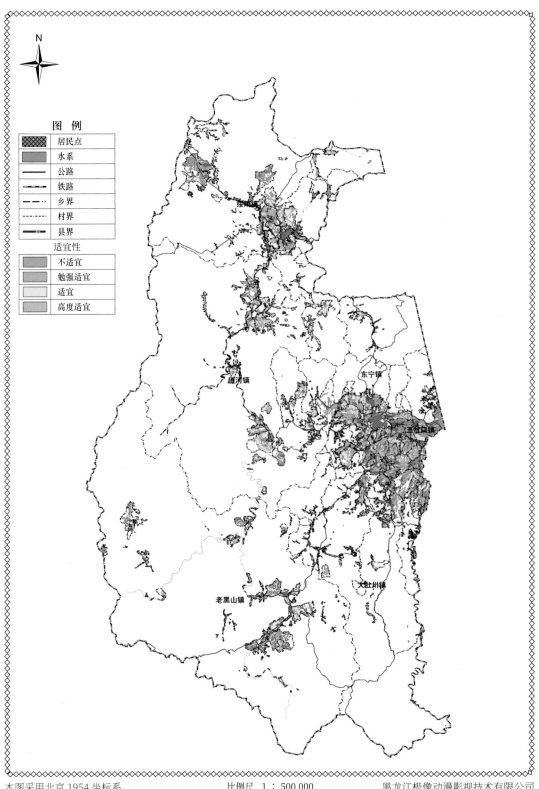

图 例

居民点
水系
公路
铁路
乡界
村界
县界

适宜性

不适宜
勉强适宜
适宜
高度适宜

N

道河镇

东宁镇

三岔口镇

大肚川镇

老黑山镇

本图采用北京 1954 坐标系   比例尺　1：500 000   黑龙江极像动漫影视技术有限公司
                                                        哈尔滨万图信息技术开发有限公司